〈増補版〉

（Uターン）
人口還流と
過疎農山村の
社会学

山本 努 著

学 文 社

増補版によせて

　本書は，2013 年刊行『人口還流（U ターン）と過疎農山村の社会学』の増補改訂版である．増補改訂個所は，第 4 部で下記の部分である．

第 4 部　過疎農山村研究の展開にむけて

　10　章　限界集落高齢者の生きがい意識―中国山地の山村調査から―（『生きがい研究』22，2016 年，初出）

　11　章　都市・農村の機能的特性と過疎農山村研究の 2 つの重要課題―高出生率地域研究と人口還流研究の位置―（『県立広島大学経営情報学部論集』7，2015 年，初出）

　付　論　過疎農山村研究ノート

　　　　　付論 1　高齢社会研究ノート

　　　　　付論 2　「平成の市町村合併」の社会学によせて

　　　　　付論 3　人口 U ターンの動機にみる性・世代的変容―「親・イエ・家族」的 U ターンから「仕事」的 U ターンへ―

　旧著の付論 1 は削除した．旧著の付論 2.3.4 は，増補版の付論 1.2.3 として第 4 部に再録した．10 章，11 章は新たに付加したものである．

　10 章は 9 章の「限界集落論への疑問」の実証的例解である．10 章のもとになった論文は日本村落研究学会（2016 年，萩セミナーハウス，山口県萩市），お

よび，西日本社会学会（2016 年，保健医療経営大学，福岡県みやま市）にて報告した．

11 章は，本書の構想を，初学者に説明するために書かれたものである．したがって，本書は 11 章から読み始めるのもよいと思う．ただし，内容的には専門論文であり，もとになった論文は日本社会学会（2014 年，神戸大学）の研究活動委員会テーマセッション「過疎研究の現在」に採択され，報告済みである．

なお，これらの学会では多くの有益なご意見をいただいた．しかし，それらご意見のすべてを今回の増補版に活かしきることはできなかった．この点は，筆者の非力をお許し願いたい．それらのご意見は，今後の研究の貴重な示唆とさせていただきたく思う．

また，この度の増補に関しても，学文社の田中千津子社長には，行き届いたご配慮をいただいた．筆者の無理な希望をこの度もお聞き届けいただいた．今回の増補で，本書がさらに充実したものになったように思う．厚く御礼申し上げる．

2016 年 12 月 27 日　　熊本地震のあった年の瀬に

山本　努

はじめに

　人口還流（Uターン）をタイトルにする書物は，岡田真氏の『人口Uターンと日本の社会』（大明堂，1976）と谷富夫氏の『過剰都市化社会の移動世代—沖縄生活史研究』（渓水社，1989）の2著があるのみであろう．谷氏の著作は人口Uターンとは表題にないが，「過剰都市化」の内実は，那覇都市圏への人口Uターンが多くをしめるので，ここに示しておいた[1]．

　岡田氏の著作は人口統計学的なマクロ地域分析によって高度成長期の地方圏への人口還流（人口Uターン）にせまっている．ただし，1976年の刊行であって，時期的に古くなっているのは否めない．

　谷氏の著作は那覇都市圏への本土からの沖縄出身者の流入（Uターン）が主題であって，生活史（ライフヒストリー）という方法がとられている．今日では生活史法はかなり一般化したが，1989年刊行当時は先駆的な方法的挑戦であったように思う．

　両氏の労作にくらべて，本書にいささかでも特色があるとすれば，つぎのようである．本書では，2000年頃の過疎農山村への人口Uターンを主に質問紙調査の方法で捉えてみた（人口統計でも，生活史でもなく）．

　また本書は農村社会学的な研究の一角だが，農村社会学のオーソドキシーである，地域の質的モノグラフ法とも異なっている．農村社会学の地域モノグラフは多くの優れた著作や論文を生んできた．その成果を否定するつもりはさらさらないが，質的モノグラフはその地域に行ったことのない（あるいは，その

地域に精通していない），ごく普通の読者には，理解が及ばぬことも多い．その結果，モノグラフ作者の意図が読者に充分には伝わらず，そこでの研究成果が小さな研究グループの内部のみで流通，継承されがちで，学的蓄積という意味では，やや問題を残すこともあるように思う．それに較べると，質問紙調査の方法は研究成果の共有が比較的容易であろうと思われる[2]．

　本書の基本的執筆方針は下記のようである．

　1．計量モノグラフに比重をおいた農山村研究の蓄積は小さいのでその方向を目指す．本書の方法は筆者の分類を使えば，大量個人観察法（質問紙調査分析），構造大量観察法（社会統計分析）という位置付けになる（山本　2010：50-51）．

　2．モノグラフの記述から何ほどか中範囲論的な帰結を導き出すように努める．中範囲論の研究成果は具体的には，マートン社会学の実例に豊富に示されるように，その「造語」にある（鈴木　1990）．したがって，本書でもその成果を可能な限り，「造語」にまで昇華させるように試みた．このことが成功しているか否かは，読者のご批判を仰ぎたいと思う．

　本書の論文はどれもそうだが，これで問題が解決したというものでなく，むしろ，問題を指し示し，その解明の一端を示したというところにとどまる．そもそも，社会学の論文とは多くの場合，そのようなものであろうと思う．その意味で研究成果の共有は重要な課題と筆者は考えている．本書が後続の研究に多少でも参考になり，研究が深化すればこれにまさる喜びはない．

　とはいえ，本書は拙著（山本　1996）の第10章「過疎地域における集落崩壊の現段階規定」で示した問題の10数年後の私なりの展開でもある．もしも可能であるならば，本書をお読みいただく前に上記拙著をご覧いただければ，こんなにありがたいことはない．もちろん，本書は独立の書物なので本書のみをお読みいただいても充分，理解はしていただけるとは思うのであるが．

過疎農山村の状況は非常に厳しいが，地域を支える力があるとすれば，その有力な可能性の一つが人口Ｕターンはじめ種々の地域流入者であり，それに加えて，地域にながく暮らす土着の人々であるだろう．本書はそのような見通しのもとで，書かれている．ただし，そこに暗い影を落とすのが「高齢者減少」型過疎という本書（第2章）に示す，新しい過疎の段階でもある．

また，本書では「過疎」という従来の用語を使い，「限界集落」という新しい概念はあまり使わない．限界集落論の批判はすでに行われている（徳野2010；結城　2009：193-194；小田切　2009；小川　2009）が，それらとは別に，概念構成的にも現状分析的にも問題の多い用語と思われるからである（本書2章6節，9章，参照願いたい）．

加えて，人口Ｕターンという概念にはいくらかの混乱があって整理が必要である[3]．それについては山本（1996：159-174）で試みた．本書での人口Ｕターンの定義は，各章の表中に質問文（つまり，操作的定義）を示した．本書の各章の人口Ｕターンの定義はそちらを参照して欲しい．

本書各章の意図は大枠おわかりいただけると思うが，一点，第8章の論文のみやや異色の感があるかもしれない．この第8章は過疎農山村問題の基底にある，「自然からの離脱」というマクロ的な社会変動を実証的に取り扱っている．この意味で，第8章は実証的だが本書の社会認識（問題意識）の基底となっている．

本書において一部に，重複した記述があるが，読者の読みやすさを考え，あえてそのままに残してある．お許しをお願いしたく思う．これによって，各章が単独の論文として通読できるはずである．

各章は初出の段階で，日本社会学会，日本社会分析学会，西日本社会学会，日本社会病理学会，日本村落研究学会，日本都市社会学会などで報告を行ってきた．各学会では，学会員の皆様から，公式，非公式にいつも貴重なご意見を

vi

頂戴している．また，学生時代から一貫して，鈴木広先生（九州大学名誉教授），
海野道郎先生（宮城学院女子大学学長）からは研究の根幹に関わるご示唆をい
ただき続けている．出版に際して，この度も学文社の田中千津子社長には誠に
お世話になった．

　研究仲間の皆様の個々のお名前をここに記すことは紙幅の関係からできない
が，共同での調査活動のみならず，常日頃から種々の刺激を受けてきた．

　本書各章の初出は後掲のようである．本書所収にあたり，皆様からいただい
たご意見をもとに改訂を加えている．とはいえ，私の非力で及ばぬ部分も多か
ったと思う．お礼とお詫びを申し上げたく思う．

初出一覧（初出から改題されたものもある）
第1部　過疎の現段階と過疎研究の課題
第1章　過疎農山村問題の変容と地域生活構造論の課題（『日本都市社会学会年報』
　　　　18，2000年，所収）
第2章　市町村合併前後（1990〜2010年）にみる過疎の新段階—少子型過疎，高齢
　　　　者減少型過疎の発現—（山口地域社会学会『やまぐち地域社会研究』9，
　　　　2011年，所収）
第3章　過疎地域—過疎化の現段階と人口供給—（堤マサエ・徳野貞雄・山本努編
　　　　『地方からの社会学—農と古里の再生を求めて—』学文社，2008年，第5章
　　　　所収）

第2部　人口還流（Uターン）と定住分析
第4章　過疎農山村における人口還流と生活選択論の課題（山本努・徳野貞雄・加
　　　　来和典・高野和良『現代農山村の社会分析』学文社，1998年，第2章所収）
第5章　過疎農山村研究の課題と過疎地域における定住と還流（Uターン）をめぐ
　　　　って（『県立広島大学経営情報学部論集』3，2011年，所収）
第6章　過疎地域における中若年層の定住経歴と生活構造（『県立広島大学経営情報
　　　　学部論集』4，2012年，所収）

第3部　対応，基底，方法
第7章　山村集落の過疎化と山村環境保全の試み—「棚田オーナー」制度を事例に，
　　　　社会的排除論との接点を探りつつ—（森田洋司監修『新たなる排除にどう
　　　　立ち向かうのか—ソーシャルインクルージョンの可能性と課題（シリーズ

社会問題研究の最前線（Ⅱ））学文社，2009年，第14章：日本社会病理学
会『現代の社会病理』23，2008年，所収）

第8章　E. Durkheim の自殺の社会活動説をめぐって（日本社会病理学会『現代の
社会病理』14，1999年，所収）

第9章　限界集落論への疑問（第120回日本社会分析学会（2010年12月宮崎大学），
第71回西日本社会学会（2013年5月琉球大学）報告資料，『県立広島大学
経営情報学部論集』6，2014年，所収）

付論：過疎農山村研究ノート

付論1　人口還流（Uターン）と地方都市（中国新聞2003年10月5日（日曜日））

付論2　高齢社会研究ノート（『西日本社会学会年報』5，2006年，所収）

付論3　「平成の市町村合併」の社会学によせて（日本社会分析学会『社会分析』36，
2009年，所収）

付論4　人口Uターンの動機にみる性・世代的変容—「親・イエ・家族」的Uター
ンから「仕事」的Uターンへ—
（大和人権学習会：現代農村の社会分析—過疎地域は本当に限界なのか？
（2012年6月三原市大和人権文化センター）配布資料，所収）

2013年2月17日

山本　努

注）

1）谷（1989）の主題は以下のようである．「この本は，那覇都市圏に大量にみら
れる人口還流現象（本土からのUターン）の社会・文化的特性を生活史法を用
いて解明する，というただ一つの目的のために今回あらたに書き下ろしたもの
である」（同著「はじめに」）．

2）質問紙調査の方法によるUターン研究の必要性は，農学をベースにする農村
研究でもつぎのように指摘されてきた．「Uターン等の人口の流入に関する研究は，
主に事例に基づく実態分析が中心である．今後，多変量解析の方法を援用した
定量的研究をいかに進めるかが課題となる」（中本　1998：91）．この見解は本
書の方針とほぼ同じである．

3）この点は谷（1989：15-21）も指摘している．

参考文献

岡田真，1976，『人口Uターンと日本の社会』大明堂．

小川全夫，2009，「高齢地域社会論—中山間地域からの視座—」山口地域社会学会

『やまぐち地域社会研究』7：27-38.

小田切徳美，2009，『農山村再生―「限界集落」問題を超えて―（岩波ブックレット No.768）』岩波書店.

鈴木広，1990，「マートンの方法」徳永恂・鈴木広編『現代社会学群像』恒星社厚生閣：103-124.

谷富夫，1989，『過剰都市化社会の移動世代―沖縄生活史研究』溪水社.

徳野貞雄，2010，「縮小論的地域社会理論の可能性を求めて―都市他出者と過疎農山村―」『日本都市社会学会年報』28：27-38.

中本和夫，1998，「人口の減少と人口構成」農村計画研究連絡会編『中山間地域研究の展開―中山間地域研究の整理と研究の展開方向―』養賢堂：90-94.

山本努，1996，『現代過疎問題の研究』恒星社厚生閣.

山本努，2010，「社会調査のタイポロジー」谷富夫・山本努編『よくわかる質的社会調査（プロセス編）』ミネルヴァ書房：34-51.

結城登美夫，2009，『地元学からの出発―この土地を生きた人びとの声に耳を傾ける―』農文協.

目 次

増補版によせて　i

はじめに　iii

第1部　過疎の現段階と過疎研究の課題

第1章　過疎農山村問題の変容と地域生活構造論の課題……………………2

1. 過疎農山村問題の深化と変容─少子型過疎の出現─　2

2. 過疎地域の人口動態　4

3. 「人口社会減型過疎」から「人口自然減型過疎」へ　6

4. 過疎研究の新しい問題構図　8

5. 生活人口論的過疎研究における若干の具体的課題(1)
   ─流入人口論的過疎研究の場合─　10

6. 生活人口論的過疎研究における若干の具体的課題(2)
   ─定住人口論的過疎研究の場合─　13

7. むすび─人口減少時代の地域社会研究に向けて─　15

第2章　市町村合併前後（1990〜2010年）にみる過疎の新段階
─少子型過疎，高齢者減少型過疎の発現─……………………22

1. 問題の所在　22

2. 合併がかなり進行した，2005年以降，再加速化する過疎　23

3. 市町村合併の影響　26

4. 過疎の現段階(1)─「少子」型過疎と「高齢者減少」型過疎─　29

5. 過疎の現段階(2)─「高齢者減少」型過疎の出現─　32

6. （合併がかなり進んだ）現段階過疎の重要問題─むすびにかえて─　33

7．補論：「高齢者減少」型過疎の人口学的要因の仮説と，

それをめぐる今後の研究課題　35

第3章　過疎の現段階分析と地域の人口供給構造⋯⋯⋯⋯⋯⋯⋯⋯⋯40

1．問題の所在　40

2．過疎の現段階(1)—「少子・高齢人口中心」社会—　40

3．過疎の現段階(2)—「集落分化」型過疎—　44

4．調査地域（広島県比婆郡西城町）と調査の概要　46

　　4—1．調査の概要　46

　　4—2．調査地域の概要　46

5．定住経歴にみる，地域社会の持続と変容　47

6．性別の定住経歴にみる，地域社会の持続と変容　49

7．性・世代別Uターンの経路分析　54

8．むすびにかえて　56

第2部　人口還流（Uターン）と定住分析

第4章　過疎農山村における人口還流と生活選択論の課題⋯⋯⋯⋯⋯⋯60

1．過疎農山村研究における生活選択論の課題—問題の所在—　60

2．調査地域の概況　62

3．調査手続きの概要　65

4．地域意識・定住意識・定住経歴　66

5．定住経歴・人口Uターンの基本傾向　70

6．人口Uターン層の職業と家族　74

7．若年層の職業と家族　76

8．人口Uターンの動機分析　77

9．人口Uターンの最大の動機　80

10．地域評価の問題　81

11．過疎研究の課題と方法―研究の問題構図―　82

第5章　過疎農山村研究の課題と過疎地域における定住と還流（Uターン）

　　―中国山地の過疎農山村調査から―……………………………………89

1．はじめに：過疎農山村問題の基底は環境社会学的問題である　89

2．過疎問題の深まりと広まり　91

3．「環境問題の社会学」と「環境共存の社会学」が複合する

　　問題領域としての過疎農山村研究　92

4．調査地域と調査の概要　95

　　4―1．調査地域の概要　95

　　4―2．調査の概要　96

5．調査の問題意識と得られた知見　96

　　5―1．調査の問題意識　96

　　5―2．定住（転出）意向　97

　　5―3．住み続ける理由　99

　　5―4．定住意向（小括）　101

　　5―5．定住経歴について　101

　　5―6．Uターン，Jターンの理由について　103

　　5―7．定住経歴（小括）　105

6．むすびにかえて　107

第6章　過疎地域における中若年層の定住経歴と生活構造類型

　　―中国山地の過疎農山村調査から―……………………………………110

1．はじめに　110

2．調査地域と調査の概要　112

3．調査の問題意識と得られた知見　113

　　3―1．調査の問題意識　113

3―2．調査データの分析方針　114

3―3．定住経歴の基本構造―全体，性別，年齢別―　116

3―4．定住経歴別の生活基盤(1)―職業―　119

3―5．定住経歴別の生活基盤(2)―家族―　122

3―6．定住経歴別転入年齢，転入元　125

3―7．定住経歴別定住意向，定住理由　127

4．むすびにかえて―過疎地域生活構造類型の試み―　130

第3部　対応，基底，方法

第7章　集落過疎化と山村環境再生の試み

―「棚田オーナー」制度を事例に，社会的排除論との接点を探りつつ―…138

1．はじめに　138

2．「棚田オーナー」制度　139

3．集落過疎化　140

4．棚田オーナー制度を担う人々(1)―「Mいしがき棚田会」農家―　142

5．棚田オーナー制度を担う人々(2)―棚田オーナー（都市住民）―　144

6．棚田オーナー制度の意義と困難　145

7．都市農山村交流への期待と現実　147

8．社会的排除（包摂）研究と農山村問題研究の交差をめぐって　148

9．むすびにかえて　150

第8章　E. Durkheim の自殺の社会活動説

―社会の自然からの離脱（全般的都市化）をめぐって―………………154

1．問題の所在　154

2．「自殺の社会活動説」とは　154

3．「自殺の社会活動説」の検討―季節と自殺の関係から―　156

3―1．季節別自殺数の従来の動向　156

目次　xiii

　　3—2．季節別自殺数の新しい動向　157

　　3—3．1975年の地域・季節別自殺数の動向　158

　　3—4．1985年・1995年の地域・季節別自殺数の動向　160

　4．自殺の「社会活動説」の検討—曜日・時刻と自殺の関係から—　163

　　4—1．曜日別自殺数の動向　163

　　4—2．時刻別自殺数の動向　164

　5．むすび　165

第9章　限界集落論への疑問 ……………………………………………169

　1．限界集落概念の意義　169

　2．限界集落概念への違和感—「呼び方」問題—　171

　3．限界集落は本当に消滅するのか？—「消滅」問題—　172

　4．限界集落概念が生活をみないことへの批判

　　　—集落への「まなざし」の問題—　174

　5．限界集落概念の構造—量的規定の問題—　177

　6．限界集落概念と過疎概念の評定—過疎概念の優位性の主張—　179

　7．むすび　181

第4部　過疎農山村研究の展開にむけて

第10章　限界集落高齢者の生きがい意識

　　　—中国山地の山村調査から— ………………………………………186

　1．はじめに—「生きがい」の問題—　186

　2．「生きがい」の経験的把握の問題　187

　3．本章の調査における「生きがい」の含意　188

　4．限界集落論にみる山村（限界集落）高齢者像—先行研究の系譜(1)—

　　　189

5．限界集落論とは異なる山村（限界集落）高齢者像—先行研究の系譜(2)
　　— 190

6．調査の課題と方法　191

7．調査地域と調査方法の概要　192

8．生きがい調査の基本的知見—どのくらいの人が生きがいを感じているか？
　　どんなことに生きがいを感じているか？— 194

9．生きがいを感じる時—高齢者，非高齢者比較— 196

10．生きがいの地域比較—山村限界集落，山村過疎小市，全国（都市）—
　　199

11．むすび—限界集落論への疑問，過疎地域はむしろ住みよい所である可能
　　性がある— 201

12．もう一つのむすび，生きがい調査の留意点—自記式か，他記式か— 203

第11章　都市・農村の機能的特性と過疎農山村研究の２つの重要課題
　　—高出生率地域研究と人口還流研究の位置— 210

1．はじめに—都市と農村— 210

2．都市の良い（悪い）ところ，農村の良い（悪い）ところ　211

　　2—1．祖田の見解　211

　　2—2．徳野の見解　213

　　2—3．ソローキン＆ツインマーマンの都市・農村認識，パークの「社
　　　　　会的実験室としての都市」　215

　　2—4．フィッシャーの「都市の下位文化理論」　216

　　2—5．新しい文化を生む場としての都市　218

　　2—6．日本の都市の下位文化の事例　220

　　2—7．都市を支える農業・農村—矢崎の都市の統合機関論— 221

　　2—8．都市の土台としての農村—都市の本源的生活力（人口（生命）
　　　　　生産力）の脆弱性— 222

3．農業・農村の現代的機能　　223

　　　3－1．農業・農村の現代的機能—大内の「農業の基本的価値」—　　223

　　　3－2．農業・農村の現代的機能—祖田の「農業・農村の役割論」—　　224

　4．「食」と「農」の分離の問題　　227

　　　4－1．「食」と「農」の分離の問題—徳野の現代的消費者論—　　227

　　　4－2．「食」と「農」の分離の問題—食料自給率の示すもの—　　228

　　　4－3．「食」と「農」の分離の問題—中田のフード・マイレージ

　　　　　—　　230

　5．過疎農山村研究の現代的課題—2つの重要問題—　　232

　　　5－1．人口のブラックホール現象—増田ほかの予測—　　232

　　　5－2．今日の農山村研究の意味と2つの重要課題　　236

　6．むすび—ソローキン＆ツインマーマンにみる高度に都市化した社会の将

　　　来，および，出生力研究と人口還流研究の重要性—　　239

付　論　過疎農山村研究ノート ……………………………………… 247

　付論1　高齢社会研究ノート　　248

　付論2　「平成の市町村合併」の社会学によせて　　251

　付論3　人口Uターンの動機にみる性・世代的変容

　　　　　—「親・イエ・家族」的Uターンから「仕事」的Uターンへ—　　253

　索　　引　257

第1部
過疎の現段階と過疎研究の課題

第1章　過疎農山村問題の変容と
　　　地域生活構造論の課題

1．過疎農山村問題の深化と変容—少子型過疎の出現—

　過疎農山村が今，大きな転機をむかえている[1]．かつての過疎は主に若者の大量流出に起因した．これに対して今日の過疎では，若者流出に加えて，少子化，無子化による集落消滅の危機すら現実の問題として立ち現れつつある．すなわち近年の過疎は，「若者流出型過疎（1970年当時，図1-1）」から，「若者流出型過疎」プラス「少子型過疎（1990年頃以降，図1-2）」へと深化，変容している（山本　1996：199-215）．過疎の進んだ集落ではまさに，「老いる村」から「消える村」に変貌しつつある（乗本　1996：1-6）．

　もちろんこのような集落消滅ないし集落崩壊という事態は，今に始まったことではない．このような事態はたとえば初期過疎研究の力作，今井（1968）の著作でもふれられていた．しかし今日の状況は，今井の報告を大きく超えている．今井によればかつての集落崩壊は，典型的には「残されたのは老人たちと

図1-1　若者流出型過疎の集落過疎化の因果連鎖
—1970年当時の過疎現象—

都市化・産業化 など	⟶	集落若者人口（15〜29歳）流出 （若者人口比率低下）	⟶	集落過疎・高齢化 （高齢人口比率上昇）

（出典）山本（1996：199-215）から再構成．

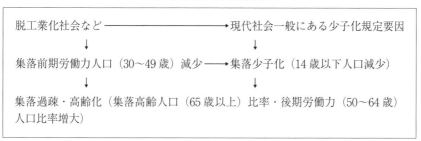

図1-2 少子型過疎の集落過疎化の因果連鎖
—1990年頃以降の過疎現象—

(出典) 山本 (1996：199-215) から再構成.

子供だけ」(今井 1968：135) と述べられたように, 青年男女の流出によるもの (＝若者流出型過疎) が主流であった. これに対して, 今日の過疎の進んだ集落では子どもも極めて少ない (＝少子型過疎). しかもこのような集落が例外的にでなく, 類型的に現れつつある[2].

たとえば表1-1は, 中国山地にある島根県那賀郡弥栄村の過疎の進んだ12の集落 (弥栄村には合計29の集落がある) の人口構成だが, ここでは1990年時点で, 高齢者 (65歳以上) 人口111人 (33.3％) に対して, 子ども (14歳以下) 人口は17人 (5.1％, 1集落1.4人) に過ぎない. 子ども人口は, 1970年214人 (25.4％) → 1990年17人 (5.1％) と激減した. まさに「残されたのは老

表1-1 過疎の進んだ集落の年齢階層別人口構成
—島根県那賀郡弥栄村の12集落—

	年少人口 14歳以下	若年人口 15～29歳	前期労働力人口 30～49歳	後期労働力人口 50～64歳	高齢人口 65歳以上	総人口
人口数 (1970年)	214	70	265	156	139	844
人口数 (1990年)	17	24	46	135	111	333

(出典) 国勢調査調査区統計
(注) 12集落は弥栄村におけるもっとも過疎化の進んだ集落 (＝1960～1990年の人口減少率70％以上の集落) を選定した. ちなみに, 同期間の全国過疎地域の平均人口減少率は40.0％である (国土庁, 1991：212-213).

4

人だけ」である.[3)

2. 過疎地域の人口動態

さてこのような過疎の深化を，過疎地域のつぎの3つの人口動態に着目して
確認する.

（a） 人口増減（率）

（b） 社会増減（率）

（c） 自然増減（率）

表 1-2　過疎地域の人口増減率の推移

(%)

1965 年	1970 年	1975 年	1980 年	1985 年	1990 年	1995 年	2000 年	2005 年	2010 年
−12.6	−13.4	−8.6	−4.2	−3.7	−5.7	−6.7	−7.5	−8.2	−8.8

(出典) 国土庁 (1995)

(注)　1　人口増減率は国勢調査人口の比較による．それぞれ5年前人口との比較にて算出．
　　　2　1995年以降の人口減少率は，国土庁による1991年度の推計値．
　　　3　ここにおける過疎地域とは，過疎地域活性化特別措置法（以下，活性化法と略記）指定の
　　　　　1,165団体（1992年3月公示）．

そこでまず，過疎地域の人口増減率の推移を示す表 1-2 をみよう．同表によ
れば，過疎地域の人口は 1965〜1975 年で急減し，1980〜1985 年で減少率は鈍
化する．そして 1990 年以降，人口再減少（減少率の再上昇）がみられ，その
後もこの傾向が加速するものと予測される．かくて過疎地域の人口減少率の推
移は，人口激減期（1965〜1975 年）→人口減少鈍化期（1980〜1985 年）→人口
減少再加速期（1990 年以降）と整理できる．

このような人口減少の内訳は，人口の社会増減と自然増減に分解できる．そ
こでつぎに，人口の社会増減の推移を示す表 1-3 からみてみよう．同表によれ
ば，過疎地域の社会減少率は 1991 年まで一定して大きかったが，その後，比
率は低下する．これに対して表 1-4 によれば，過疎地域の自然増減は 1987 年
に大きな節目がある．1987 年を境に過疎地域は人口自然減に転落し，その後，

第1章　過疎農山村問題の変容と地域生活構造論の課題　5

表 1-3　過疎地域の人口社会増減率の推移
(%)

	1981 年	1982 年	1983 年	1984 年	1985 年	1986 年	1987 年
社会増減率	− 0.95	− 0.81	− 0.99	− 0.83	− 0.86	− 0.83	− 1.02

	1988 年	1989 年	1990 年	1991 年	1992 年	1993 年	1994 年
社会増減率	− 0.96	− 0.94	− 0.83	− 0.95	− 0.69	− 0.54	− 0.42

(出典) 国土庁 (1996)
(注) 表 1-3 から表 1-7 の過疎地域は，活性化法指定の 1,199 団体 (1995 年 4 月追加公示含む).

表 1-4　過疎地域の人口自然増減率の推移
(%)

	1970 年	1975 年	1980 年	1985 年	1986 年	1987 年	1988 年
自然増減率	0.25	0.24	0.16	0.06	0.07	− 0.00	− 0.07

	1989 年	1990 年	1991 年	1992 年	1993 年	1994 年	
自然増減率	− 0.15	− 0.22	− 0.23	− 0.31	− 0.32	− 0.38	

(出典) 国土庁 (1996)
(注) 1987 年の自然増減率は − 0.04‰ である.

も自然減少率は拡大を続けるのである.

　以上，3 つの統計（表 1-2〜表 1-4）から示唆されるのは，1990 年前後を境に過疎地域の人口減少に，少なくとも 2 つの大きな転換があったことである.すなわち，

（ i ）　1990 年頃を境にした人口減少の再加速化（表 1-2），および，

（ ii ）　同じ頃を境にした，人口社会減を中心にした過疎（「人口社会減型過疎」）から，人口自然減を中心にした過疎（「人口自然減型過疎」）への過疎の深化・変容（表 1-3，表 1-4 参照），

がそれである.

6

3．「人口社会減型過疎」から「人口自然減型過疎」へ

　この内，後者（ⅱ）の変化をさらに詳細にみてみたい．表1-5は過疎地域の
人口減少全体に占める，人口自然減と人口社会減の割合の変化を示している．
これによれば，人口減少に占める社会減の割合は近年，一貫して低下する（1988
年92.0％→1994年52.3％）．これに対して，自然減の割合は上昇の一途をたどる
のである（1988年8.0％→1990年19.5％→1992年30.7％→1994年47.7％）．人口
自然減が意味するのは，死亡数が出生数を上回る状態である．かくて，ここに
示された過疎（人口減少）の変化は極めて深刻な意味をもつ．ここから原理的
に展望されるのは，将来における地域の消滅であるからである．本章ではこの
ような過疎の変化を，「人口社会減型過疎」から「人口自然減型過疎」への変
化として捉えておきたい．つまり過疎の原因の重点が，相対的には人口社会減
から人口自然減にシフトしつつあるのである．

　これに対して，人口社会減の動向には，若干の明るい展望もみることができ
る．表1-6によれば1988年以来，過疎地域の転出人口は一貫して緩やかに減
少する（1988年375,385人→1993年318,785人）．この転出人口の減少率は15.1％
（1988～1993年）におよび，過疎地域全体の人口減少率5～6％（国勢調査より
1988年と1993年の過疎地域人口を推定して算出）を明確に上回る．すなわち，こ
の転出人口の減少は，過疎地域全体の人口縮小だけでは，説明されえない規模
をもつ．そしてこれに加えて，転入人口はほぼ横ばいという状況が続くのであ

表1-5　過疎地域の人口減少数の内訳

	1988 年	1989 年	1990 年	1991 年	1992 年	1993 年	1994 年
自然減	−7,634	−14,454	−17,330	−20,592	−25,074	−26,055	−30,212
社会減	−87,400	−86,405	−71,479	−78,888	−56,606	−43,692	−33,173
自然減比率	8.0	14.3	19.5	20.7	30.7	37.4	47.7
社会減比率	92.0	85.7	80.5	79.3	69.3	62.6	52.3
合計（％）	100.0	100.0	100.0	100.0	100.0	100.0	100.0

（出典）国土庁（1996）

第 1 章　過疎農山村問題の変容と地域生活構造論の課題　　7

表 1-6　過疎地域の人口社会減・転入・転出数

	1988 年	1989 年	1990 年	1991 年	1992 年	1993 年	1996 年
人口社会減	−87,400	−86,405	−71,479	−78,888	−56,606	−43,692	(−48,139)
転入数	287,985	274,185	273,530	269,790	272,884	275,093	(280,397)
転出数	375,385	360,590	345,009	348,678	329,490	318,785	(328,536)

(出典) 国土庁 (1996)
(注)　1　転出・転入数は，単一の過疎自治体単位にての転出・転入数を，全過疎自治体にて合計し
　　　　た値．したがって，転出には過疎地・非過疎地域への，転入には過疎地・非過疎地域から
　　　　のものが含まれる．
　　　2　1996 年のみは 1,231 団体の値 (1997 年 4 月追加公示)．その他の年度は表 1-3 の注，参照．

る (1988 年 287,985 人→ 1993 年 275,093 人)．ここから示唆されるのはつぎの 2
点である．

（ⅰ）　過疎地域から出て行く人口は徐々に減少しており，

（ⅱ）　過疎地域に入って来る人口は常に一定程度 (毎年，27 万人強) 存在
　　　する．

この毎年 27 万人強という過疎地域への転入人口は，過疎地域全人口の 3.6%
に相当する (表 1-7)．すなわち単純計算すれば，10 年で過疎地域全人口の 36
%は流入人口が占めることになる．かく考えればこの 27 万人強という数字は，
過疎地域にとって決して小さなものではない．

表 1-7　過疎自治体の数・人口

①過疎市町村数 (1995 年)	1,199
②過疎市町村人口 (1995 年)	7,703,444
③ 1 過疎自治体人口 (＝②／①)	6,425
④過疎地域転入人口 (1993 年)	275,093
⑤ 1 過疎自治体転入人口 (＝④／①)	229
⑥ 1 過疎自治体転入人口割合 (＝⑤／③)	3.6%

(出典) ①②は国勢調査 (国土庁，1996)，④は自治省『住民基本台帳に基
づく全国人口・世帯数表・人口動態表』

4. 過疎研究の新しい問題構図

　以上のような社会増減（転出・転入人口）の動向は，今日の過疎農山村研究に重要なテーマの再編を要請する（図1-3）．かつての過疎地域研究では，「何故，過疎地域から人々が出て行くのか？」という問いが主要な問題であった．このタイプの研究をここでは「流出人口論的過疎研究」とよぶことにしよう．そこにおいては人口流出および，それがもたらす地域生活の困難化，福祉低下の問題が研究の主な課題とされた．

図1-3　過疎農山村研究の課題

```
かつての過疎研究  ⟹  現在の過疎研究（おおよそ1990年以降）
    ‖                      ‖
流出人口論的過疎研究    定住人口論的過疎研究 ⎫
                              ＋           ⎬ 生活人口論的過疎研究
                      流入人口論的過疎研究 ⎭
                              ＋
                      流出人口論的過疎研究
```

　このことはたとえば，農村社会学者の蓮見音彦のつぎのような問題規定に典型的である．「過疎地域の問題とは，要するに最近の経済成長の過程で急激な人口流出をみるにいたった後進地域における福祉低下の問題とみることができるのであり，今日いかにして過疎地域が生じて，問題とされるにいたったのかを考えることは，今日のかかる後進地域からの流出がなぜ進行してきたのかをとらえることになるということができる」（蓮見　1971：134）．同様の問題構図はかつての過疎研究を牽引した安達生恒や渡辺兵力の研究にも共通する．

　たとえば，渡辺は人口論的過疎，地域論的過疎（社会的過疎・経済的過疎）の区別を提唱する．この過疎概念の示唆するものは，人口減少にともなう，人口再生産力，社会生活機能，経済生産力の枯渇化ないし麻痺に他ならない（渡辺　1967）．渡辺のこの過疎概念が蓮見の言葉でいえば，「人口流出をみるにい

第1章　過疎農山村問題の変容と地域生活構造論の課題　9

たった後進地域における福祉低下の問題」(蓮見，同上)に関連するのは自明である．同様のことは，安達による図1-4の「過疎化のメカニズム」にも指摘できよう．

(出典) 安達 (1981 : 98)

　これに対して，今日の事態は以前とはやや異なっている．先にみたように，過疎地域からの流出人口は減少し，過疎地域への流入人口は一定程度，安定的に存在する (表1-6)．かくて今日の過疎研究では，先の (ⅰ)「何故，過疎地域から人々が出て行くのか？」という問題に加えて，つぎの2点が問題となる．すなわち，

　(ⅱ)「過疎地域で人々はいかに暮らして (残って) いるのか？」

　(ⅲ)「何故，過疎地域に人々は入ってくるのか？」

がそれである[4]．この前者の問い (ⅱ) は，先に確認した流出人口の減少傾向に対応し，後者の問い (ⅲ) は，同じく先に確認した流入人口の持続的存在に対応する．

　そしてここでは，前者の (ⅱ) に対応する研究を「定住人口論的過疎研究」，後者の (ⅲ) に対応する研究を「流入人口論的過疎研究」とよび，両者を合わせて「生活人口論的過疎研究」とよぶことにしたい (図1-3)．生活人口論的過疎研究において，過疎研究の主なテーマは過疎農山村生活 (定住) 者や過疎農山村流入者の生活構造にあり，地域に現に生活している人々の生活構造が分析されることになる．

　ただし生活人口論的過疎研究の提唱によって，「何故，過疎地域から人々が出て行くのか？」という，従来の流出人口論的過疎研究が無意味になるものではもちろんない．しかし，今後はこの流出人口論的過疎研究に加えて，生活人口論的過疎研究 (定住人口論的過疎研究＋流入人口論的過疎研究) が少なくと

も同じ重みを持って，探索されねばならないと考えるのである．

5．生活人口論的過疎研究における若干の具体的課題⑴
―流入人口論的過疎研究の場合―

またこのような問題構図がひいては，過疎地域の死活的な地域問題である人
口自然減（＝子どもの減少）の解明にも重要と思われる．たとえば山本（1996：
199-215）は，中国山地の過疎山村である島根県那賀郡弥栄村をフィールドに
して，中・若年層（25～44歳）が地域に流入し，その結果，子ども（0～4歳）
人口が増えてゆくことのコーホート人口の推移を提示している．この山本の分
析は，流入人口論的過疎研究が過疎地の少子化問題ともリンクすることを示す
一例である．生活人口論的過疎研究（＝定住人口論的過疎研究＋流入人口論的
過疎研究）の課題の一部には当然，子どもの問題も含まれる[5]．

表1-8　今後も中津江村に住み続けたいか？（定住意志）

	人数	パーセント	累積パーセント
そう思う	256	53.0	53.0
まあそう思う	142	29.4	82.4
あまりそう思わない	52	10.8	93.2
そう思わない	33	6.8	100.0

（出典）山本（1998：31）
（注）調査は1996年8月，実施．

さらには表1-8に示すとおり過疎地域の定住意識といえども，8割程度の人々
が定住希望をもっており，決して低いものとはいえない．同表の調査結果は，
大分県日田郡中津江村で実施した地域調査によるものである．同村は人口
1,360人，人口減少率52.6％（1970～1995年），高齢化率32.5％の本格的な過疎
山村である（1995年国勢調査）．では何故，中津江村の定住意識はかくも高い
のか．

また表1-9で，村民の定住経歴をみると，「生まれてからずっと中津江村で暮らしている」41.6％，「子どものときからずっと中津江村で暮らしている」3.9％となり，土着型定住経歴の合計は45.5％となる．これに対して，「よそ生まれで仕事で転入」5.5％，「よそ生まれで結婚で転入」26.6％，「Uターンしてきた」21.2％の合計からなる流動型定住経歴は53.3％となり，土着型定住経歴の者をやや上回っている．すなわち村民の半数以上は，何らかの他地域体験をもつ流入者や帰郷者であり，農山村イコール土着型社会というステレオタイプはもはや成り立たない．

特に，村民の5人に1人強がUターン人口であることは重要な知見である．筆者はかつて，マクロ統計量を用いた，従来の人口還流（Uターン）研究にかわって，還流人口のミクロ・生活構造分析の必要性を主張した（山本　1996：159-174）．本章の定住経歴データからも，その必要性は支持されよう[6)]．

表1-9　居住歴―中津江村―

	人数	パーセント
生まれてからずっと中津江村	180	41.6
よそ生まれ幼少時転入	17	3.9
よそ生まれ仕事で転入	24	5.5
よそ生まれ結婚で転入	115	26.6
Uターンしてきた	92	21.2
その他	5	1.2

（出典）山本（1998：33）
（注）1　調査は1996年8月，実施．
　　　2　Uターンとは，「学校や就職で2年以上よそに出たが戻ってきた」者を指す．

さらには，弥栄村村民の定住経歴を示す表1-10によれば，ほぼ戦後生まれの中年層（調査時点で30～49歳）を中心に，流動型定住経歴が多いという事実もある．同村の中年層では，Uターン32.8％，結婚転入20.5％，仕事転入7.4％，その他15.6％となり，流動型定住経歴の割合は合計76.3％におよぶ．これに対して戦前生まれの50歳（調査時点年齢）以上の村民では逆に，7割程度の者が

表 1-10　居住歴—弥栄村—

年齢階層区分	30〜49 歳	50〜64 歳	65 歳以上
生まれて（ないし幼少時）からずっと弥栄村	23.8	71.3	69.5
よそ生まれ仕事で転入	7.4	3.0	6.1
よそ生まれ結婚で転入	20.5	15.9	17.7
Uターンしてきた	32.8	5.5	3.7
その他	15.6	4.3	3.0
合計%	100.0%	100.0%	100.0%
合計人数	122 人	164 人	164 人

（出典）山本（1996：210）

（注）　1　調査は 1993 年 11 月，実施.

　　　 2　Uターンとは，「学校や就職でよそに出ていたが戻ってきた」者を指す.

　　　 3　表中の年齢階層区分は，調査時点（1993 年 11 月）のもの.

「生まれて（ないし幼少時）からずっと弥栄村」に住んでいる土着型定住経歴の者であり，流動型定住経歴の割合は 3 割程度と低い.

　すなわち戦後生まれ世代（調査時点 30〜49 歳）の弥栄村村民の 4 分の 3（76.3 %）は，何らかの他地域体験をもつ来住層やUターン層であり，この世代以降においては，農山村イコール土着型社会というステレオタイプはもはや成り立たない[7]. 逆にいえば，農山村社会が土着型社会であったのは，戦前生まれ村民（調査時点 50 歳以上）においてまでであり，ここには大きな地域変動がある.

　先にわれわれは過疎地域における流入人口の持続的・安定的存在を確認した. 今までの分析から，この傾向が中津江村や弥栄村にも現れているものと解釈してよいであろう. 今後，このような定住・流入の分析は生活人口論的過疎農山村研究の一つの重要なテーマである. 定住意識や定住経歴の分析は，都市社会学のコミュニティ研究では一定の蓄積が認められる. しかし，過疎農山村の定住意識・定住経歴などの研究は，問題の重要さにもかかわらず研究は大きく立ちおくれている.

6. 生活人口論的過疎研究における若干の具体的課題(2)
―定住人口論的過疎研究の場合―

　さらにここでは，生活人口論的過疎研究における基礎領域の一つとして，家族・世帯の状況に関してふれておく．この問題は少なくとも，2つの意味で重要である．すなわち，(ⅰ)農山村の家族は，成員の生活保障を基本的機能（イエ機能）とするが，(ⅱ)イエは同時に，ムラ機能の基本単位でもある（乗本1996：118-121）．したがって，家族・世帯・イエが生活（定住）人口論的過疎研究の一つの重要課題であるのは自明である．

　そこでここでは，過疎地域の家族形態に関する基本的な分析のみ掲げておく．まず，表1-11によれば，市部，郡部と較べた場合の過疎地域家族構成の特徴は，以下の3点が指摘できる．

　(ⅰ)過疎地域においては，安定的または次世代再生産可能な形の核家族（子どもをもつ核家族）が少ない．過疎地域では他地域に比べ夫婦のみ世帯（24.3％）が突出して多く（市部17.0％，郡部15.1％），夫婦と未婚の子のみ世帯（23.5％）が突出して少ない（市部38.4％，郡部35.2％）のである．(ⅱ)ただし過疎地域でも農村家族の原型（三世代世帯）は，一応，維持されている．過疎地域においても三世代世帯（20.8％）の比率は市部（10.6％）を明確に上回る．(ⅲ)しかし，過疎地域の三世代世帯の比率（20.8％）は，郡部（23.6％）を若干下回り，

表1-11　地域別世帯構成の割合（1992年）

	単独世帯	夫婦のみ世帯	夫婦と未婚の子のみ世帯	単親と未婚の子のみ世帯	三世代世帯	その他世帯	合計
市部	23.6	17.0	38.4	5.0	10.6	5.5	100.0％
郡部	14.0	15.1	35.2	4.5	23.6	7.8	100.0％
過疎	17.1	24.3	23.5	4.4	20.8	9.9	100.0％

（出典）加来・高野（1999a）

（注）　1　1992年度国民生活基礎調査を目的外利用申請して集計．表1-12も同じ．

　　　　2　過疎とは活性化法指定の1,143団体（1990年4月公示）．市部，郡部は過疎地域含まず．表1-12も同じ．

表 1-12　地域別高齢世帯構成の割合（1992 年）

	単独世帯	夫婦のみ世帯	夫婦と未婚の子のみ世帯	単親と未婚の子のみ世帯	三世代世帯	その他世帯	合計
市部	16.3	26.6	13.0	5.4	28.2	10.4	100.0%
郡部	10.1	18.8	9.3	4.0	45.6	12.3	100.0%
過疎	16.6	26.9	7.1	3.7	31.7	14.1	100.0%

（出典）加来・高野（1999b）

逆に，単独世帯の比率（17.1％）は郡部（14.0％）を若干上回る．

　すなわち，過疎地域家族の形態は，農村家族の標準（郡部）からくらべると，（a）核家族形態においていくらか不安定的・縮小再生産的要素が大きく，（b）三世代世帯において非伝統的家族形態へのわずかな傾斜が現れている，と総括できよう．

　このような過疎地域家族の特色は，60 歳以上世帯員を含む高齢家族の構成により明確に現れる．表 1-12 によれば，過疎地域高齢家族の特徴は，以下の 2 点にある．

　　（ⅰ）単独世帯・夫婦のみ世帯の割合（16.6％・26.9％）は，郡部（10.1％・18.8％）をかなり上回り，市部（16.3％・26.6％）の水準にほぼ等しい．

　　（ⅱ）三世代世帯の割合（31.7％）は，郡部（45.6％）をかなり下回り，市部（28.2％）の水準にかなり近い．

　つまり，過疎地域高齢家族の形態は，郡部標準からみると大きく変容し，市部地域とほぼ等しい．

　しかし，農山村フィールドワーカーの報告によれば，農山村の高齢者は総じて「生き生き」と暮らしている．「農村を歩いて，高齢者と話している限り，『高齢者イコール弱者』という既存のイメージは全く的外れな感じがする」（小川 1996：68），「長年農山村を調査などで駆け回って感じることのひとつに，農山村の年寄りの顔がいい顔をしているということがある」（徳野　1998：154），などの指摘がそれである[8]．

そしてこのような報告と一応符合する，つぎのような調査結果も存在する．すなわち，過疎集落に住む住民のうちで，「生きがい感」を持つ者の比率は，25〜54歳・50.9％→55〜64歳・50.5％→65歳以上（非独居）・67.4％→65歳以上（独居）・67.3％と加齢とともに上昇する[9]．また，定住希望の割合も同様に，25〜54歳・78.5％→55〜64歳・86.1％→65歳以上（非独居）91.9％→65歳以上（独居）・93.7％と加齢とともに上昇する（1993年11月実施，島根県過疎集落調査，山本（1996：151-154）による）．

では何が過疎農山村の決して低くない定住意識を支えるのか（25〜54歳でも78.5％が「定住希望」ありである）．また，加齢とともに上昇する「生きがい」ありや定住希望の比率には，いかなる生活構造論的根拠が考えられるのか．今後，このような問題も，定住人口論的過疎研究からの本格的実証分析が必要な分野である[10]．

以上，本節と前節では生活人口論的過疎研究の提唱と，生活人口論的過疎研究の若干の具体的課題にふれてみた．今後，このような視角からの実証的・中範囲論的過疎農山村研究の累積的展開が，是非，必要と考える．

7．むすび—人口減少時代の地域社会研究に向けて—

過疎農山村の人口は今後（少なくとも数十年のスパンでは）増加に転ずる可能性は，まずないといえるだろう．なぜならば今後，日本全体の人口は減少に向かうことが確実だからである（国立社会保障・人口問題研究所「日本の将来推計人口（平成24年1月推計）」参照）[11]．このような人口減少，縮小再生産状況の中，今後の過疎農山村研究の課題はいかに設定可能であろうか．

このような課題に答えるべく，本章では過疎農山村研究の新しい問題構図の提示を試みてきた．すなわち，従来の流出人口論的過疎研究に対する，生活人口論的過疎研究（＝流入人口論的過疎研究＋定住人口論的過疎研究）の課題がそれである（図1-3）．もちろん，従来の流出人口論的過疎研究は現代の過疎農

山村研究においても，依然として重要ではある．それに対応する現実が，多く
の農山村には存在するからである．若者流出（定住）の問題を持たない農山村
は，ほとんどないといえるだろう[12]．

しかし，流出の必然性をいかに精緻に解明しても（流出人口の研究にはこの
ようなレベルや問題意識のものが多い），それは地域の展望にはつながらない（こ
とが多い）．場合によっては，流出・崩壊の必然性を「科学的」に説明するこ
とで現状肯定論（や現状への諦め）に堕する可能性すら持つだろう．少なくと
も，流出人口論的過疎研究から流出人口をくい止めるすべを展望するのは，き
わめて困難な隘路ということはいえるだろう．

では地域の展望はどこに求められるべきなのか．それはまず，地域に住み・
暮らし・来住してくる者の生活構造の中にこそ求められねばならないだろう．
この問題に対応するのが，生活人口論的過疎研究の課題である．ついで地域の
展望は，日本社会全体のシステム設計の中にも求められねばなるまい．この問
題は，ここではふれられなかったが，「システム過疎論」（徳野　1998）などの
課題である．

近年の農村研究には，厳しい批判が寄せられている．これらの批判が全面的
に正しいとは思わないが，「いまや日本の農村社会学はまったくの停滞におち
いってしまった」（富永　1995：184），とか，「（近年の農村社会学には，補筆引用
者）新しい探求課題の呈示がないため，若い研究者たちの関心が遠のいていっ
た」（原・盛山　1999：iii）とかの厳しい指摘があるのも事実である[13]．

しかし，いまさら列挙するまでもなく，現代農山村に多様な現代的問題群が
山積するのは自明である．本章ではこれらの問題構図を，生活構造論の視角か
ら描いてきた[14]．この課題にとって，広義の都市社会学の意味は決して小さくな
い[15]．ここに描かれた問題構図の多くが，「農山村の都市化」に関わる問題であ
るのは自明であるからである．そして，この問題は，農村社会学においても，
充分に議論されているとは思えない．加えて，人口減少時代を目前に，過疎農
山村研究は新しい重要問題群に直面しているが，人口減少は過疎農山村研究の

みならず，今後の地域研究全般を根底から規定する与件ともなると思われる．

注)
1) 過疎問題はおおよそ 1985～1990 年を境に大きく変容している（山本 1996：1-28）．
2) このような事態を指して，筆者は「集落未分化型過疎（1970 年時点の過疎）」から「集落分化型過疎（1990 年時点）」へという現状規定を行っている（山本 1996：199-215）．すなわち，過疎集落の状況はかつては比較的等質であったが，今日では過疎の進行に相当の集落間格差がみられる．したがって，集落類型論に基づいた，特に過疎の進んだ集落に重点をおいた過疎農山村研究が，より必要な状況になっている．
3) 「残されたのは老人だけ」というのは，いくらかの警告的な含意をも込めた表現ではある．しかし，現実にこれにほぼ近い集落があるのも事実である（山本 1996：16）．
4) 過疎農山村研究において，同様の問題の重要性を指摘した論稿には徳野（1994）がある．ただし，本章とは理路がかなり異なる．いいかえれば，別の根拠からほぼ同様の結論に達している．
5) 過疎農山村の子ども人口を増加させる（または，減少を緩和する）には，当然，子どもを持つ可能性の高い年齢層（＝ここでは 25～44 歳と想定した）の人口流入が必要である．これに関連して，過疎地域（弥栄村）の上記年齢層の人口回復力もコーホート分析にて確認した．すなわち，弥栄村の上記年齢層のコーホート人口の推移をみると，20 歳前後で激減する（若者流出）が，その後，30 歳前後から人口は一応，増加に転じるのである（山本 1996：199-215）．この人口回復の傾向は，後に議論する人口Uターンや流入人口の存在を示唆するものでもある．
6) 人口還流（Uターン）研究の課題に関しては，図 1-a を参照して欲しいが，従来の人口還流研究は，同図でいう「還流人口のマクロ・実態分析」（＝人口の地域移動パターンの人口統計学的分析など）が主流であった．しかし，今後の人口還流研究においては，従来の研究に加えて，「還流人口のミクロ・実態分析」（＝還流人口の定住経歴・生活構造分析など）および「還流人口のミクロ・可能性分析」（＝農山村若者・子どもや都市居住者の還流可能性・地域志向・地域意識分析など）が重要であろう．特に，前者の「還流人口のミクロ・実態分析」は過疎農山村研究の課題としては非常に重要である．また，「還流人口のマクロ・可能性分析」は還流人口の可能性をめぐる現代社会論的研究とでもよぶべき領域であり（に近く），全体社会論的性格が強い．なお，還流人口の定住経歴・生活構造分析（＝「還流人口のミクロ・実態分析」）は山本（1998；1996：199-

図 1-a 人口還流（Uターン）研究の課題

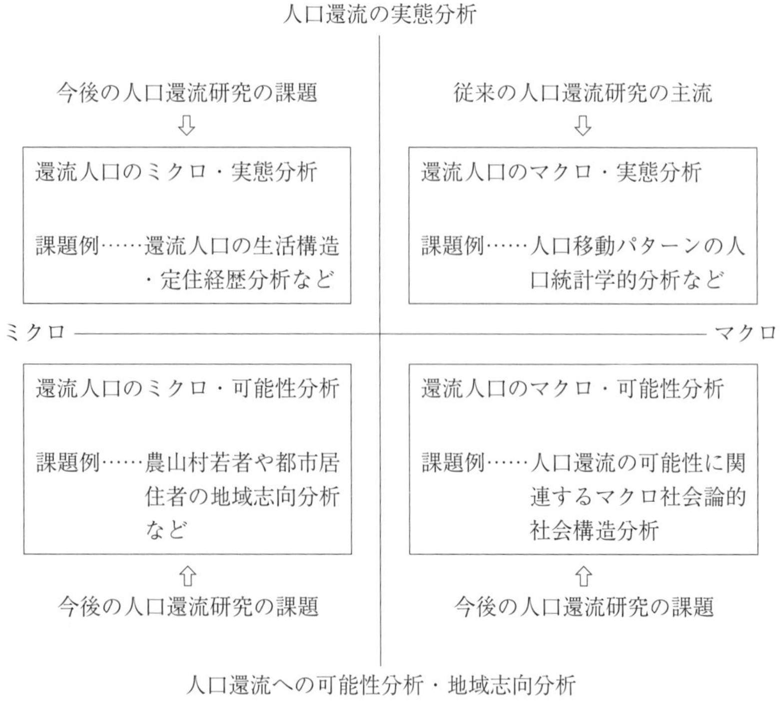

人口還流の実態分析

今後の人口還流研究の課題　　　　　　従来の人口還流研究の主流
　　　　⇩　　　　　　　　　　　　　　　　⇩

| 還流人口のミクロ・実態分析

課題例……還流人口の生活構造
　　　　・定住経歴分析など | 還流人口のマクロ・実態分析

課題例……人口移動パターンの人
　　　　口統計学的分析など |

ミクロ ─────────────────────────── マクロ

| 還流人口のミクロ・可能性分析

課題例……農山村若者や都市居
　　　　住者の地域志向分析
　　　　など | 還流人口のマクロ・可能性分析

課題例……人口還流の可能性に関
　　　　連するマクロ社会論的
　　　　社会構造分析 |

　　　　⇧　　　　　　　　　　　　　　　　⇧
今後の人口還流研究の課題　　　　　　今後の人口還流研究の課題

人口還流への可能性分析・地域志向分析

（出典）山本（1996：165）を改訂して再構成.

215）や本書2章，3章，4章，5章において試みた.

7）山口県農山村の若者調査では，さらに若い層の定住経歴が報告されているが，ここでも同じく，70％程度の流動型定住経歴の存在が確認されている（高野 1998；徳野　1998）.

8）同様の指摘は地理学の農山村研究にもみられる（宮口　1998：54-72）. ただし，筆者の見解はこれらの報告に大きな魅力も感じるが，全面的に賛成という訳ではない（山本　1996：139-157）.

9）ただし，高齢者の生きがい感については，本書付論2も参照. 80歳以上になると「生きがい」を感じない層の割合が増えている.

10）定住人口論的過疎研究の課題は，過疎農山村生活構造の基礎的部分全般の分析にあり，その問題領域は広大である. しかも，生活構造分析において生活の基礎に何を据えるかは，各種の生活構造分析で完全には一致していない. たとえば，鈴木広（1970：77-167）は，過疎離島コミュニティの調査から，生産，

住居，用水，医療，教育，電気，渡船の重要性を指摘する．この鈴木広の議論は，過疎農山村を考察するにも示唆的である．また鈴木栄太郎（1977）は，家族（世帯），職場，学校を生活の基礎と想定し，正常人口（生活）の概念を提唱した．この鈴木栄太郎の概念は周知のとおり，都市研究に由来するが，現代農山村を考察するにも有益だろう．また，松村・岩田・宮本（1988：15-16）は，「生活という用語を，生産と区別される消費過程」と狭義に規定し，その基礎単位として，家族・世帯を措定しているが，このような規定は，生産組織を一つの重要な論点に据える伝統的農村社会学（家・村論）に依拠すれば，そこには大きな乖離がある．

　今，このような生活の基礎を何に求めるかという議論は，ここでは解決するつもりはない．また，この問題は一義的な解決を求めるというよりは，研究対象となる種々の問題局面との対応でかなり自在に想定可能なもののようにも思われる．ただし，筆者は鈴木栄太郎の正常人口（生活）概念を一応の機軸にして，定住人口論的過疎研究を構想できるのではないかとは思っている．

11）日本の人口増加率は4.6％（1980年）→ 2.1％（1990年）→ 1.1％（2000年）→ 0.2％（2010年）となり，2010年国勢調査では，調査開始以来最低の人口増加率を記録している（人口増加率は5年前国勢調査との比較）．また，過疎地域の人口も，1,393万（1980年）→ 1,285万人（1990年）→ 1,177万人（2000年）→ 1,033万人（2010年）と着実に減っている（総務庁自治行政局過疎対策室2012：1，数字は国勢調査による）．

12）北海道大滝村のように人口増加を示す山村がないわけではない．ここでは福祉・厚生施設の立地を通して人口増加が達成された（宮口　1998：65-70）．このような事例が報告されるのは，それが非常にまれであり，貴重であるからである．ただし，同村は2000年国勢調査より人口減に転じ，2006年2月に伊達市に編入合併となっている．

13）このような批判には支持できる部分もあるが，若干の反論は，山本（1996：13-28）．また，農村社会学の新しい動き，課題提示については木下（1998）が参考になる．木下によれば，現代の農村社会学は，伝統的家・村論や村落共同体論に連動しつつも現代的問題意識で展開されており（「むら再評価論」と木下は命名している），かつ，それらとは一応別個の「新・農村社会学」という多様かつ新たな動向もある．さらには近年，限界集落論などの広がりもあり（9章表9-1），富永，原・盛山によるこのような批判はやや時代おくれにもなっているものと思う．

14）また，本章と関係が深いが，一応，独立の別の問題構図も想定できる．これについては，山本（1996：199-215），本書4章参照．

15）ここで，広義の都市社会学とは，「農山村や地方を含む地域社会を都市化との関連で社会学的に研究するDiscipline」と，緩やかに理解しておく．たとえば，

鈴木広（1970；1986），三浦（1991）などの著作はその典型になると考える．

参考文献

朝日新聞，2000，1月1日・連載記事（少子の新世紀）．

安達生恒，1981，『現代農民の生活と行動（著作集（3））』日本経済評論社．

今井幸彦編，1968，『日本の過疎地帯』岩波新書．

小川全夫，1996，『地域の高齢化と福祉―高齢者のコミュニティ状況―』恒星社厚生閣．

加来和典・高野和良，1999a，「家族構造の地域性と社会福祉」山本努・研究代表『過疎地域生活構造の統計的分析』平成10年度文部省科学研究費研究成果報告書・特定領域研究（A）（1）（ミクロ統計データ）：20-41．

加来和典・高野和良，1999b，「世帯の地域性について―『平成4年度国民生活基礎調査』の再集計による―」『下関市立大学論集』43-2：53-78．

木下謙治，1998，「農村社会学の展開と課題」『社会分析』26：1-15．

国土庁，1991，『過疎対策の現況（平成2年度版）』．

国土庁，1995，『過疎対策の現況（平成6年度版）』．

国土庁，1996，『過疎対策の現況（平成7年度版）』．

国立社会保障・人口問題研究所編，1997，『人口の動向・日本と世界―人口統計資料集1997―』厚生統計協会．

鈴木栄太郎，1977，『都市社会学原理（著作集IV）』未来社．

鈴木広，1970，『都市的世界』誠信書房．

鈴木広，1986，『都市化の研究―社会移動とコミュニティー』恒星社厚生閣．

総務庁自治行政局過疎対策室，2012，『平成23年度版「過疎対策の現況」について（概要版）』．

高野和良，1998，「配偶者選択と地域社会―農村社会における結婚難の構造―」山本努・徳野貞雄・加来和典・高野和良『現代農山村の社会分析』学文社：93-111．

徳野貞雄，1994，「農山村住民の存在形態と変革主体―対応的理論のために―」『年報村落社会研究』30：27-69．

徳野貞雄，1998，「少子化時代の農山村―「人口増加型パラダイム」からの脱却をめざして―」山本努・徳野貞雄・加来和典・高野和良『現代農山村の社会分析』学文社：138-170．

富永健一，1995，『社会学講義―人と社会の学―』中公新書．

乗本吉郎，1996，『過疎問題の実態と論理』富民協会．

蓮見音彦，1971，『日本農村の展開過程』福村出版．

原純輔・盛山和夫，1999，『社会階層―豊かさの中の不平等―』東京大学出版会．

松村祥子・岩田正美・宮本みち子，1988，『現代生活論』有斐閣．

三浦典子, 1991, 『流動型社会の研究』恒星社厚生閣.

宮口侗廸, 1998, 『地域を活かす―過疎から多自然居住へ―』大明堂.

山本努, 1996, 『現代過疎問題の研究』恒星社厚生閣.

山本努, 1998, 「過疎農山村における人口還流と生活選択論の課題」山本努・徳野
　貞雄・加来和典・高野和良『現代農山村の社会分析』学文社：29-50,（本書第
　4章）.

渡辺兵力, 1967, 「過疎概念と過疎問題」『山村地域人口流動の諸問題』山村振興
　調査会：25-29.

（付記）本章は科学研究費補助金（課題番号09610192　代表者・山本努　1997～
　2000年度）, 1996～1998年度科学研究費重点領域研究, ミクロ統計データ（代
　表者・松田芳郎一橋大学教授）における公募研究（課題番号08209120　代表
　者・山本努　1996年度）, 公募研究（課題番号00106212　代表者・石原邦雄東
　京都立大学教授　1997年度）, 公募研究（課題番号10113109　代表者・山本努
　1998年度）によって支えられた.

第2章 市町村合併前後（1990～2010年）にみる過疎の新段階

―少子型過疎，高齢者減少型過疎の発現―

1．問題の所在

　過疎とは人口減少が過度に進み，種々の生活問題，地域問題などが生じた事態をいう．いいかえれば，「過疎とは，人口の急激な減少によって，地域社会における人びとの生活を支えている基礎的条件の維持が困難になる状態（池上 1975：57）」である．あるいは，やや長いが以下のようにいってもいい．「過疎とは何か．私はこう思う．『農村人口と農家戸数の流出が大量に，かつ急激に発生した結果，その地域に残った人びとの生産と社会生活の諸機能が麻痺し，地域の生産の縮小とむら社会自体の崩壊がおこること．そしてまた住民意識の面では"資本からの疎外"という，農民のもつ一般的疎外の上に"普通農村からの疎外"がもうひとつつけ加わる形で，いわば"二重の疎外"にさいなまれるという意識の疎外状況がおき，これが生産や生活機能の麻痺と相互作用的にからみ合いながら，地域の生産縮小とむら社会の崩壊に向って作用していく悪循環過程である』と（安達 1981：88）」．これらの言い方は，いずれも社会科学者による，社会科学的な過疎の理解である[1]．

　このような過疎をかかえる地域では，地域住民の生活レベルでは，①生活の機能不全，②産業（特に農林漁業）の機能不全，③少子・高齢化問題の噴出，④集落維持の困難，などの問題が現れている（辻 2006）．さらにこれら生活レベルの過疎が集積すると，農村や農業が社会全体に対してもっている有益な

役割（経済的役割，生態的役割，社会・文化的役割，国際的役割など）も果たせなくなる．ここから，過疎は過疎地域住民のみならず，都市住民を含んだ国民全員の（さらには，国際的にも広がる）問題であることが分かる（祖田1986）．

このような過疎は高度経済成長によって発生した．しかし，近年（1990年頃から2010年くらいの時点で），過疎の様相は大きく変化している．この問題を論じるには，少なくとも下記の5つの論点が重要であると思われる．

(1)　「少子・高齢人口中心」社会の到来

(2)　「集落分化」型過疎の出現

(3)　「平成の市町村合併」が進行した2005年頃以降からの「過疎の再加速化」

(4)　上記(3)の論点と絡んで，合併が過疎に及ぼす効果

(5)　「少子」過疎の進行，「高齢者減少」型過疎の出現，「消える村（乗本1996：3-6)」の問題

ただし，(1)(2)は本書第1章，第3章，山本（1996：199-215）でふれているので，本章では，(3)(4)(5)に主に焦点をあて，変化した過疎の特質について検討したい．

2．合併がかなり進行した，2005年以降，再加速化する過疎

過疎の進行について5年ごとの国勢調査の数字を用いて，つぎのように指摘したことがある．「過疎地域の人口は1965〜1975年で急減し，1980〜1985年で減少率は鈍化する．そして1990年以降，人口再減少（減少率の再上昇）がみられ，その後もこの傾向が加速するものと予測される．かくて過疎地域の人口減少率の推移は，人口激減期（1965〜1975年）→人口減少鈍化期（1980〜1985年）→人口減少再加速期（1990年以降）に整理できる（本書1章，山本2000)」．

この整理を示した山本（2000；本書1章）は，1995年から2010年の人口減

少は推計値（国土庁　1995）を使って議論した．その後の過疎の進行は，大枠，この予測の方向で推移した．2010年時点での過疎地域の実際の人口減少率のデータは表2-1にある．これによれば，過疎地域の人口減少率は，1990年（－5.1%）から1995年（－4.1%）で少し鈍化したが，その後は，2000年（－4.5%）→2005年（－5.6%）→2010年（－7.1%）と人口減少率を拡大しつつある．つまり，過疎（人口減少）の趨勢は，人口激減期（1965～1975年）→人口減少鈍化期（1980～1985年）→人口減少再加速期（1990年以降）という従来の整理を変更する必要はない．

　とはいえ，平成の市町村合併がかなり進行した，2005年[2]以降の過疎の再加速化は注目しておくべきである．特に2010年の人口減少率（－7.1%）は高度成長末期の1975年の人口減少率（－6.0%）を上回る値であり，過疎地の人口減少率としても非常に高い．また，2005年の人口減少率（－5.6%）も1975年の減少率にほぼ等しく，相当，高い．表2-1の　　で網かけした部分（以下，「網かけ部分」と表記）は人口減少率5.0%以上の値だが，1965年から75年の人口激減期と，1990年以降の人口減少再加速期（特に2005年以降）に現れている．

　このような過疎地域の人口減少の推移を2005年3月22日に合併した，新しい日田市の事例でみてみよう．新しい日田市は旧日田市，および，前津江村，中津江村，上津江村，大山町，天瀬町の旧日田郡の1市2町3村が編入合併に

表2-1　5年間人口増減率の推移（過疎地域，全国）

年	← 人口減少激減期 →←			人口減少鈍化期 →←		人口減少再加速期			→
	1965	1970	1975	1980	1985	1990	1995	2000	2005	2010
過疎(%)	－ 9.6	－ 10.2	－ 6.0	－2.6	－2.8	－ 5.1	－4.1	－4.5	－ 5.6	－ 7.1
全国(%)	5.2	5.5	7.0	4.6	3.4	2.1	1.6	1.1	0.7	0.2

（出典）総務省過疎対策室（2012）

（注）　1　■■は人口減少率－5.0%以上．各年とも5年前の国勢調査との比較で人口増減率を算出．2010年は国調速報値．

　　　　2　過疎地域は2012年4月1日時点の775市町村である．

第2章　市町村合併前後（1990～2010年）にみる過疎の新段階　25

て発足した（1市2町3村の位置は4章図4-3参照）．

　そこで表2-2を見ると，「網かけ部分」は日田市の旧市町村別の人口減少率10％以上の値だが，1965年から85年と，2005年，2010年に現れている．ただし，旧日田市には現れず，1965年から85年は前津江，中津江，上津江，大山，天瀬に現れ，2005年には前津江，中津江，上津江，天瀬，2010年には前津江，中津江，上津江に現れている．つまり，大山でやや不鮮明であるが，それ以外の旧町村では，合併後の2005年，2010年に高度成長期（1965年から80年代頃まで）にほぼ匹敵する高い人口減少率が現れている（ただし，大山の2005年の人口減少率もかなり高いのだが）．

　さらに表2-2を子細に見ると，1970年，75年中津江の人口減少率が－34.8％，－25.4％と非常に大きい．これは1972年の金山閉山[3]の影響であり特殊である．したがって，これを比較の対象から外せば，2010年中津江の人口減少率（－17.6％）は高度成長期を凌ぐことになる．また，旧日田市には「網かけ部分」はないが，日田の2005年，2010年の人口減少率は高度成長期の数字にほぼ等しく，日田にとっては大きい数字である．

　つまり，高度成長期（1965～1985年頃まで）に経験した過疎（人口減少）の激しさに比例して，各地域において，合併後の2005年，2010年に再度，それ

表2-2　旧日田市，前津江村，中津江村，上津江村，大山町，天瀬町の5年間人口増減率

(%)

年	1965	1970	1975	1980	1985	1990	1995	2000	2005	2010
前津江	-4.3	-20.9	-9.1	-7.4	-4.8	-3.8	-8.0	-2.4	-15.2	-16.6
中津江	-16.5	-34.8	-25.4	-15.7	-12.1	-5.2	-9.6	-1.6	-10.8	-17.6
上津江	-8.8	-25.9	-21.6	-11.8	-1.6	-3.9	-4.6	-7.0	-19.5	-16.6
大山	-6.7	-11.1	-8.1	0.3	0.2	-7.5	-3.4	-7.5	-7.9	-5.5
天瀬	-9.5	-13.5	-7.4	-5.3	-3.2	-5.8	-5.9	-8.1	-10.3	-9.8
日田	-2.4	-2.9	-1.4	2.2	0.6	-1.6	-1.3	-2.1	-2.5	-3.0

（出典）各年とも5年前の国勢調査との比較で人口増減率を算出．
（注）■は人口減少率10％以上．

表 2-3　旧日田市，前津江村，中津江村，上津江村，大山町，天瀬町の人口と 50 年間人口増減率

	1960 年	1975 年	1990 年	2000 年	2005 年	2010 年	50 年人口増減率
前津江	3,143 人	2,164 人	1,834 人	1,646 人	1,396 人	1,164 人	− 63.0%
中津江	5,277	2,140	1,505	1,338	1,194	984	− 81.4
上津江	3,333	1,768	1,475	1,308	1,053	878	− 73.7
大山	6,168	4,701	4,373	3,910	3,600	3,402	− 44.8
天瀬	12,293	8,907	7,698	6,660	5,976	5,392	− 56.1
日田	68,437	63,969	64,695	62,507	60,946	59,120	− 13.6

（出典）国勢調査
（注）50 年間人口減少率は 1960～2010 年の間での人口増減率.

にほぼ対応する程度の激しい過疎が現れている．その結果，過疎のもっとも激しい上津江や中津江では（表 2-3，50 年人口増減率参照），2010 年には人口は遂に 1,000 人をきり（それぞれ，878 人，984 人），きわめて厳しい状況にある．その結果，地域の人々の地域意識の後退も出てきたが，その一端については，本書第 7 章の表 7-4，7-5 でふれる．

3．市町村合併の影響

　前節から示唆されるのは，市町村合併は過疎を止めないということである．いいかえれば，合併は過疎に無効果的である．合併が激しい過疎の原因かどうかは不明である．むしろ，合併がなくとも 2005 年頃以降の人口減少の再加速化はおきていた可能性は大きい．実際，先に指摘したように，1990 年代の過疎地域の人口推計（国土庁推計）で今日の事態は大枠，予測されていたからである[4]．

　ただし，合併が過疎を加速させている可能性も否定できない．新日田市では合併にともない旧 5 町村は 5 つの振興局（前津江，中津江，上津江，大山，天瀬振興局）に組織改編された．それにともない，5 つの振興局の職員数は合併前の 294 人から 2006 年 11 月で 120 人（59.2％減）と大幅に削減された（市町村の合併に関する研究会　2008：94）．これにともなって，旧町村から旧日田市へ

の旧役場職員の転出事例がみられたのは事実である.

これに関連して,奥田（2009a）は新日田市の合併直後の人口減少について,つぎのように指摘する.「市町村合併のあった平成12年から平成17年の減少率は各市町村とも上昇しており,とりわけ上津江村（19.5%）の減少率が急上昇している.これは合併により役場の若い職員とその家族が旧日田市に転出したことが主な原因と考えられる.しかし,一方で,合併後の旧日田市の人口も減少し続けていることもまた注目される」.

ただし,平成12〜17（2000〜2005）年,上津江の人口減少は255人（表2-3）であるが,その「主な原因」が「役場の若い職員とその家族が旧日田市に転出したこと」というのは,やや疑問も残る.合併は2005年3月22日であり,国勢調査は2005年10月1日人口である.合側の影響が出るには,早すぎるようにも思えるのである.

とはいえ,表2-4に示すように全国の過疎地域（中山間）での役場職員数の減少は顕著である.すなわち,「人口千人あたり一般職員の変化を合併パターン別に見た場合,中山間においては,合併市町村では未合併市町村に比べて大きく減少しており,特に都市と合併した場合には大幅に減少している.また,平地においても,合併市町村では未合併市町村に比べて減少率が高い.このようなことから,合併に伴う人員等に係る歳出削減等の効果は着実に現れてきていると考えられる」と,総務省の設置した「市町村の合併に関する研究会」（2008：36）は指摘している.

「市町村の合併に関する研究会」（2008：36）は中山間における職員の減少を「歳出削減等の効果」としてプラスに評価している.しかし,過疎地域の職場として,役場など公的セクターの占める位置はかなり大きい（本書第6章表6-7）.合併前の中津江村での調査（1996年実施）では,人口Uターンは村の18歳以上人口（調査対象者）の21.2%を占める（4章表4-8参照).その人口Uターン層のうち公務員（および準公務員的な農協,森林組合）が25.0%である（最多はわずかの差で,「農業または家族従事者」28.6%,4章表4-14参照).また,村

表 2-4　合併パターン別人口千人当たり一般職員数の変化

(人)

	3,232 市町村	1,820 市町村	未合併 市町村	合併 市町村	合併パターン別合併市町村			
					都市＋ 平地＋ 中山間	都市＋ 中山間	平地＋ 中山間	中山間 同士
都市	8.1	7.4	7.0	8.0	8.4	8.2	＊	＊
平地	11.0	10.0	10.7	9.3	8.4	＊	10.5	＊
中山間	16.4	13.5	15.5	11.0	8.4	8.2	10.5	13.3

（出典）「市町村の合併に関する研究会」（2008）所収の図表 36 より.
（注）　1　合併（未合併）市町村は 1999.4.1 ～ 2006.4.1 における合併（未合併）市町村である.
　　　2　3,232 市町村は 1999.3.31，1,820 市町村は 2006.4.1 時点の市町村数.
　　　3　合併パターンは中山間を含むパターンのみを表記した. ＊は該当する市町村なし.

の中若年層（18～49 歳）では公務員（および準公務員的な農協，森林組合）が 20.9％と最多である（「農業または家族従事者」は 20.3％でほぼ同じ，4 章表 4-14，参照）. つまり，役場や公的セクターは人口Ｕターン層や中若年層のもっとも重要な職場の一つとなっている. したがって，合併による職員減少だけでも，地域へのマイナス影響は相当大きい. つまり，市町村合併は過疎地域の包摂（行政への組み込み）でもあるが，同時に，排除（地域生活の切り捨て）の側面もあわせ持つように思われる[5].

　ただし，社会的包摂はともかくとして，排除についての厳密な社会科学的検証は現時点ではなされていない[6]. 有り体にいえば，過疎地域にとって合併が毒なのか，薬なのか不明なのである. これについては，（毒であることを疑いつつも）今後の課題として残さざるをえない. とはいえ，「市町村合併は過疎を止めない」「合併は過疎に無効果的である」という（やや控えめな）結論は一応，確かなように思われる.

4. 過疎の現段階(1)
―「少子」型過疎と「高齢者減少」型過疎―

　過疎は1970年頃の「若者流出」型過疎から1990年頃からの「少子」型過疎に変化した．このような過疎の変化は，山本（1996：199-215）が島根県弥栄村（合併して浜田市）の1970年と1990年の地域比較で提起したものである[7]．

　このような「少子」型過疎という過疎の現段階認識は今日でも基本的に有効である．ただし，今日ではこれに加えて，高齢人口の減少すら出てきており，過疎は新しい局面に入ってきた．これらのことを確認するために表2-5をみよう．ここから下記の知見を得る．

(1) 新しい日田市の旧1市（日田）2町（大山，天瀬）3村（前津江，中津江，上津江）は，いずれも過疎地域に含まれるが（2000年4月施行，過疎地域自立促進特別措置法），すべての地域で2005～2010年は人口減である．

(2) 旧3村（前津江，中津江，上津江）の人口減がもっとも大きく，ついで，旧2町（大山，天瀬）が大きく，旧市（日田）の人口減がもっとも小さい．

(3) 年齢別に見ると，15歳未満人口減少率が最大で，15～64歳がついで大

表 2-5　2005～2010年人口増減率
　　　　―全国（日本全体），旧日田市，前津江村，中津江村，上津江村，大山町，
　　　　天瀬町―

	15歳未満(%)	15～64歳(%)	65歳以上(%)	全体(%)
前津江	−39.1	−15.2	−8.8	−16.6
中津江	−31.4	−18.4	−12.2	−17.6
上津江	−50.4	−16.3	−7.1	−16.6
大山	−27.7	−2.5	−0.3	−5.5
天瀬	−25.0	−12.7	−0.3	−9.8
日田	−5.6	−6.8	+5.8	−3.0
全国（日本全体）	−4.1	−3.6	+13.9	+0.2

（出典）国勢調査

きく，65歳以上の高齢人口減少率はもっとも小さい．このパターンは旧1市（日田）2町（大山，天瀬）3村（前津江，中津江，上津江）で共通である（ただし，日田の高齢人口は増加）．

(4) 旧1市2町3村の中でもっとも過疎（人口減）の厳しい旧3村（前津江，中津江，上津江）の15歳未満人口の減少率は30％から50％程度と著しく高い．実人数の減少（2005～2010年国勢調査）は，127人→63人（上津江），197人→120人（前津江），172人→118人（中津江）であり，地域の厳しい将来展望を示唆するものと言わざるをえない．[8]

(5) また，旧2町（大山，天瀬）も15歳未満人口減少率は25％以上でこちらも相当の高さである．旧3村と旧2町の15歳未満人口減少率は，もっとも過疎の激しかった高度成長期（1970年，表2-2）とほぼ同じ大きさである（1965～1970年の国勢調査15歳未満人口減少率は，前津江－31.6％，中津江－39.9％，上津江－37.5％，大山－25.7％，天瀬－28.2％である．表2-5の15歳未満人口減少率と比較されたい）．

(6) 旧日田市の15歳未満人口減少率（－5.6％）は小さく，全国の値（－4.1％）をやや上まわる程度にとどまっている．

以上の知見から，15歳未満人口の減少が過疎を大きく促進していることがわかる．特に，過疎の進んだ3村2町の15歳未満人口減少率は非常に大きい．ここにあるのは，「少子化→過疎化」という因果連鎖であり，「少子」型過疎という事態である．

(7) ついで，表2-5のどの地域においても15～64歳の人口減少率が大きい．しかし，過疎の新しい段階を認識するためにより重要なのは，65歳以上の人口動態である．

(8) 65様以上人口は，全国で大きく人口増（＋13.9％），旧日田市でやや人口増（＋5.8％），旧2町で微減（－0.3％），旧3村では大きく減少（－10.0％程

度）となっている．65歳以上人口の減少は従来の過疎自治体では通常，みられなかった事態である．実際，全国過疎地域の65歳以上人口は1960年（107万人）→90年（200万人）→2000年（262万人）と増え続けてきた（3章表3-2参照，2005年4月1日現在の899過疎市町村についての国勢調査（過疎対策研究会　2006）からの数字である）．

(9)　ただし，島根県弥栄村の過疎の非常に進んだ12集落（山本（1996：200-201の表10-1）が激疎集落とよんだ集落）では，65歳以上人口は139人（1970年）から111人（1990年）に減少していた（1章表1-1参照）．つまり，65歳以上人口の減少は過疎の非常に進んだ集落ではみることができた．しかし，この時でも，弥栄村全体（過疎の非常に進んだ12集落含めて，29集落からなる）の65歳以上人口は，433人（1970年）から556人（1990年）に増えていた（山本　1996：203-205の表10-4，表10-5，国勢調査）．ちなみに，弥栄村は島根県でもっとも過疎の進んだ自治体である（山本　1996：75の図4-1参照）．

　つまり，かつては過疎地域といえども高齢者（65歳以上）人口が，市町村の範域で前回国勢調査（5年前）との比較で減少することなどまずなかった．しかし，表2-5ではそれが旧3村2町に現れている．過疎の深刻化した旧自治体では，「高齢者の減少→過疎化」という新たな因果連鎖が生まれている．このような過疎を本書では，「高齢者減少」型過疎とよんでおく．

　「高齢者減少」型過疎の旧自治体では，表2-5の3村2町に示すように，全ての年齢層で総体的に人口が減少している．この事態は非常に深刻であるといわざるをえない．今日（2010年時点）の過疎は「少子」型過疎に「高齢者減少」型過疎を付加して，全年齢階層で深化しつつある．

5. 過疎の現段階(2)—「高齢者減少」型過疎の出現—

「高齢者減少」型過疎の出現を確かめるために，表2-6をみよう．表2-6から以下の知見を得る．

(1) 「高齢者減少」型過疎は1995〜2000年ではみられなかった．この時点では新日田市の旧1市2町3村とも，15歳未満，15〜64歳は人口減だが，高齢者人口のみは増加している．

(2) しかし，2000〜2005年になると，3村（上津江，中津江，前津江）の

表2-6　5年間人口増減率
　　　　—旧日田市，前津江村，中津江村，上津江村，大山町，天瀬町—

		15歳未満(%)	15〜64歳(%)	65歳以上(%)
前津江	1995〜2000年	−9.2	−5.5	+10.4
	2000〜2005年	−26.2	−18.5	−1.1
	2005〜2010年	−39.1	−15.2	−8.8
中津江	1995〜2000年	−4.9	−13.7	+19.5
	2000〜2005年	−11.3	−16.9	−3.4
	2005〜2010年	−31.4	−18.4	−12.2
上津江	1995〜2000年	−15.7	−16.2	+16.8
	2000〜2005年	−30.6	−27.0	−3.8
	2005〜2010年	−50.4	−16.3	−7.1
大山	1995〜2000年	−21.0	−12.0	+16.8
	2000〜2005年	−15.1	−10.7	+2.1
	2005〜2010年	−27.7	−2.5	−0.3
天瀬	1995〜2000年	−24.0	−13.3	+14.5
	2000〜2005年	−24.2	−12.9	+0.4
	2005〜2010年	−25.0	−12.7	−0.3
日田	1995〜2000年	−11.8	−4.2	+13.7
	2000〜2005年	−10.6	−5.4	+9.8
	2005〜2010年	−5.6	−6.8	+5.8

（出典）国勢調査
（注）▓は人口増.

第2章　市町村合併前後（1990〜2010年）にみる過疎の新段階　33

高齢者人口が小幅ながら減少に転じる．「高齢者減少」型過疎の萌芽がここにある．2町（大山，天瀬）の高齢者人口の増加率も大幅に縮小している．

⑶　また，2005〜2010年になると，2町（大山，天瀬）の高齢者人口も微少であるが，減少に転じる．あわせて，3村（上津江，中津江，前津江）の高齢者人口減少率は拡大している．「高齢者減少」型過疎が明確に現れてきたといえるだろう．

⑷　2005〜2010年において旧日田市の高齢者人口のみ増加している．しかし，増加率は縮小の方向にあるので，旧日田市も「高齢者減少」型過疎の方向に向かって変化している．

6．（合併がかなり進んだ）現段階過疎の重要問題
　　―むすびにかえて―

かつて乗本（1996：3-6）は，過疎農山村の動向を「老いる村」から「消える村」へという卓抜な表現で示したが，その問題への対応が今日の過疎農山村研究の課題となると思われる．ただし，「消える村」といえども，高齢者人口の減少までは予測していなかった．事態はさらに深刻の度を増したとみてよい．

限界集落という概念も1990年代から広まったが，ここでは，「65歳以上の高齢者が集落人口の50％（大野　2007：133-134）」を超えたかどうかが重要とされ，本書含めて山本（1996）が重視する，少子化（「少子」型過疎）はほとんど問題にされなかった．しかし，地域の人口的基盤が土着人口にあるかぎり，農山村の死活的な問題は少子化にある．子どもが農山村地域の存続にとって精神的な土台でもあるのは，山本陽三（1981），安達（1973），渡辺（1986）らの指摘するところでもある．[9]

さらには，限界集落論には高齢化率の上昇への着目があるが，過疎の厳しい地域では，高齢者人口の減少（「高齢者減少」型過疎）が過疎の新しい段階の

表 2-7　15 歳未満（年少）人口，15 ～ 64 歳人口，高齢（65 歳以上）人口の割合
　　　 ―前津江村，中津江村，上津江村（2005，2010 年）―

		15 歳未満人口(%)	15〜64 歳人口(%)	65 歳以上人口(%)
前津江	2005 年	14.1	55.1	30.8
	2010 年	10.3	56.0	33.7
中津江	2005 年	14.4	42.9	42.7
	2010 年	12.0	42.5	45.5
上津江	2005 年	12.1	46.7	41.2
	2010 年	7.2	46.9	45.9

（出典）国勢調査

メルクマールである．それに伴う，地域人口の全年齢層での総体的後退（「消える村」）こそが重要な問題と考える[10]．

　2010 年国勢調査で「高齢者減少」型過疎が明確に現れている旧 3 村（表 2-5,2-6）では高齢化率は上昇しているが（表 2-7），それは従来の高齢化とは異なる．従来の高齢化は，高齢人口の増加による高齢化である．これに対して旧 3 村では，高齢者（65 歳以上）人口の減少よりも，年少（15 歳未満）人口や 15〜64 歳人口の減少が大きいので（表 2-6），高齢化率は上昇しているのである．つまり，ここでは，高齢者は減るが，それでも高齢化がみられることになる．

　高齢者人口の減少（「高齢者減少」型過疎）と，それに伴う地域人口の全年齢層での総体的後退（「消える村」）という事態は新たな過疎の重要問題と考える．たとえば，人口Uターンは本書第 4 章，5 章に示すように，「親のことが気になって」という動機による部分が大きい（表 4-17, 4-18，表 5-2，図 5-7）．高齢者人口の減少とは，このような人口Uターンの動機の基盤にある，親人口の減少でもある．さらには，木下（2003）や鰺坂（2009）や徳野（2010）は他出子による援助や交流が過疎集落存続の大きな要因であることを指摘する[11]．これらも，地域に親（＝高齢者）が居るということが前提条件で成り立つ議論である．特に徳野（2010：35）の主張は「将来の集落の維持・存続を考える場合，この他出者を含めた家族の将来動向と現在の日常的な実家とのサポート関係を

把握することが重要である」とするから，その性格は鮮明である．「高齢者減少」型過疎はこのように，過疎地域の将来展望，および，将来展望の構想に大きな問題を投げかける深刻な事態ということができる．しかし，だからこそ同時に，地域に親（＝高齢者や実家）がいるということの意義（積極的機能）を示唆，強調する現状認識でもある．

7. 補論：「高齢者減少」型過疎の人口学的要因の仮説と，それをめぐる今後の研究課題

「高齢者減少」型過疎は高齢者人口供給構造の変容・不全を示唆する概念だが，現代日本社会全体の高齢者人口の供給構造はつぎのようである．「高齢者人口は今後，いわゆる『団塊の世代』（1947～1949 年に生まれた人）が 65 歳以上となる 2015 年には 3,395 万人となり，『団塊の世代』が 75 歳以上となる 2025 年には 3,657 万人に達すると見込まれている．その後も高齢者人口は増加を続け，2042 年に 3,878 万人でピークを迎え，その後は減少に転じると推計されている（内閣府 2012；3）」．過疎地域ではこのような（日本社会全体では作動している）人口供給構造が崩れつつある可能性が大きい．

加えて，「（日本全体では）2042 年以降は高齢者人口が減少に転じても高齢化率は上昇を続け，2060 年には 39.9％ に達して，国民の約 2.5 人に 1 人が 65 歳以上の高齢者となる社会が到来すると推計されている（内閣府　同上）」．この事態は本章が示す「高齢者減少」型過疎そのものである．過疎の進んだ地域では日本の未来がすでに現実となって現れている．

「高齢者減少」型過疎の生み出される要因は，このような人口学的仮説が考えられる．今後，「高齢者減少」型過疎の広がりを捉える（本章で取り上げた地域以外での「高齢者減少」型過疎の確認）とともに，上記の人口学的仮説を検証することが，研究の次なる重要な一歩である．

なお，本章で指摘した事態は，（少なくとも西日本では）他の過疎地域でも

表 2-8　山口市に合併した旧 1 市・5 町の人口増減率

(%)

	1965 年	1970 年	1975 年	1980 年	1985 年	1990 年	1995 年	2000 年	2005 年	2010 年
山口市	− 2.9	2.1	5.0	8.1	8.3	4.2	4.7	3.6	2.7	− 1.2
小郡町	0.8	3.7	7.1	9.4	6.8	8.2	5.1	1.0	− 0.4	5.4
秋穂町	− 7.4	− 5.1	0.6	− 1.3	− 0.7	− 5.7	− 3.9	− 2.6	− 3.1	− 5.7
阿知須町	− 7.6	− 2.0	1.3	2.3	1.0	− 0.3	− 1.0	6.3	2.4	1.6
徳地町	− 15.4	− 11.9	− 6.9	− 4.3	− 5.1	− 7.7	− 6.4	− 8.3	− 8.3	− 11.9
阿東町	− 16.3	− 13.8	− 10.1	− 5.9	− 5.6	− 8.3	− 8.1	− 7.8	− 9.5	− 12.9
人口増減率	− 5.8	− 1.2	2.6	5.5	5.5	2.5	2.9	2.0	1.1	− 1.3

（出典）国勢調査
（注）徳地，阿東は過疎地域に指定されている．高度成長期に大きな人口減のあった地域に，合併後，大きな人口減が出てきている．　■■■は人口減少率 10％より大きい値．
2005 年 10 月 1 日山口市，小郡町，秋穂町，阿知須町，徳地町の 1 市 4 町が新設合併．2010 年 1 月 16 日阿東町と編入合併．

表 2-9　山口市に合併した旧 1 市・5 町の年齢階層別人口増減率（2000～2010 年）

	15 歳未満（％）	15～64 歳（％）	65 歳以上（％）
山口市	− 5.8	− 2.9	+ 23.1
小郡町	− 7.1	2.7	+ 27.0
秋穂町	− 20.3	− 17.3	+ 17.6
阿知須町	+ 8.6	− 2.9	+ 18.0
徳地町	− 45.2	− 25.3	− 1.4
阿東町	− 42.6	− 30.5	− 1.5

（出典）国勢調査
（注）1　徳地，阿東では，高齢者減少型過疎がみられ，人口の総体的後退が出てきた．
　　　2　ついで人口減少が大きいのは秋穂だが，高齢者減少型過疎にはいたっていない．

みられることを付記しておきたい．たとえば，表 2-8，表 2-9 は，合併で誕生した新しい山口市の人口増減である．これによれば，合併以後の過疎の再加速化，「高齢者減少」型過疎など同じ事態が山口市の過疎地域でも現れている．特に徳地，阿東地区は過疎山村地域であり，日田市の旧 3 村，2 町と事態は非常に類似している．

注）

1）安達の過疎概念については，9章図9-2も参照されたい．なお，法律用語としての過疎の意味は，高見（2010）など参照．過疎地域自立促進特別措置法によって現時点での過疎は定められている．

2）2005年までで平成の市町村合併がかなり進行しているのは表2-aの市町村数を参照．市町村数は2002年までは3,200程度だが，2005年で2,396，2007年で1,805，2010年で1,727となっている．

3）旧中津江村は鯛生金山で栄えた地域である．鯛生金山は1884年に発見，1898年に採掘開始し，1972年に閉山している（中津江村誌編集委員会 1989）．

4）国土庁（1995）に掲載の過疎地域（1992年公示の1,165市町村）の人口減少率の推計値は本書1章の表1-2にある．ここでは，2010年の人口減少率が−8.8％と予測されているが，これは，高度成長期末の1975年人口減少率−8.6％を上回る値である．

5）社会的排除，包摂の概念については，岩田（2006；2009），森田（2009）など参照．また，農村との関係でならば，ギデンズ（2006：404-408）参照．

6）これについては社会学的な合併研究の不足が大きい．「社会学者の関心を引かないということ自体が，今回の合併の特徴を示している」とすら指摘されている（今井 2009）．とはいえ，合併の地域生活面について影響の研究が皆無というわけではなく，日田市の合併についてならば，奥田（2009a；2009b），高野（2011），山本（2009）などの知見がある．

7）「少子」型過疎の因果連鎖は第1章の図1-2を参照．また，それに先行する「若者流出」型過疎は第1章の図1-1を参照．

8）これに関連するが，子ども人口の減少のもっとも激しい上津江の小学校，中学校の設置状況については，上津江小学校ホームページ http://ktu-kamitue-e.oita-ed.jp/ の下記の記載を参照．

「旧上津江村には平成4年度までは1つの中学校と4つの小学校がありました．

表2-a　市町村数の推移

年	1972	1987	2002	2005	2006	2007	2010	2012
市町村数	3,242	3,253	3,219	2,396	1,821	1,805	1,727	1,720
過疎市町村	1,048 (32％)	1,157 (36％)	1,210 (38％)	899 (38％)	739 (41％)	738 (41％)	776 (45％)	775 (45％)

（出典）1972, 1987, 2002, 2007, 2010年の数字は総務省地域力創造グループ過疎対策室（2011），それ以外の年は，各年のデータ含む総務省過疎対策室『「過疎対策の現況」について（概要版）』

（注）上段は全市町村数，下段は過疎市町村数．

しかし，子どもの数が少なくなり，学習活動に困難な面がでてきたということで，まず，平成5年度に上津江中学校と隣りの中津江中学校が統合され，新たに上津江中津江組合立津江中学校が誕生しました．そして，その1年後の平成6年度，今度は雉谷（きじや）小学校，上野田（かみのだ）小学校，都留小学校，川原（かわばる）小学校が統合されて上津江小学校が誕生しました．上津江小学校の敷地と校舎は以前上津江中学校だったものを改修して使用しています．その後日田郡の各町村が合併して新日田市が誕生しましたので，上津江小学校も上津江村立から日田市立に変更されました」

その後，上津江小学校も2012年に中津江小学校に再統合され津江小学校となり，2014年に校舎も旧中津江に移る．つまり，旧上津江村には，2014年には小学校も中学校もなくなることになる．

9）これらの先学の指摘については，山本（1996：17，および，25（注12））で紹介した．

10）限界集落論への疑問は本書9章を参照されたい．

11）他出子による援助や交流の実際については，本書9章表9-4を参照されたい．

参考文献

鯵坂学，2009，『都市移住者の社会学的研究―『都市同郷団体の研究』増補改題』法律文化社．

安達生恒，1973，『"むら"と人間の崩壊』三一書房．

安達生恒，1981，『過疎地の再生の道（安達生恒著作集④）』日本経済評論社．

池上惇，1975，『日本の過疎問題』東洋経済新報社．

今井照，2009「市町村合併検証研究の論点」『自治総研』373：1-59．

岩田正美，2006，『社会的排除』有斐閣．

岩田正美，2009，「ソーシャル・エクスクルージョン／インクルージョンの有効性と課題」森田洋司監修『新たなる排除にどう立ち向かうか―ソーシャルインクルージョンの可能性と課題―』学文社：21-39．

大野晃，2007，「限界集落論からみた集落の変動と山村の再生」日本村落研究学会編・鳥越皓之編集責任『むらの社会を研究する―フィールドからの発想―』農文協，131-138．

奥田憲昭，2009a，「過疎地域高齢者の生活構造と生活課題―大分県旧日田市5町村の福祉コミュニティの形成に向けて―」『大分大学経済論集』61（4）：37-68．

奥田憲昭，2009b，「周辺町村における福祉サービスの変化と住民評価―大分県日田市の合併を事例として―」『社会分析』36：29-47．

過疎対策研究会編，2006，『過疎対策データブック―平成16年度過疎対策の現況―』．

ギデンズ，A.，松尾精文ほか訳，2006，『社会学（第4版）』而立書房．

木下謙二，2003，「高齢者と家族―九州と山口の調査から―」『西日本社会学会年

報』創刊号：3-14.

国土庁, 1995, 『過疎対策の現況』.

市町村の合併に関する研究会, 2008, 『「平成の合併」の評価・検証・分析』総務省.

総務省過疎対策室, 2012, 『平成23年版「過疎対策の現況」について（概要版）』.

総務省地域力創造グループ過疎対策室, 2011（7月28日）, 『過疎対策の現状と課題（資料2-1）』.

祖田修, 1986, 「日本農業の展開と農業・農村の新しい役割」『農林業問題研究』85：174-183.

高野和良, 2011, 「超高齢社会における地域集団の現状と課題」『福祉社会学研究』8：12-24.

高見藤二男, 2010, 「過疎対策の現状と課題—新たな過疎対策に向けて—」『立法と調査』300：16-29.

辻正二, 2006, 「農山村—過疎化と高齢化の波—」山本努・辻正二・稲月正『現代の社会学的解読』学文社：97-128.

徳野貞雄, 2010, 「縮小論的地域社会理論の可能性を求めて—都市他出者と過疎農山村—」『日本都市社会学会年報』28：27-38.

内閣府, 2012, 『高齢社会白書（平成23年版）』.

中津江村誌編集委員会, 1989, 『中津江村誌』中津江村.

乗本吉郎, 1996, 『過疎問題の実態と論理』富民協会.

森田洋司, 2009, 「ソーシャルインクルージョン概念の可能性」森田洋司監修『新たなる排除にどう立ち向かうか—ソーシャルインクルージョンの可能性と課題—』学文社：3-20.

山本努, 1996, 『現代過疎問題の研究』恒星社厚生閣.

山本努, 1998, 「過疎農山村研究の新しい課題と生活構造分析」山本努・徳野貞雄・加来和典・高野和良『現代農山村の社会分析』学文社：2-28.

山本努, 2000, 「過疎農山村問題の変容と地域生活構造論の課題」『日本都市社会学会年報』18：3-17,（本書第1章）.

山本努, 2009, 「『市町村合併の社会学』によせて」『社会分析』36：1-2.

山本陽三, 1981, 『農村集落の構造分析』お茶の水書房.

渡辺兵力, 1986, 『村を考える—村落論集—』不二出版.

（付記）本章は科学研究費補助金（課題番号19530458　代表者・山本努　2007～2010年度，課題番号23530676　代表者・山本努　2011～2014年度）による.

第3章　過疎の現段階分析と地域の
　　　　　人口供給構造

1．問題の所在

　過疎の現段階の特質はつぎの5点で検討する必要がある.

(1)　「少子・高齢人口中心」社会の到来

(2)　「集落分化」型過疎の出現

(3)　「平成の市町村合併」が終了した2005年頃以降からの「過疎の再加速化」

(4)　上記(3)の論点と絡んで, 合併が過疎に及ぼす効果

(5)　「少子」型過疎の進行, 「高齢者減少」型過疎の出現, 「消える村（乗本
　　　1996：1)」の問題

　この内, (3)(4)(5)は2章ですでに触れた. そこで本章1節, 2節で, (1)(2)について触れる. さらには, 4節, 5節, 6節, 7節では広島県比婆郡西城町の調査から, 地域の人口供給構造についてのいくつかの知見を示す. 最後に8節で本章の結論を述べる.

2．過疎の現段階(1)―「少子・高齢人口中心」社会―

　そこでまず参照したいのは表3-1である. 表3-1は島根県弥栄村の過疎の非常に厳しい12集落の年齢階層別人口を示している. ここから以下の知見を得る.

(1)　1970～1990年で過疎の進行は非常に大きい（全人口, 844人（1970年）

第3章　過疎の現段階分析と地域の人口供給構造　41

表 3-1　過疎の進んだ集落の年齢階層別人口数—島根県那賀郡弥栄村の 12 集落—

	年少人口 15 歳未満	若年人口 15〜29 歳	前期労働力 人口 30〜49 歳	後期労働力 人口 50〜64 歳	高齢人口 65 歳以上	合計
1970 年	214	70	265	156	139	844 人
1990 年	17	24	46	135	111	333 人

（出典）国勢調査調査区統計，第 1 章表 1-1 より．
（注）数字は国勢調査による．12 集落は弥栄村におけるもっとも過疎化の進んだ集落（＝1960〜1990 年の人口減少率 70％以上の集落）を選定した．

　　→ 333 人（1990 年）に減少．

(2)　しかし，それ以上に少子化の進行は大きい（子ども（年少）人口，214 人（1970 年）→ 17 人（1990 年）と激減）．その結果，年少人口は 1970 年ではもっとも多かったと推測されるが（注：表 3-1 の 1970 年の年少人口（214 人）は 15 歳未満の人口数であるので，前期労働力人口の 30〜49 歳の人口数（265 人）よりも少なくなっているが，年少人口と前期労働力人口の年齢幅を等しくすれば，年少人口の方が大きい．たとえば，年少人口の 1 歳当たり人口は（214 人 ÷15）＝14.3 人，前期労働力人口のそれは（265 人 ÷20）＝13.3 人である），1990 年ではもっとも少なくなっている．

(3)　このような集落消滅の予兆は例外的な事態ではない．弥栄村には合計 29 の集落があるが，その内の 12 集落が(2)に示すような，無子化にほぼ等しい状況にある．

(4)　ちなみに，1990 年時点でこのような状況になるのは，全国過疎地域の平均にくらべて約 10 年早い（後掲，表 3-2）．

　弥栄村 12 集落（表 3-1）と同じような事態は，全国過疎地域の人口統計からも明確に観察できる．すなわち，表 3-2 によれば，1960 年と 2000 年の過疎地域人口の推移は，以下のように要約できる．

(1)　過疎地域の総人口は 1960 年から 2000 年で，40％の人口減である．

(2)　これに対し，高齢人口（65 歳以上）は大きく増大する（約 2.5 倍，144％

表 3-2　過疎地域・全国年齢別人口（千人）

	年少人口 15 歳未満	若年人口 15～29 歳	前期労働力 人口 30～49 歳	後期労働力 人口 50～64 歳	高齢人口 65 歳以上	合計
1960 年 過疎地域	5,501 35.3	3,321 21.3	3,784 24.3	1,893 12.2	1,071 6.9	15,571 人 100.0%
1990 年 過疎地域	1,821 17.8	1,464 14.3	2,624 25.7	2,317 22.7	2,003 19.6	10,229 人 100.0%
2000 年 過疎地域	1,279 13.7	1,297 13.9	2,134 22.9	1,978 21.2	2,617 28.1	9,307 人 100.0%
2000 年 全国	18,472 14.6	25,700 20.2	33,608 26.5	26,912 21.2	22,005 17.3	126,926 人 100.0%
1960～2000 年 過疎人口 増減率	－77%	－61%	－44%	＋4%	＋144%	－40%

（出典）過疎対策研究会編（2006）

（注）過疎地域は，2005 年 4 月 1 日現在の 899 過疎市町村で，数値は国勢調査による．合計には「年齢不詳」を含む．

増）.

(3)　後期労働力人口（50～64 歳）も，4 ％の微増である．

(4)　これらに対して，前期労働力人口（30～49 歳）は，44％減とほぼ過疎地域総人口と同程度の減少である．

(5)　若年人口（15～29 歳）は，61％減と人口が大きく減少している．

(6)　年少人口（15 歳未満）は，77％減と人口がもっとも大きく減少している．

これらの結果から，つぎのことがいえる．

(7)　1960 年にもっとも多い人口を占めた年少人口（35.3％）は，2000 年では，最少の人口層（13.7％）に転落した．また，1960 年に最少の人口であった高齢人口（6.9％）は，2000 年では，最大の人口層（28.1％）に上昇した．

(8)　つまり，過疎地域人口は「年少人口最多＋高齢人口最少」の△（ピラミッド型）の社会（1960 年）から「高齢人口最多＋年少人口最少」の▽（逆ピラミッド型）の社会（2000 年）に変化した．いいかえれば，過疎地域は

「将来展望可能な，子ども人口中心」の社会から，「将来展望の困難な，少子・高齢人口中心」の社会に変化したと解釈できる．

⑼　ちなみに，このような過疎地域の姿は，1990年時点ではまだ現れていない．1990年の過疎地域人口は，「前期労働力人口最多＋若年人口最少＋年少人口ついで少ない」という◇（ひし形＝中太り型）に近いパターンである．このパターンは，一応，「前期労働力人口中心」の社会である．したがって，「地域を現状維持できる労働力人口は一応あるにしても，若者や子ども人口の縮小によって，将来展望が困難な」社会と解釈しておきたい．

⑽　以上から，過疎地域は「将来展望可能な，子ども人口中心」社会（1960年）から，「将来展望が困難な，前期労働力人口中心」社会（1990年）を経て，2000年から「将来展望が困難な，少子・高齢人口中心」社会に変化したといえる．約言すれば，△（1960年）→◇（1990年）→▽（2000年）の変化である．この人口変化は，地域の将来展望に大きな困難を示している．

さらには，表3-3から下記の知見も得る．

⑾　2000年から「将来展望が困難な，少子・高齢人口中心」社会に変化したが（表3-2），表3-3によれば，2005年時点でも「高齢人口最多＋年少人口最少」の同じパターンを示している．表3-2と表3-3は市町村合併の影響で過疎市町村数に変化があるが，大枠の地域は一致するので，一応の比較は可能であろう．

⑿　年少人口の親にあたる（になれる），若年人口や前期労働力人口の割合は全国に高く，過疎地域に少ない．ここにみられるのは，過疎地域における若者流出である．「若者流出」型過疎はかつての過疎の主な型であったが（山本　1996：199-215；本書1章図1-1），今日でもなくなってはいない．

⒀　若者流出は今もあるが，2000年，2005年とも年少人口（子ども）の割合は全国（14.6％，13.7％）と過疎地域（13.7％，12.6％）の間であまり差がない．過疎地域の少子化は，親にあたる（になれる）人口（＝若年人口や

表 3-3　過疎地域・全国年齢別人口割合（2005 年）

2005 年	年少人口 15 歳未満	若年人口 15〜29 歳	前期労働力人口 30〜49 歳	後期労働力人口 50〜64 歳	高齢人口 65 歳以上	合計
過疎地域	12.6	13.0	21.6	22.4	30.2	100.0%
全国	13.7	17.4	26.7	21.6	20.1	100.0%

（出典）過疎対策研究会編（2008）
（注）過疎地域は，2007 年 4 月 1 日現在の 738 過疎市町村で，数値は国勢調査による．

前期労働力人口）が少ない割には進んでいない．過疎地域は相対的に出生力の強い地域であるということが推測される．「子どもは田舎では資産であるが，都市では負債である」（Park 1916）というパークの古い指摘は今も有効なのである．

3. 過疎の現段階(2)—「集落分化」型過疎—

「少子・高齢人口中心」社会の到来に加えて，過疎地域にはいくつかの重要な変化がある．「集落分化」型過疎（山本　1996：199-215）の進行がそのうちの一つである．そこで参照したいのは表 3-4 である．表 3-4 は中国山地にある山口県玖珂郡本郷村の小学校（区）別児童数を示す．ここから，以下のことが指摘できる．

(1)　本郷村全体の児童数が大きく減少している．これは前節にみた少子化の進行である．

(2)　ただし，少子化は各小学校で均一には進行しない．いいかえれば，各小学校児童数は近年に至るほど格差が大きくなっている．まず大きな変化は，1970 年に西黒沢小学校がなくなり，村の小学校が 3 校に減ったことである．それ以前までは 4 校区それぞれで小学校が維持可能だった．

(3)　その後も児童数の減少は，小規模校ほど大きく進む．すなわち，一番小さい本谷小学校は 93 人（1960 年）から 4 人（2000 年）と 20 分の 1 以下に

第3章　過疎の現段階分析と地域の人口供給構造　45

表 3-4　本郷村の小学校別児童数の推移

	1960 年	1965 年	1970 年	1975 年	1980 年	1985 年
本郷小	322	218	165	95	74	71
西黒沢小	33	20	—	—	—	—
本谷小	93	66	45	40	26	15
波野小	150	73	51	35	23	17
	1990 年	1995 年	2000 年	2001 年	2003 年	2005 年
本郷小	82	53	61	65	60	57
本谷小	5	5	4	—	—	—
波野小	17	14	17	17	12	12

（出典）辻（2006）（注）数字は山口県教育委員会『教育委員会・学校一覧』各年度版より．

　なり，2001 年から休校に至る．ついで，波野小学校は 150 人（1960 年）
から 17 人（2000 年）と 10 分の 1 程度に減っている．最後に，もっとも大
きい本郷小学校では，322 人（1960 年）から 61 人（2000 年）と 5 分の 1 程
度の減少で踏みとどまっている[1]．

⑷　上記の⑵⑶から，各校（区）での児童数の格差が広がっていることがわ
　　かる．すなわち，少子化（＝子ども人口の減少）の進行は各集落（校区）
　　に一様に進むのでなくて，集落（校区）間の格差を拡大しながら，不均等
　　に進むのである．ここにみられるのが，「集落分化」型過疎である．

　「集落分化」型過疎とは，過疎農山村地域の奥の集落ほど人口が激しく枯渇し，
過疎が激しく進行することを意味する．つまり，同じ過疎地域のなかでも，条
件の不利な（奥地の）集落ほど，高齢化が進み，少子化が進み，さらには，少
子化を通り越して無子化するに至ることをいう．山本（1996：199-215）は島根
県弥栄村の集落類型別人口構成（高齢化，少子化）の変化から，「集落分化」
型過疎は 1990 年頃から顕著になったものと推測している．

　この背景には，過疎農山村といえども，生活の「都市化」が進み，「専門機
関」の支援の少ない奥地の集落では生活が成立ちにくくなっていることがある．
いいかえれば，生活様式の全般的都市化（つまり，病院や銀行や郵便局や学校

や消防署やスーパーなどの「専門機関」に依存して成り立つ都市的生活様式へ²⁾の変化）があって，そのために生じる，地域からの撤退が「集落分化」型過疎の内実である．

4．調査地域（広島県比婆郡西城町）と調査の概要

4－1．調査の概要

前節までにて，変容した過疎の特質（＝「少子・高齢人口中心」社会の到来，「集落分化」型過疎の出現）を示した．ついで以下では，変容を経ても変わらない過疎農山村の特性（＝地域の土着的性質）を示したい．そのためにわれわれは，広島県比婆郡西城町をフィールドに住民の定住経歴調査（西城町保護者調査，西城町一般住民調査）を行った．それぞれの調査の概要は以下のようである．

(1)　西城町保護者調査……小学校・中学校・幼稚会・保育園の子どもを持つ保護者を対象にした調査．1999 年 7 ～ 8 月実施．小学校・中学校・幼稚会・保育園の協力を得て，保護者全員（579 人）に調査表を配布．有効回収 284 人（49.1%）．

(2)　西城町一般住民調査……70 歳未満の人を対象に，選挙人名簿から無作為抽出．計画サンプル 470 人，有効回収 227 人（48.3%），郵送調査．調査実施時期は，西城町保護者調査と同じ．

4－2．調査地域の概要

西城町は広島県の最北東端，中国山地の脊梁部に位置し，北は島根・鳥取との県境となる．広島市まで 106 km，福山市 109 km，米子市 112 km，最寄りの市は，三次市で 37 km，庄原市に隣接する．冬期の雪は 1 m を越すこともあり，豪雪地帯対策特別措置法に基づく豪雪地域の指定を受けている．

西城町（2005 年 3 月 31 日，庄原市と合併したが，西城町の地名は残っているので，

第3章　過疎の現段階分析と地域の人口供給構造　47

表3-5　西城町の人口，世帯数の推移

	1960 年	1965 年	1970 年	1975 年	1980 年	1985 年
人口	10463	8523	7470	6790	6482	6178
世帯数	2156	1983	1926	1823	1809	1748
1 世帯人員	4.9	4.3	3.9	3.7	3.6	3.5

	1990 年	1995 年	2000 年	2005 年	2005 年	1 世帯人員
人口	5927	5443	4983	4506	全国	2.67
世帯数	1698	1649	1656	1597	過疎地域	2.88
1 世帯人員	3.5	3.3	3.0	2.8	中国地方過疎地域	2.84

（出典）過疎対策研究会編（2006），国勢調査より．

以下，本章では西城町と表記する）の人口は，表3-5に示すとおりだが，1960年から2000年の人口減少率は52％におよぶ．この数字は過疎地域全国平均の減少率（40％，表3-2）よりも大きな数字である．西城町の過疎が全国よりかなり厳しいことがわかる．また，過疎の大きな問題に世帯の縮小（小家族化）が指摘されることがある．西城町，過疎地域，中国地方過疎地域とも1世帯人員（2005年）は3人をきり（西城町2.82人，過疎地域2.88人，中国地方過疎地域2.84人），世帯は大きく縮小している[3]．

5．定住経歴にみる，地域社会の持続と変容

　定住経歴の分析をもとに，過疎農山村（西城町）における地域生活構造の持続と変容を示したい．西城町保護者調査（＝保護者層）と西城町一般住民調査（＝一般住民25〜59歳，一般住民60〜69歳に区分）のデータを比較して（表3-6），以下の知見を得る．なお，保護者の年齢はほぼ24歳から58歳に分布する[4]．

　ア．25〜59歳層・保護者層にUターンIターン＝流動的定住経歴（流動層）

48

表3-6　定住経歴の変化（西城町保護者調査・西城町一般住民調査：人（%））

	生まれてずっと，幼少から	仕事で転入	結婚で転入	UターンIターン	その他	合計
保護者	52(19.2)	3(1.1)	85(31.4)	121(44.6)	10(3.7)	100.0%
25〜59歳	30(22.6)	5(3.8)	44(33.1)	51(38.3)	3(2.3)	100.0%
60〜69歳	45(56.3)	2(2.5)	24(30.0)	7(8.8)	2(2.5)	100.0%

（注）　1　Uターンとは，「学校や就職で2年以上よそに出たが，西城町にもどってきた（ただし，高校での下宿は除く）」．
　　　　2　Iターンは25〜59歳UターンIターン51人の内の1人のみ．

　が多い（25〜59歳層38.3%，保護者層44.6%，60〜69歳層8.8%）．高度成長期またはそれ以後に若者時代を過ごした世代（＝ほぼ戦後生まれ世代）に流動的経歴が多いものと判断できる（ちなみに，調査実施時点で59歳の人は，1940年生まれ，1960年で20歳である）．

　イ.60〜69歳層に「生まれてずっとまたは幼少から西城に住む」という土着的定住経歴（土着層）が多い（25〜59歳層22.6%，保護者層19.2%，60〜69歳56.3%）．高度成長期以前に若者時代を過ごした世代（＝戦前生まれ世代）に土着的経歴が多いものと判断できる．

　ア.イ.より，① 25〜59歳・保護者層（ほぼ戦後生まれ世代）と60〜69歳層（戦前生まれ世代）で大きな断絶があるといえ，地域社会・地域生活構造の流動化（土着から流動へ）が指摘できる．表3-6からさらに，以下の知見も得る．

　ウ.25〜59歳層・保護者層・60〜69歳層のどの世代でも，常に婚入の者が30%程度を占める（25〜59歳層33.1%・保護者層31.4%・60〜69歳層30.0%）．

　エ.「Uターン」＋「生まれてずっとまたは幼少から西城」の合計を，土着的定住経歴（土着層）と定義することも可能と思われるが，このように定義された土着層は，25〜59歳層（60.9%）・保護者層（63.8%）・60〜69歳層（65.1%）とほとんど差がない．

ウ. エ. より, ②地域社会・地域生活構造の土着的性格の維持が指摘できる. これは主にはエ. からいえる. ただし, 世代によって変わらない, 固定的な通婚（婚入）圏が確定されれば, ウ. からもいえるだろう（これについては6節参照）.

①②より, 現代農山村の地域特性として, 土着的性格と流動的性格の併存とでもいうべき状態が指摘できる. 農山村は今でも基本的・基層的には土着社会であるが, その表層に流動的性格が付着した状態と考えられる[5].

6. 性別の定住経歴にみる, 地域社会の持続と変容

定住経歴にみる地域生活構造の持続と変容は, 性別（表3-7）にみると知見がより明細になり, その意味がより明確になる. 表3-7より得られた知見, および, それらから示唆される今後の研究課題は以下のようである.

　オ. 女性のもっとも主な定住経歴は婚入である. 婚入の割合は女性60〜69歳
　　　51.1%, 女性25〜59歳51.3%, 女性保護者52.2%であり, どの世代でも
　　　一貫して50%くらいの者が結婚にて地域に入って来る.

　オ. の知見から, 以下の今後の［課題1］が, 示唆される.
　［課題1］……これらの婚入層はどこから来るのか？　婚入圏ともいうべきものがあるのか？　あるとすれば, 女性60〜69歳と女性25〜59歳・女性保護者の層で（つまり, 高度経済成長期を挟んで）変化はあるのか？　また, 土着的な婚入経路（圏）の持続はみられるのか？

　カ. 男性60〜69歳のもっとも主な定住経歴は,「生まれてずっとまたは幼少
　　　から」であったが, 男性25〜59歳・保護者ではUターンIターンである.

50

表 3-7　性別定住経歴の変化（西城町保護者調査・西城町一般住民調査：人（%））

	生まれて ずっと, 幼少から	仕事で 転入	結婚で 転入	Uターン Iターン	その他	合計
男 25〜59 歳	15(26.3)	1(1.8)	5(8.8)	34(59.7)	2(3.5)	100.0%
女 25〜59 歳	15(19.7)	4(5.3)	39(51.3)	17(22.4)	1(1.3)	100.0%
男保護者	36(26.6)	3(2.2)	14(10.4)	77(57.0)	5(3.7)	100.0%
女保護者	16(11.8)	0(0.0)	71(52.2)	44(32.4)	5(3.7)	100.0%
男 60〜69 歳	26(74.3)	2(5.7)	1(2.9)	5(14.3)	1(2.9)	100.0%
女 60〜69 歳	19(42.2)	0(0.0)	23(51.1)	2(4.4)	1(2.2)	100.0%

（注）Ⅰターンは男性 25〜59 歳Uターン Ⅰターン 34 人の内の 1 人のみ.

　男性のもっとも主な定住経歴は，男性 60〜69 歳では「生まれてずっとまたは幼少から西城」で 74.3% だが，これは大きく減少して，男性 25〜59 歳・男性保護者ではそれぞれ 26.3%，26.6% にすぎなくなる．そして，男性 25〜59 歳・男性保護者ではUターンⅠターンがもっとも主な定住経歴となり，それぞれ 59.7%，57.0% を占めるが，男性 60〜69 歳ではUターンⅠターンは 14.3% にすぎない．

　キ. 女性においても，上記カ. と同様な変化はある．女性 60〜69 歳で 2 番目に多い定住経歴は「生まれてずっとまたは幼少から西城」で 42.2% だが，女性 25〜59 歳・女性保護者では「生まれてずっとまたは幼少から」は 19.7%，11.8% と大きく減少する．

　　これにかわって，女性 25〜59 歳・女性保護者では，UターンⅠターンが 2 番目に多い定住経歴となり，それぞれ 22.4%，32.4% を占める（女性 60〜69 歳では，UターンⅠターンは 4.4% にすぎない）．

　前節ア. イ. より，「25〜59 歳・保護者層と 60〜69 歳層で大きな断絶があるといえ，地域社会・地域生活構造の流動化（土着から流動へ）が指摘できる」と指摘した．この変化は男性の定住経歴においてより顕著に現れる（カ. の知見）．

第3章　過疎の現段階分析と地域の人口供給構造　51

しかし，女性においても，同様の変化は見られる（キ．の知見）．カ．キ．の知見
から，以下の［課題2］が，示唆される．

　［課題2］……男性25〜59歳・男性保護者および女性25〜59歳・女性保護
者のUターンIターンの経路分析が課題になる．男性25〜59歳・男性保護者
および女性25〜59歳・女性保護者はどういう経路で西城（過疎農山村）に来
たのか？　女性・男性で経路に違いがあるのか？　巨大都市圏の吸引力，地方
中心都市や地方中小都市の機能はどのようか？　さらには，就業形態や家族構
成やUターンの動機分析なども重要な課題となる．

　ク．男性25〜59歳・男性保護者においては，男性60〜69歳にくらべて婚入
　　が多くなっている．婚入の比率は，男性60〜69歳2.9％から男性25〜59
　　歳8.8％・男性保護者10.4％に増えている．

　ク．の知見から，高度成長期以降に若者期を過ごした25〜59歳・保護者層の
世代では男性人口の1割程度は婚入によることがわかる．この1割という数字
は，「仕事で転入」より多い数字で，決して小さな数字ではない．この男性の
婚入の場合，相手の女性の大部分は西城の人であろう．したがって，ここにあ
るのは土着女性による男性吸収が地域人口を一定程度（「仕事」以上に），支え
ているということである．ク．の知見から提起される重要な課題は，以下のよ
うであろう．

　［課題3］……男性の婚入は高度成長期以降に若者期を過ごした世代に多く
みられた．したがって，男性の婚入には社会の全般的都市化（人口の地域移動
など）が関与しているとの仮説がありうる．そして，都市化が関与しているの
だとすれば，土着的・伝統的通婚圏を超えて，かなり広範囲から男性の婚入が
みられるのではないか？　いずれにしても，男性の婚入経路の分析も女性と同

じく重要な研究課題になる.⁶⁾

ケ. 年齢に関係なく男性のもっとも主な定住経歴は,「Uターン」または「生まれてずっとまたは幼少から西城」である. 両者を合計すると, 男性25〜59歳86.0%, 男性保護者83.6%, 男性60〜69歳88.6%となり, ほとんど差はない.

「Uターン」および「生まれてずっとまたは幼少から西城」とは, 両者とも西城出身の人口であるので, 両者は土着的定住経歴を共有する. 定住経歴の流動化(土着から流動へ, 25〜59歳・保護者層と60〜69歳層での定住経歴の断絶)を先に指摘したが, Uターンを含めて土着を定義すれば, 地域社会の土着的性格は一貫して持続している. ケ.の知見から,[課題4]が示唆される.

[課題4]……地域社会の土着的性格が持続しているのだとすれば, その問題の系として, 地域の担い手は伝統的パターンにしたがい, 長男か否かなどの問題がある. さらに一般化すれば, 地域の担い手は,「家」を継ぐ義務によるのか, それとも個人の選択によるのか, という問題がある.⁷⁾

コ.「Uターン」および「生まれてずっとまたは幼少から西城」の合計を女性の定住経歴で見ると, 女性25〜59歳42.1%, 女性保護者44.2%, 女性60〜69歳46.6%となり, ほとんど差がない.

女性においても, 土着的定住経歴の者は, 4割強の割合で常に存在する. 女性の定住経歴にも, 地域社会の土着的性格は, 男性よりも割合は少ないが, 一貫して持続している. コ.の知見から,[課題5]が示唆される.

[課題5]……女性の婚入は年齢にかかわらず常に, 50%強を占めたが(前

掲の知見オ.)，ここに土着的な婚入経路（圏）の持続が確定されれば，女性の定住経歴における土着的性格はさらに強固に存在し続けていることになる（前掲の［課題１］の検討の重要性）．さらに地域社会の土着的性格が持続しているとすれば，その問題の系として，地域の担い手は伝統的パターンにしたがい，長女か否かという問題がある．さらに一般化すれば，地域の担い手は，「家」を継ぐ義務によるのか，それとも個人の選択によるのか，という［課題４］と同種の問題がある．

上記のケ．およびコ．で，性別にかかわりなく，西城町住民の土着的性格が指摘された．この知見をさらに端的に示すのが表3-8，表3-9である．表3-8よりサ.，表3-9よりシ.の知見を得る．

　サ.男性人口は年齢（世代）を問わず，ほぼ全員（９割前後）が西城町出身である．西城の男性人口は西城町内で再生産され続けている．

つまり，過疎農山村（西城町）の男性人口供給構造は土着的性格をもち，高度成長期を挟んでもその性格はほとんど変化してない．同じ供給構造は土着エリアを広島県にまで広げて定義すれば，人口のほぼ100％を含む．

　シ.女性人口は年齢（世代）を問わず，５割程度が西城出身である．さらに女性は世代を問わず，ほぼ全員（９割前後）が広島県出身である．

つまり，過疎農山村（西城町）の女性人口供給構造も土着的性格をもち，高度成長期を挟んでもほとんど変化していない．

男性人口のほとんど（９割程度）は「西城」出身（町内）で再生産されていた．これに対して，女性人口のほとんど（９割程度）は「西城」出身（町内）＋広島県出身（県内）と男性よりやや広い範域にて生産されているが，女性に

表 3-8　男性人口の出身地（西城町保護者調査・西城町一般住民調査：人（%））

	西城町内出身	町外出身	合計	広島県内出身	県外出身	合計
25〜59 歳	48(84.2)	9(15.8)	100.0%	55(96.5)	3(3.5)	100.0%
保護者	114(85.1)	20(14.9)	100.0%	127(94.8)	7(5.2)	100.0%
60〜69 歳	31(91.2)	3(8.8)	100.0%	34(100.0)	0(0.0)	100.0%

表 3-9　女性人口の出身地（西城町保護者調査・西城町一般住民調査：人（%））

	西城町内出身	町外出身	合計	広島県内出身	県外出身	合計
25〜59 歳	35(46.1)	41(53.9)	100.0%	69(90.8)	7(9.2)	100.0%
保護者	66(48.2)	71(51.8)	100.0%	120(87.6)	17(12.4)	100.0%
60〜69 歳	21(50.0)	21(50.0)	100.0%	42(100.0)	0(0.0)	100.0%

おいても，人口供給構造の土着的性格は大枠，同じである．先に女性では世代
にかかわらず，婚入が最頻の定住パターンであることをみた（知見オ．参照）．
これに関して，表 3-9 から示唆されるのは，世代ごとの婚入圏（［課題 1］）の
詳細のエリアは不明だが，大枠，県域を超えるものではないということである．
つまり，先の婚入圏にも土着的性質が見込まれるのである．

7．性・世代別Uターンの経路分析

　ここまでの分析で，西城町（過疎農山村）の人口供給の基本的構造が明らか
になった．そこでここからは，前節までに示した［課題］のそれぞれが重要に
なる．しかし，本章で取り扱うのは，［課題 2］＝「男性 25〜59 歳・男性保護
者および女性 25〜59 歳・女性保護者のUターンの経路分析」の一部に限定する．
　［課題 2］を分析するためにまず，Uターンしてきた男性の転出（＝西城町を
出た）年齢をみる．表 3-10 より男性の転出年齢は，「例外的転出（男性 60〜69
歳）から制度化（男性 25〜59 歳および男性保護者）した転出」への変化が示さ

第3章　過疎の現段階分析と地域の人口供給構造　55

表 3-10　男性の転出年齢

	男性 25〜59 歳		男性保護者		男性 60〜69 歳	
15 歳未満	0 人	0.0%	2 人	2.8%	0 人	0.0%
15 歳	5 人	16.1%	6 人	8.2%	0 人	0.0%
16，17 歳	3 人	9.7%	5 人	6.9%	0 人	0.0%
18 歳	18 人	58.1%	52 人	71.2%	1 人	20.0%
19，20 歳	4 人	12.9%	5 人	6.7%	0 人	0.0%
21〜29 歳	0 人	0.0%	3 人	4.1%	3 人	60.0%
30 歳以上	1 人	3.2%	0 人	0.0%	1 人	20.0%
合計	31 人	100.0%	73 人	100.0%	5 人	100.0%

れる．すなわち，男性 25〜59 歳・男性保護者では，18 歳および 15 歳という特定年齢（つまり，高校および中学卒業の年齢）に転出が著しく集中する（男性 25〜59 歳・男性保護者では 18 歳転出がそれぞれ，58.1%，71.2%，15 歳転出がそれぞれ，16.1%，8.2%）．これは制度化した転出パターンと想定できる．これに対して，男性 60〜69 歳では，特定年齢への集中はみられず，かつ，転出は男性 25〜59 歳・男性保護者よりやや遅く，転出（Uターン）自体が例外的（非常に少数）である．

　つづいて，表 3-11 より女性の転出年齢をみても，例外的転出（女性 60〜69 歳）から制度化した転出（女性 25〜59 歳・女性保護者）への変化が示される．すなわち，女性 25〜59 歳・女性保護者でも，18 歳の転出が突出して多く（64.7%，90.5%），ついで 15 歳の転出にいくぶん大きな山がみられる．

　さらに帰郷（Uターン）の年齢を見る．表 3-12，表 3-13 によれば，男女ともに帰郷の年齢は，25〜59 歳・保護者では，20 代前半が多く，ついで 20 代後半となり，ここまでで，7 割強から 8 割強の帰郷がみられる．ついで，30 代に多少の（3 割弱から 10 数%程度）帰郷がみられ，40 歳以上になるとわずか（数パーセント程度）の帰郷しかみられない．また，60〜69 歳層は該当のサンプル数が小さいので，明確にいうのは難しいが，30 代以降に帰郷がみられる．

　つまり，人口Uターンの最頻値的なパターンを描けば，25〜59 歳・保護者

表 3-11　女性の転出年齢

	女性 25〜59 歳		女性保護者		女性 60〜69 歳	
15 歳未満	0 人	0.0%	0 人	0.0%	0 人	0.0%
15 歳	3 人	17.6%	2 人	4.8%	0 人	0.0%
16, 17 歳	3 人	17.6%	1 人	2.4%	1 人	50.0%
18 歳	11 人	64.7%	38 人	90.5%	0 人	0.0%
19, 20 歳	0 人	0.0%	1 人	2.4%	0 人	0.0%
21〜29 歳	0 人	0.0%	0 人	0.0%	0 人	0.0%
30 歳以上	0 人	0.0%	0 人	0.0%	1 人	50.0%
合計	17 人	100.0%	42 人	100.0%	2 人	100.0%

層では，18 歳に高校卒業とともに地域から転出し，20 代で地域に帰ってくる，ということになる．これに対して，60〜69 歳層では，25〜59 歳・保護者層よりもやや転出が遅く，かつ，地域に帰ってくるのも，30 代以上になるのが一般的である．

　Uターンの経路分析には，①転出先の地域，②転出後主に暮らした地域，③帰郷直前の居住地，④Uターン者の兄弟姉妹順（長男・長女など），⑤Uターン者の家族構成，職業，⑥転出の動機，⑦帰郷の動機，などの分析が今後，是非必要である．

8．むすびにかえて

　本章では変容した過疎の特質を示した．「少子・高齢人口中心」社会の到来，「集落分化」型過疎の出現がそれである．つぎに，その変容を経ても変わらない過疎農山村の土着的人口供給構造を示した．これらの知見の延長上にあるのは，地域の縮小であるといわざるをえない．そしてこのような人口趨勢は程度の差はあれ，多くの地方地域社会の問題である．地方の小市や町村は軒並み人口減少・自然減に突入している（山本　2008：4-6）．地方の地域社会の現実からは，縮小再生産の地域社会学が要請されている．

第 3 章　過疎の現段階分析と地域の人口供給構造　57

表 3-12　男性帰郷の年齢

	男性 25〜59 歳		男性保護者		男性 60〜69 歳	
20〜24 歳	11 人	35.5%	36 人	50.0%	0 人	0.0%
25〜29 歳	11 人	35.5%	21 人	29.2%	0 人	0.0%
30〜34 歳	5 人	16.1%	5 人	6.9%	2 人	40.0%
35〜39 歳	4 人	13.0%	6 人	8.3%	2 人	40.0%
40〜49 歳	0 人	0.0%	4 人	5.6%	1 人	20.0%
合計	31 人	100.0%	72 人	100.0%	5 人	100.0%

表 3-13　女性帰郷の年齢

	女性 25〜59 歳		女性保護者		女性 60〜69 歳	
20 歳未満	2 人	11.8%	0 人	0.0%	0 人	0.0%
20〜24 歳	7 人	41.2%	30 人	71.4%	1 人	50.0%
25〜29 歳	4 人	23.5%	5 人	11.9%	0 人	0.0%
30〜34 歳	2 人	11.8%	1 人	2.4%	0 人	0.0%
35〜39 歳	1 人	5.9%	3 人	7.1%	0 人	0.0%
40〜49 歳	1 人	5.9%	3 人	7.1%	0 人	0.0%
50 歳以上	0 人	0.0%	0 人	0.0%	1 人	50.0%
合計	17 人	100.0%	42 人	100.0%	2 人	100.0%

注)
1) ただし，本郷小学校の児童数には 1987 年開始の山村留学の児童数を含む．た
とえば，2006 年度は 15 人の児童が山村留学にて本郷小学校に通っている（本郷
村山村留学センターへの聞取りによる．なお，同年度の中学生の山村留学生は
6 人である）．しかし，それでもここでの結論は変わらない．山村留学の児童数
を除いても，本郷小学校の児童数の減少がもっともゆるやかなのである．
2) このような生活を都市的生活様式とする理解は，倉沢（1987）による．
3) ここには「過疎化家族」の問題（＝農村家族員の流出による小家族化→イエ
によるムラ機能の発揮困難→地域論的過疎の発現（渡辺　1986：63-88））があ
る可能性が大きい．渡辺（1986：72-73）の「過疎化家族」とは，「世帯員の単
独的流出が原因となって残存世帯の所得形成力や『生活』力が停滞ないし低下
した世帯」のこと．過疎化家族は村機能を充分に果たせぬために，「いわゆる地
域論的過疎は……過疎化家族の累積から発現する」とされる．
4) 保護者の年齢層は 24 〜 29 歳 16 人，30 歳代 94 人，40 歳代 153 人，50 歳代
11 人，60 〜 70 歳代 2 人である．

5）土着（社会），流動（社会）という用語を本書では，以後，頻繁に用いる．これは，鈴木（1993）の提唱する概念であり，以下のように定義される．土着型社会とは「社会を構成する大部分の生活構造が，空間的にも時間的にも，また規範的にも，一定の範囲のうちに完結して可変性に乏しい社会」をいい，流動型社会とは「大部分のメンバーの生活構造が空間的・時間的に，また規範的に多様であり可変的であり，かつ非固定的である社会をいう」．また，本書4章4節の三浦の定義も参照されたい．

6）筆者は，「津軽出身，大学，初職を東京ですごして，旧君田村（合併で広島県三次市）に婚入の戦後生まれの男性」と調査で知りあった．このような（伝統的通婚圏の範囲外の）定住経歴が，過疎地域にどのくらいあるのか，興味深い研究課題と思う．

7）この課題は本書第2部を参照されたい．

参考文献

安達生恒，1981，『過疎地の再生の道（安達生恒著作集④）』日本経済評論社．

池上徹，1975，『日本の過疎問題』東洋経済新報社．

過疎対策研究会編，2006，『過疎対策データブック（平成16年度過疎対策の現況)』

過疎対策研究会編，2008，『過疎対策データブック（平成18年度過疎対策の現況)』

倉沢進，1987，「都市的生活様式論序説」鈴木広・倉沢進・秋元律郎編『都市化の社会学理論』ミネルヴァ書房：293-308．

鈴木広，1993，「土着型社会／流動型社会」森岡清美・塩原勉・本間康平編『新社会学辞典』有斐閣：1105．

辻正二，2006，「農山村―過疎化と高齢化の波―」山本努・辻正二・稲月正『現代の社会学的解読』学文社：97-128．

Park, R. E., 1916, "The City: Suggestions for the Investigation of Human Behavior In the Urban Environment", *American Journal of Sociology, xx,* 557-612.

山本努，1996，『現代過疎問題の研究』恒星社厚生閣．

山本努，2000，「過疎農山村問題の変容と地域生活構造論の課題」『日本都市社会学会年報』18：3-17，（本書第1章）．

山本努，2008，「『地方からの社会学』の必要性」堤マサエ・徳野貞雄・山本努編『地方からの社会学―農と古里の再生をもとめて―』学文社：1-11．

渡辺兵力，1986，『村を考える』不二出版．

第2部

人口還流（Ｕターン）と定住分析

第4章　過疎農山村における人口還流と
生活選択論の課題

1．過疎農山村研究における生活選択論の課題—問題の所在—

　過疎農山村研究における生活構造分析では，図4-1に示すように正常生活論（的生活構造論），生活選択論（的生活構造論），生活問題論（的生活構造論）の3つの視点（ないし課題）が重要である（山本　1996：199-215）．

図4-1　過疎農山村の生活構造研究の視点と課題

正常生活（「正常人口の正常生活」）論的生活構造論 ⇒ 世帯（家族）・職場・学校など
生活選択論的生活構造論 ⇒ 定住選択・定住経歴・定住意識など
生活問題論的生活構造論 ⇒ 生活問題・社会福祉・社会計画など
⇧　　　　　　　　　　　　　　⇧
研究視点　　　　　　　　　　個別研究課題

（出典）山本（1996：212）より．ただし，一部，表現を改訂．

　正常生活論では，家族，職場（および学校）といった生活の再生産に必要な基本的生活要素が研究の対象となる．生活問題論では，生活機能の低下・損傷が研究の課題として想定される[1]．これに対して，生活選択論とは「過疎地域や農山村の生活を自ら選びとる（あるいは選びとらない）選択の構造」（山本1996：209）を主要な課題とする．

　本章では定住意識・地域意識や定住経歴・人口Uターンなどをとおして，生活選択論の基礎的分析を提示したい．生活選択論の視点は，1章（図1-3）に

第4章　過疎農山村における人口還流と生活選択論の課題　　61

示した定住人口論・流入人口論・流出人口論的過疎研究のすべての課題に適用
すべきものではある. 何故ならば, 定住, 流入, 流出の各個別行為において,
行為者による「選択」の契機が皆無とは想定しがたいからである. しかしここ
では, 定住人口（論）と流入人口（論）に限定して分析を進めたい. 何故なら
ば, この両問題において特に, 「選択」の要素は大きいと考えるからである.

　この事情を説明すればつぎのようである. 過疎地域とは基本的に人口流出が
構造的（経済学的）に必然化されている地域である. すなわち, 「大量の人口
移動を経済学的に吟味すると, それは経済活動の低いところから, より高いと
ころに向かっての移動である…….　いわゆる過疎地域なるものは, これを経済
活動の規模と水準に照らして吟味してみると, 人口の相対的に多い地域であっ
て, 経済学的には過密地域なのである. すなわち, 面積に対して人口が過疎で
あるが, 経済活動に対して過密だったのである」（伊藤　1974：19）.

　かくて過疎地域から都市部（経済活動の高いところ）への人口流出は経済学
的必然の性格が相対的には濃い. これに対して, 過疎地域への人口流入（や人
口定住）は必ずしも経済学的必然とはいえない. ここに流入人口（や定住人
口）に, 行為者の「選択」の要素が想定される根拠があり, 生活選択論的生活
構造論の課題がより強く設定可能である. つまり, 生活選択論というときの「選
択」という言葉には, 経済学的必然に対する行為者の（何ほどかの）主体的選
択を含意したい.

　人口還流（Ｕターン）研究において, この経済学的必然に対する行為者の
（何ほどかの）主体的選択という要素は重要である. たとえば, 谷（1989：21）
は「経済合理的行為の観点からは解釈しようがない代物」である「沖縄的Ｕタ
ーン」を研究するに際して「社会学的還流論」という興味深い研究プランを示
した. 本章の生活選択論による流入人口論的過疎研究はこの研究プランにかな
り近いものである.

　ただし, 谷の議論では, 「文化型」としての「沖縄的Ｕターン」が想定され,
沖縄固有の問題に対応する研究プランとしての「社会学的還流論」と読み取れ

る．また還流先は那覇都市圏であり（つまり「過剰都市化」という問題意識であり），古里の農山村地域ではない．このような点で本章の課題とは多少の違いはあるが，中心（都市や本土）から周辺（過疎地域や沖縄）への人口移動を「社会学的還流論」という研究プランで括ることができるだろう．さらにいえば，人口還流（Uターン）とはもともとが，社会学的要因が無視できない「社会学的還流現象」であったはずである．つまり，人口還流現象は人口学者（黒田 1970）が発見したが，社会学こそが本格的に取り組むべき課題である．

　なお，生活選択論・正常生活論・生活問題論的生活構造論と定住人口論・流入人口論・流出人口論的過疎研究との関連については，後掲の議論（本章11節）も参照いただければ幸いである．

２．調査地域の概況

　4節から大分県中津江村の調査データ分析にはいるが，その前に調査地域の概況を示しておきたい．

　大分県日田郡中津江村は調査時点で，人口 1,360 人（1995 年国勢調査），人口減少率 −9.6％（1990〜1995 年）の過疎の村である．人口は 1935（昭和 10）年の7,528 人が最高であるが，1960（昭和 35）年までは著しい人口の減少はみられず人口 5,000 人前後で上下していた．これが，1965（昭和 40）年以降急激な人口減少に見舞われ今日に至っている（図 4-2）．地理的には大分県の最西端に位置し，熊本県（小国町，菊池市，菊鹿町），福岡県（矢部村）に接し，九州全体からみると中央部のやや北に寄った山地に位置している（図 4-3）．

　同村の地目別面積（1995 年）をみると，林野（山林・原野・竹林）78.2％，河川・湖沼 17.6％，耕地（田・畑・樹園地）2.2％，宅地 0.6％，その他 1.4％となり，林野，河川・湖沼の占める割合が圧倒的に大きい（中津江村 1996：4）[2]．すなわち中津江村は，九州山地の過疎山村地域としての性格がつよい．

　ちなみに，全国の過疎地域と中津江村を若干の統計指標で比較すると，調査

第 4 章　過疎農山村における人口還流と生活選択論の課題　63

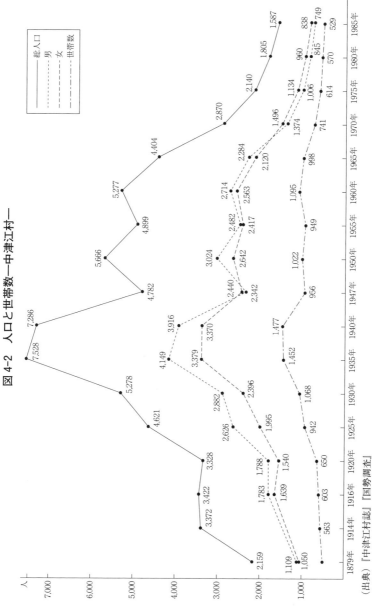

図 4-2　人口と世帯数—中津江村—

(出典)『中津江村誌』『国勢調査』

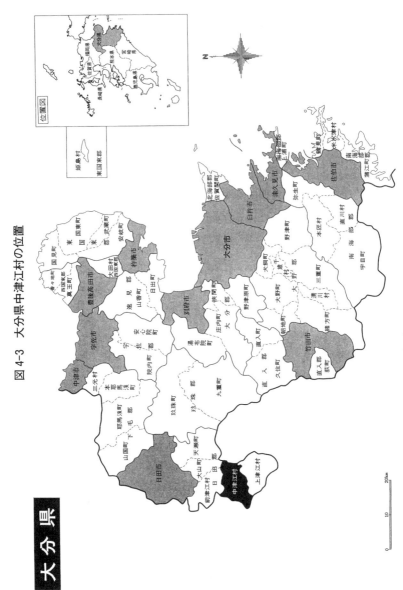

図 4-3　大分県中津江村の位置

(出典) 自治省行政局振興課『全国市町村要覧 (平成 8 年版)』
(注) 1996 年時点の地図である。

実施時点の直近で，つぎのようである（国土庁地方振興局過疎対策室　1996）．

人口減少率（1970～1995年）…………全国　24.1％　中津江村　52.6％

高齢者比率（1990年）………………全国　20.6％　中津江村　26.7％

若年者（15～29歳）比率（1990年）……全国　13.7％　中津江村　9.2％

財政力指数（1994年）………………全国　0.19　　中津江村　0.10

中津江村の数字は，いずれも全国を相当上回る過疎の進行を示している（＝人口減少率，高齢者比率が大きく，若年者比率，財政力指数が小さい）．この状況は最新の統計指標を参照しても同じである（高野　2011：13；本書2章）．

3．調査手続きの概要

調査の手続きをごく簡単に記す．調査は中津江村の全55集落の内から27集落18歳以上居住者の悉皆で実施された．サンプル数は681人（27集落の1996年6月住民基本台帳記載の18歳以上人口）で有効回収数は484人，回収率71.1％である．調査は1996年8月17日から留め置きで実施．調査票は集落世

表4-1　性別

	人数	割合（％）
男性	226	46.7
女性	258	53.3

表4-2　年齢別

年齢階層	人数	割合（％）
18～29歳	38	8.1
30～39歳	58	12.4
40～49歳	59	12.6
50～59歳	61	13.0
60～64歳	81	17.2
65歳以上	172	36.7

66

話人を通じて中津江村役場の協力を得て回収した．回収は調査開始後，適宜行われたが，最終的には 1996 年 10 月半ばで終了した．

なお，回答者の基本的属性を示せばつぎのとおりである．性別は男女ほぼ半分ずつであるがやや女性が多い（表4-1）．これは中津江村の男女比（男 47.2%，女 52.8%，1995 年国勢調査）を反映している．また，回答者の年齢は 65 歳以上で 36.7% を占めるが（表4-2），この割合は，18 歳未満人口を除いた中津江村人口に占める 65 歳以上比率（38.4%，1995 年国勢調査）にほぼ等しい．

4. 地域意識・定住意識・定住経歴

1 節で流入人口（論），定住人口（論）における生活選択論的課題が設定された．そこで，ここではこの課題の基礎的部分として，中津江村の地域意識，定住意識，定住経歴を分析する．まず地域（中津江村）に対する愛着を尋ねると，この地域が「好きだ」と答える者が 74.9% と大半を占める（表4-3）．しかし，地域の将来展望を尋ねると，「この地域はこれからよくなる」と答える者

表 4-3 この地域が好きか？

	人数	割合	累積パーセント
そう思う	162 人	35.6 %	35.6 %
まあそう思う	179	39.3	74.9
あまりそう思わない	83	18.2	93.2
そう思わない	31	6.8	100.0

表 4-4 この地域はこれからよくなるか？

	人数	割合	累積パーセント
そう思う	12 人	2.8 %	2.8 %
まあそう思う	68	15.9	18.7
あまりそう思わない	234	54.7	73.4
そう思わない	114	26.6	100.0

第4章　過疎農山村における人口還流と生活選択論の課題　67

表4-5　今後も中津江村に住み続けたいか？（定住意志）

	人数	割合	累積パーセント
そう思う	256 人	53.0 %	53.0 %
まあそう思う	142	29.4	82.4
あまりそう思わない	52	10.8	93.2
そう思わない	33	6.8	100.0

表4-6　子や孫にも住み続けて欲しいか？（永住意志）

	人数	割合	累積パーセント
そう思う	104 人	23.9 %	23.9 %
まあそう思う	120	27.6	51.5
あまりそう思わない	129	29.7	81.1
そう思わない	82	18.9	100.0

は18.7％にとどまる（表4-4）．この値は他の過疎地域調査から得られた調査結果とくらべても相当，低い値である．たとえば，島根県の過疎地域調査（1993年11月調査実施）では「よくなる」と答える者が45％程度と報告されている（山本　1996：152）．また選択肢は異なるが，1985年度の福岡県過疎地域調査では「よくなる」41.9％，「悪くなる」23.4％，「わからない」32.9％との結果が得られている（九州大学地域福祉研究会　1985：230）．中津江村の将来展望は村民にとって決して明るいものではない[3]．

それでは，村民の「定住」意識はどのようか．表4-5には「今後も中津江村に住み続けたいですか？」と尋ねた結果が示されている．これによれば，「今後も住み続けたい（そう思う＋まあそう思う）」と答える者が82.4％とほとんどを占める．つまり中津江村の将来展望は明るいとはいえなかったが，今現に住んでいる人々の「定住」意識は低いとはいえない．ほぼ同様の定住希望は，島根県過疎調査においても得られている（山本　1996：150-152）．

しかし，表4-6に示すように「子や孫にも住み続けて欲しいですか？」と「永住」意志を尋ねると結果はかなり変わってくる．すなわち，「子や孫にも住み

表 4-7　子や孫が出ていくのももっともだ

	人数	割合	累積パーセント
そう思う	148 人	33.8 %	33.8 %
まあそう思う	203	46.3	80.1
あまりそう思わない	55	12.6	92.7
そう思わない	32	7.3	100.0

表 4-8　定住経歴

	人数	割合	
生まれてずっと中津江村	180 人	41.6 %	45.5 %
よそ生まれで幼少時転入	17	3.9	
よそ生まれで仕事で転入	24	5.5	53.3 %
よそ生まれで結婚で転入	115	26.6	
Uターンしてきた	92	21.2	
その他	5	1.2	

（注）Uターンとは，「学校や就職で 2 年以上よそに出たが戻ってきた」者
　　　を指す.

続けて欲しい（そう思う＋まあそう思う）」と答える者は 51.5 % となり，比率
は相当下落する.

　さらに「子や孫が村から出ていくのももっともだと思いますか」と尋ねると，
「そう思う」33.8 %，「まあそう思う」46.3 % となり合計で 80.1 % に至る（表
4-7）.　これらから，中津江村の人々の世代内的なスパンでの「定住」意志はそ
れなりの高さがあるにしても，世代間的なスパンでの「永住」意志はかなり低
下することがわかる.　村民の意識の中では，村はもはや土着的永続型社会では
なく，かなり流動的，非永続的なものと感じられている.

　同様の傾向は村民の定住経歴からも示唆される.　表 4-8 によれば，「生まれ
てずっと」「幼少時転入」の土着型定住経歴は合計で 45.5 % である.　これに対
して，「よそ生まれで仕事で転入」「よそ生まれで結婚で転入」「Uターンして
きた」の流動型定住経歴は 53.3 % となり，流動型定住経歴の者がやや多い.　す

なわち村民の半数以上は，何らかの他地域体験をもつ者であり，農山村イコール土着型社会というステレオタイプはもはや成り立たない．先にわれわれは過疎地域における流入人口の持続的・安定的存在を確認した（第1章）．この傾向が中津江村にも現れている．

ここで土着型社会（およびそれと対をなす流動型社会）とは，鈴木広の提唱する概念である．鈴木によれば，土着型社会とは「社会を構成する大部分の成員の生活構造が，空間的にも時間的にも，また規範的にも，一定の範囲のうちに完結して可変性に乏しい社会」をいい，逆に流動型社会とは「大部分のメンバーの生活構造が空間的・時間的に，また規範的に多様であり可変的であり，かつ非固定的である社会をいう」（鈴木 1993：1105）．そしてこの両概念を検討した三浦によれば，土着型社会，流動型社会とは端的につぎのように定式化できる．「理念的には，一方の極に構成員の全員が社会移動……を経験しない，完全な『土着型社会』が想定され，他方の極には，構成員全員が……移動を経験し，また，しつつある完全な『流動型社会』が考えられる」（三浦 1991：10）．すなわち，土着型社会と流動型社会の決定的相違は，社会移動の有無による．

先の分類によれば，土着型定住経歴（「生まれてずっと」「幼少時転入」）は45.5％を占めた．この人々を土着層とよぶことには異論はないと思われる．この定住経歴においては，移動はほとんど認められないからである．これに対して，「よそ生まれで仕事で転入」「よそ生まれで結婚で転入」「Uターンしてきた」の流動型定住経歴は53.3％となるが，「よそ生まれで仕事で転入」（5.5％），「よそ生まれで結婚で転入」（26.6％）と「Uターンしてきた」（21.2％）では明らかに存在構造（移動のタイプ）が異なる．前者は「よそ者（stranger）」であり，後者は「帰郷者（homecomer）」である．しかし，この両者は共通の特性として異邦性（strangeness）をもつ（シュッツ 1991a；1991b）．今後，過疎農山村研究の重要なテーマとして，過疎農山村社会における異邦性（ないし流動層）の問題があるものと考える．ここにおいて過疎農山村研究は流動型社会論のテ

ーマともなる[4].

5．定住経歴・人口Ｕターンの基本傾向

　さて以上，過疎農山村の流動社会的性格が指摘された．そこでつぎに注目したいのは，「Ｕターンしてきた」人々の定住経歴である．Ｕターンが過疎打開の大きな要因であるのはいうをまたない．この問題の重要性は，過疎地域にとっては自明である[5].

　表4-9に示すデータはそのことを裏打ちする．同表によれば，人口Ｕターン層の年齢構成は村全体にくらべて明らかに若い．すなわち人口Ｕターン層の年齢構成は，20代，30代，40代の比率が高く，50代，60代，70歳以上の比率が低い．ちなみに，人口Ｕターン層の平均年齢は43.6歳，メディアン（中央値）は39.5歳と，村の中核層を担いうる年齢である（今回調査より算出）．これに対して，中津江村全体の平均年齢は50.8歳，メディアン（中央値）は57.9歳である（1995年国勢調査）．

表4-9　人口Ｕターン層と村全体の年齢別人口構成比率 (%)

	20代	30代	40代	50代	60代	70歳以上	合計
村全体	7.3	12.5	12.7	13.1	29.9	24.5	100.0
人口Ｕターン層	21.1	27.8	22.2	7.8	12.2	8.9	100.0

（注）データは今回の中津江村調査による．

表4-10　人口Ｕターン層が村全体の年齢別人口構成に占める比率

		20代	30代	40代	50代	60代	70歳以上
村全体	（人数）	34	58	59	61	139	114
人口Ｕターン層	（人数）	19	25	20	7	11	8
人口Ｕターン層	（比率%）	55.9	43.1	33.9	11.5	7.9	7.0

（注）人口Ｕターン層比率＝（人口Ｕターン層人数/村全体人数）×100.
　　　人数はすべて今回の中津江村調査による．

第4章　過疎農山村における人口還流と生活選択論の課題　71

表4-11　流出時の年齢

年齢	人数	割合
14歳以下	1人	1.2％
15〜16歳	47	54.7
17〜19歳	25	29.1
20〜23歳	10	11.6
46歳	1	1.2
47歳	1	1.2
53歳	1	1.2

表4-12　帰村時の年齢

年齢	人数	割合
18歳	5人	6.1％
19〜21歳	20	24.4
22〜24歳	30	36.6
25〜29歳	11	13.4
30〜35歳	9	11.0
39歳以上	7	8.5

　さらに表4-10によれば，村全体の年齢別人口に占める人口Uターン層の割合は，70歳以上・7.0％→60代・7.9％→50代・11.5％→40代・33.9％→30代・43.1％→20代・55.9％と，年齢の若年化とともに上昇し，20〜39歳の層では人口Uターン層が全人口の約半数（47.8％）を占める.

　かくて，若者・中年層定住に悩む過疎の村に，人口Uターン層が貴重なのは自明である.

　では「Uターンしてきた」人々が村を出たのは，いくつの時か．それを示したのが表4-11である．同表によれば，流出は15歳から20代前半でほぼ全部（95.4％）を占める．つまり高校，大学進学ないしは初職につく際の流出がほとんどであると予測される.

　また帰村時の年齢は表4-12にある．22〜24歳がもっとも多く（36.6％），つ

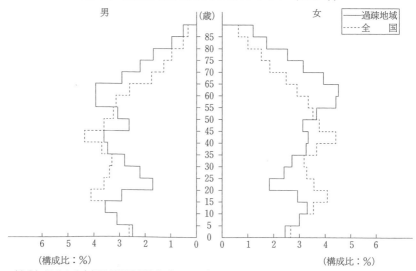

図4-4 過疎地域と全国の人口ピラミッド（1990年）

（出典）国土庁地方振興局過疎対策室（1996：43）
（注）国勢調査による．

いで19〜21歳（24.4％），25〜29歳（13.4％），30〜35歳（11.0％）とつづく．すなわち，大体高校卒業（または大学卒業）後，数年ないし10数年程度（19〜35歳）の間に人口還流の大部分（85.4％）が起こっている．これはいいかえれば最初の頃の就職を村外でし，その後，帰村するというパターンと推察できる．

一般に過疎地域の人口ピラミッドは20歳前半の人口が大きく落ち込み，その後20代後半から40代前半くらいにかけて人口はある程度回復する（図4-4）．この人口回復の傾向は，19歳から35歳の年齢層において，大部分の人口Uターンがおこるという今回の調査結果（表4-12）と，大体，符号するものである．少なくとも，人口ピラミッドにみられる人口回復の何ほどかは，この人口Uターンによるものといえよう[6]．

ただし今回の調査結果によれば，人口Uターンの大半（74.0％）は，男性による．女性によるUターンは男性の3分の1（26.0％）にすぎない（斎藤1996）．したがって，先の人口ピラミッドの人口回復は男性Uターン者とその

第4章　過疎農山村における人口還流と生活選択論の課題　73

表4-13　もっとも長く過ごした地域

	人数	割合
日田郡内	4 人	5.1 %
日田市	12	15.2
大分県（除く大分市）	5	6.3
熊本県（除く熊本市）	2	2.5
福岡県（除く福・北）	9	11.4
福岡市・北九州市	17	21.5
熊本市	1	1.3
大分市	5	6.3
九州内	2	2.5
東京・大阪・名古屋	18	22.8
その他	4	5.1

配偶者および，それ以外の婚入者などによるものと推察されよう．また，このように人口Uターン者が男性中心であることは，帰村の期待がまだ，男性の側に向けられていることをうかがわせよう．

　ではUターンしてきた人達は，どの地域にもっとも長く居住したのか．それを示したのが表4-13である．これを，再構成するとつぎのようになる．

大分県内‥‥‥‥‥‥‥‥‥‥‥‥‥26人（32.9%）

福岡県内‥‥‥‥‥‥‥‥‥‥‥‥‥26人（32.9%）

東京・大阪・名古屋‥‥‥‥‥‥‥18人（22.8%）

九州内（大分・福岡除く）‥‥‥‥5人（6.3%）

その他‥‥‥‥‥‥‥‥‥‥‥‥‥‥4人（5.1%）

すなわち，人口Uターン層は地元（大分県）と準地元（福岡県）からそれぞれ3割強（32.9%），大都市圏（東京・大阪・名古屋）から2割強（22.8%），生み出されている．

　これら地域は，中津江村からの主な人口流出地域にほぼ対応すると思われる．中津江村に隣接する上津江村（図4-3）の人口流出地域を調査した堤（1987）によれば，転出者の78.3%の者が村から99km以内の地域に，同じく19.6%の

74

者が200〜999 kmの地域に転出している．上津江村から99 kmといえばほぼ福岡県北九州市までの距離であり，200〜999 kmといえばほぼ瀬戸内海沿岸東部地域から東京都市域までを含む．

6．人口Uターン層の職業と家族

さてつぎに，人口Uターン層の職業と家族構成をみる．調査では自分の職業を最大2つまで答えてもらっている．その結果が表4-14である．それによれば，人口Uターン層の職業構成は以下のようにまとめられる．

表4-14　中津江村の職業構成（村全体，人口Uターン層，18〜49歳層）

職業分類	中津江村		人口Uターン		18〜49歳	
	回答数	％	回答数	％	回答数	％
農業またはその家族従事者	153	36.0	24	28.6	30	20.3
自営商工業またはその家族従事者	35	8.2	8	9.5	14	9.5
民間企業事務職員	13	3.1	6	7.1	9	6.1
工場作業者	17	4.0	3	3.6	9	6.1
土木建築作業者	25	5.9	9	10.7	14	9.5
トラック等の運転手	9	2.1	4	4.8	4	2.7
商店等の店員	7	1.6	1	1.2	5	3.4
公務員	32	7.5	18	21.4	24	16.2
農協・森林組合事務職	8	1.9	3	3.6	7	4.7
林業経営	11	2.6	0	0.0	1	0.7
林業作業労務職	19	4.5	1	1.2	5	3.4
資格免許必要な専門職	14	3.3	4	4.8	10	6.8
課長以上管理職	6	1.4	2	2.4	4	2.7
主婦	32	7.5	2	2.4	14	9.5
学生	3	0.7	0	0.0	3	2.0
無職	68	16.0	4	4.8	4	2.7
その他	21	4.9	9	10.7	14	9.5
総数	473	111.3%（425人）	98	116.7%（84人）	171	115.5%（148人）

（注）職業が複数ある場合は，主な2つまでを回答．

農業またはその家族従事者 ……………………………………………………… 28.6%

林業作業労務職，林業経営 ……………………………………………………… 1.2%

自営商工業またはその家族従事者 ……………………………………………… 9.5%

一般の勤め人（民間企業事務職員・工場作業者・土木建築作業者・

　トラック等の運転手・商店等の店員）……………………………………… 27.4%

公務員・農協・森林組合事務職 ………………………………………………… 25.0%

専門・管理職 ………………………………………………………………………… 7.2%

主婦 …………………………………………………………………………………… 2.4%

無職 …………………………………………………………………………………… 4.8%

学生 …………………………………………………………………………………… 0.0%

その他 ……………………………………………………………………………… 10.7%

　もっとも多い職業は，農林業（＝農業またはその家族従事者，林業作業労務職，29.8%），一般の勤め人（27.4%），公務員・農協・森林組合事務職（25.0%）で，これだけで全体の82.2%を占める．非農林業（＝一般の勤め人，公務員・農協・森林組合事務職，自営商工業，専門・管理職）の割合（69.1%）が，農林業（＝農業またはその家族従事者，林業作業労務職）の割合（29.8%）を大きく上回るのが，人口Uターン層の職業構成上の特色である．今回調査によれば，村の全体の職業構成は，農林業（43.1%，ただし林業経営も含む）が非農林業（39.0%）より若干多かった．つまり，人口Uターン層の職業構成は村の平均的職業構成にくらべると非農林業の比重が大きく，より都市化された形をもつ．

　これに対して家族構成は，人口Uターン層において規模が大きく，相対的に農村的な家族構成を示す．表4-15によれば3人以下の小家族が，村全体では58.1%であるが，人口Uターン層では37.1%にとどまる．4人あるいは5人以下の家族の割合をみても結果は同様で，村全体の比率（それぞれ，70.2%，79.0%）は高く，人口Uターン層の比率（58.4%，67.4%）は低い．

　また表4-16によって家族形態でみると，多世代（三・四世代）世帯が村全体で27.5%であるのに対して，人口Uターン層では43.5%におよぶ．また逆に，

表 4-15　中津江村の同居家族数（村全体，人口Ｕターン層，18〜49 歳層）

同居家族人数	中津江村		人口Ｕターン		18〜49 歳	
	人数	%	人数	%	人数	%
1 人	27	5.6	0	0.0	2	1.3
2 人	145	30.2	15	16.9	14	9.3
3 人	107	22.3	18	20.2	32	21.3
4 人	58	12.1	19	21.3	25	16.7
5 人	42	8.8	8	9.0	25	16.7
6 人	48	10.0	17	19.1	26	17.3
7 人以上	53	11.0	15	13.5	26	17.3

表 4-16　中津江村の家族形態（村全体，人口Ｕターン層，18〜49 歳層）

家族形態	中津江村		人口Ｕターン		18〜49 歳	
	人数	%	人数	%	人数	%
一人暮らし	27	6.2	0	0.0	4	2.7
夫婦だけ	127	29.1	13	15.3	8	5.4
夫婦と子どもだけ	71	16.3	19	22.4	40	26.8
単親と子どもだけ	46	10.6	9	10.6	16	10.7
三世代世帯	113	25.9	37	43.5	66	44.3
四世代世帯	7	1.6	0	0.0	2	1.3
その他	45	10.3	7	8.2	13	8.7

　核家族的形態（＝一人暮らし，夫婦だけ，夫婦と子ども，単親と子ども）は村全体で 62.2% であるが，人口Ｕターン層では 48.3% にとどまる[7]．さらに核家族的形態の内訳をみると，人口Ｕターン層では村全体に較べて，「一人暮らし」「夫婦だけ」は少なく，「夫婦と子どもだけ」が多い．かくて人口Ｕターン層の家族は，相対的には伝統的・安定的形態をもつといえよう．

7．若年層の職業と家族

　前節から示唆されるのは，人口Ｕターン層の正常生活は，職業（職場）にお

いて比較的都市的であり，家族（世帯）において比較的農村的・大家族的形態を残す（また，核家族的形態をとる場合にも比較的安定的形態が多い）ということである．このことは，後（本章8節・9節）の人口Uターンの動機分析の結果とも一致する．後の分析によれば，人口Uターンの最大の動機は，「親のことが気にかかる」40.0％，「土地や家を守るため」12.5％，「村から通える職場がある」12.5％となる（表4-18）．すなわち，守るべき「家」や「親」や「土地」があり，「職場」に恵まれた者が人口Uターンするのである．

　ただし，人口Uターン層のこのような生活構造上の特徴は年齢効果による部分も大きいと思われる．人口Uターン層は比較的若い住民に多いので（詳細は5節参照），その年齢層の特徴が出てきていると考えられるのである．実際，比較的若い住民（18〜49歳）と人口Uターン層を比較すると，職業，家族規模，家族形態とも，以下のように非常に類似している．

　まず主な職業では，農林業（＝農業またはその家族従事者，林業経営，林業作業労務職）24.4％，29.8％，一般の勤め人27.8％，27.4％，公務員・農協・森林組合事務職20.9％，25.0％となり，両者でほぼ一致する（表4-14，数字は前者が18〜49歳，後者が人口Uターン層）．

　ついで家族では，3人以下の小家族31.9％，37.1％，4〜5人の中家族33.4％，30.3％，6人以上の大家族34.6％，32.6％となり，こちらもほぼ一致する（表4-15，数字は前者が18〜49歳，後者が人口Uターン層）．加えて，家族形態もほとんど同じで，三世代以上の大家族45.6％，43.5％，核家族的形態（＝一人暮らし，夫婦だけ，夫婦と子ども，単親と子ども）45.6％，48.3％となる（表4-16，数字は前者が18〜49歳，後者が人口Uターン層）．

8．人口Uターンの動機分析

　つぎに人口Uターンの動機を分析する．表4-17は帰村（Uターン）の理由を選択肢の中からいくつでも選んでもらった結果である．ここからUターンの

主な理由は，「親のことが気にかかる」がもっとも多く29.2%，ついで，「村から通える職場がある」14.8%，「その他」14.3%，「土地や家を守るため」12.5%，「昔からの友人知人がいる」7.7%，「都会が合わない」6.5%とつづく．これらを総合すれば，Uターンの理由は以下の1～5のようにまとめられる．

1. 家族・家産的理由（親のことが気にかかる・土地や家を守るため）……………………………………………………………… 41.7%
2. 職業的理由（村から通える職場がある）……………………… 14.8%
3. 社会関係的理由（昔からの友人知人がいる・親戚多く生活が安定する）…………………………………………………………… 12.5%
4. 地域選択的理由（古里の方が生きがいが感じられる・都会の生活が合わない）……………………………………………… 10.7%
5. その他……………………………………………………………… 14.3%

表4-17　帰村（Uターン）理由

	人数	割合
親のことが気にかかる	49人	29.2 %
土地や家を守るため	21	12.5
古里の方が生きがいが感じられる	7	4.2
都会の生活が合わない	11	6.5
昔からの友人知人がいる	13	7.7
村から通える職場がある	25	14.8
親戚多く生活が安定する	8	4.8
仕事上の失敗・病気	8	4.8
定年	2	1.2
その他	24	14.3

　ここで1.の「家族・家産的理由」は，従来の「家」規範に基づくもので運命的，外部（構造ないし規範）拘束的性格が強い．これに対して2.から4.の理由は，Uターン者自身による（何ほどかの）主体的地域選択によるものと想

定され，相対的には選択的，内部（主体）規定的性格が強い．そしてここで注
目すべきは，これら２．から４．の３つの理由の割合が合計38.0％におよび，１．
の「家族・家産的理由」（41.7％）にほぼ匹敵することである．

　以上より人口Ｕターンの主な理由は，２つあることが想定できる．すなわち，

(1)　地域選択的・内部規定的要因（理由）＝Ｕターン者自身の（何ほどか
　　の）主体的地域選択によるＵターン要因

(2)　構造規定的・外部拘束的要因（理由）＝「家」規範その他の外部的諸事
　　情に規定されたＵターン要因

がそれである．このうち，(1)の地域選択的・内部規定的要因には先の２．から４．
（＝職業・社会関係・地域選択的理由）の各理由が対応し，これに表4-17の
「定年」1.2％を加えてもよい．また(2)の構造規定的・外部拘束的要因には，
「家」規範（＝１．の家族・家産的理由）の他に表4-17の「仕事上の失敗・病
気」4.8％を加えてもよい．かく考えれば，今回調査による「Ｕターンの理由」
の最終的集計結果は，

(1)　「内からの要因」＝地域選択的・内部規定的要因……39.2％

(2)　「外からの要因」＝構造規定的・外部拘束的要因……46.5％

となり，両要因がほぼ拮抗した状態となる．

　これに関連して，群馬県上野村の観察に基づいた内山節のつぎの言明は示唆
的である．「山村に生まれ，村に戻ってきた40歳以下の世代の人々と話してい
ると，彼らは自分たちが選択世代であることを強調する．すなわち，その多く
が跡とりとして家を継ぐことを義務づけられた先輩たちの世代と違って，自分
たちは跡を継ぐことを強く要求されなかったにもかかわらず，村の生活を選択
した……」（内山　1993：19）．この言明にみられるのは，まさに今回調査の知
見とほぼ同様の傾向である．今回調査によれば，人口Ｕターンには「外からの
要因」に加えて「内から」の主体的選択が関与することが示された．この調査
結果が，（中津江村固有のものでなく）何ほどかの一般性をもちうることが想
定可能であろう．

9．人口Uターンの最大の動機

　ところで，以上の分析は複数回答からの分析である．今回調査では複数のU
ターン理由の内で，「最も大きな理由は何だったのでしょうか」とも尋ねている．
それをみると，結果は表4-18のようになる．ここから上位の回答は，「親のこ
とが気にかかる」40.0％，「土地や家を守るため」12.5％，「村から通える職場
がある」12.5％となり，家族・家産的理由（親のことが気にかかる・土地や家
を守るため）の割合は52.5％におよぶ．これに「仕事上の失敗・病気」の6.3
％を加えると，「外からの要因（構造規定的・外部拘束的要因）」の割合は合計
で58.8％におよぶ．これに対して，「内からの要因（地域選択的・内部規定的
要因）」の割合（表4-18の「古里の方が生きがいが感じられる」「都会の生活
が合わない」「昔からの友人知人がいる」「村から通える職場がある」「親戚多
く生活が安定する」「定年」）は24.0％にとどまる．

表 4-18　帰村（Uターン）の最大の理由

	人数	割合
親のことが気にかかる	32 人	40.0 ％
土地や家を守るため	10	12.5
古里の方が生きがいが感じられる	1	1.3
都会の生活が合わない	5	6.3
昔からの友人知人がいる	1	1.3
村から通える職場がある	10	12.5
親戚多く生活が安定する	1	1.3
仕事上の失敗・病気	5	6.3
定年	1	1.3
その他	14	17.5

　かくて以上から総括すれば，人口Uターンの理由として，「外からの要因（構
造規定的・外部拘束的要因）」と「内からの要因（地域選択的・内部規定的要
因）」の二大要因が指摘できるが，現状では前者（「外からの要因」）の比重が
相対的に重いといえる．しかし，現実のUターンはこれらの両要因がコンパウ

ンドした形で発生するものと思われる．Uターンのみならず人間の行為一般に
はヴォランタリスティックな側面があるとするのが，社会学的行為論のオーソ
ドックスな考え方である．[8] このことを考える時，社会学的Uターン分析にとっ
て，「内からの要因（地域選択的・内部規定的要因）」の位置は軽いものではな
い．

10. 地域評価の問題

　さて最後に，村民が東京や大阪などの大都市をどのようにみているか報告し
ておく．この問題は過疎農山村住民の地域評価の問題として重要である．表
4-19によればもっとも多いのは，「都会の生活も決して豊かでないと思う．か
えって，都会の暮らしの方が大変だ（都会否定型）」と答える者で55.1％を占
める．ついで，「豊かでうらやましいとは思うが，自分もそこで生活したいと
は思わない（都会肯定・非選択型）」が36.5％，「都会の生活も決して豊かでな
いと思う．でも，都会で生活したい（都会否定・選択型）」が6.9％，「大変豊
かでうらやましい．自分も都会でくらしたい（都会肯定型）」が1.5％となる．

表4-19　大都市観

	村全体		人口Uターン層	
	人数	割合	人数	割合
羨ましいし住みたい（＝都会肯定型）	6人	1.5％	3人	3.5％
羨ましいが住むのは嫌（＝都会肯定・非選択型）	149	36.5	35	41.2
豊かでなく大変（＝都会否定型）	225	55.1	38	44.7
豊かでないが住みたい（＝都会否定・選択型）	28	6.9	9	10.6

　ここから，ストレートに都会を肯定する者（都会肯定型）は1.5％しかいな
いことがわかる．これに都会否定・選択型（6.9％）を加えても，都会に住みた
いと考える者（都会選択型）は8.4％にすぎない．このような傾向は，人口U

ターン層のみ取り出しても結果はほぼ同様である．すなわち，都会否定型がもっとも多く44.7%．ついで都会肯定・非選択型41.2%，都会否定・選択型10.6%，都会肯定型3.5%と続く（表4-19）.

中津江村が全国水準を大きく超えて過疎化しているのはすでに指摘した（本章2節）．そして表4-20によれば，村民の半数以上（55.8%）は，「この地域（中津江村）にいると何かと不便である」と感じている．この比率は人口Uターン層においてさらに高く，71.9%の者が「不便である」と答えている．この問題は，人口Uターン層と村全体の評価格差を含めて，過疎農山村における生活困難の問題として重要である（先の図4-1の研究課題にしたがえば，生活問題論的生活構造論の研究課題ということになる）.

表4-20　この地域にいると何かと不便だ

	村全体			人口Uターン層		
	人数	割合	累積パーセント	人数	割合	累積パーセント
そう思う	89人	21.2%	21.2%	26人	29.2%	29.2%
まあそう思う	145	34.6	55.8	38	42.7	71.9
あまりそう思わない	138	32.9	88.7	23	25.8	97.8
そう思わない	47	11.2	100.0	2	2.2	100.0

しかしこのような過疎農山村においても，都会の評価は高いとはいえない．少なくとも，「都会＝進んだ所」「農山村＝遅れた所」という意識は村民にはあまり存在しないのではないか．これが村民の大都市観（表4-19）の分析から示唆される一応の結論である[9]．このような向鄙的（あるいは脱都会的）価値観が，どのような地域・生活選択あるいは人口還流等に連結するのか，あるいはしないのか．村の生活・福祉課題等とも絡めて今後の分析が必要であろう.

11.　過疎研究の課題と方法—研究の問題構図—

さて以上，中津江村の生活構造調査の基礎分析で本章は終わらざるをえない.

しかし本章の分析によって，過疎農山村の厳しい現実の一端と同時に，人口還流に象徴される明るい方向も若干は示唆された．また本章の分析によって，過疎農山村の流動型社会の側面も示された．かくて今後の過疎農山村の分析には，従来の狭い（あるいは土着的な）農村社会学の枠組みのみならず，流動社会論的な方法や発想をも含めた，地域社会学的研究が要請されると考える[10]．

過疎地域の人口が増加するのは，現状からは想定しがたい．しかし，人口が少ないことと，その地域の住みやすさは本来，独立の概念である．過疎問題とは，その別個の概念が実際はリンクしているところに発生する地域生活構造上の問題である．このリンクを解くメカニズムこそ，過疎研究のテーマである．そしてその答えは，現代社会における農山村（さらには「自然」）の位置づけにも関わる重要な研究課題と考える（山本　1996：1-28）．今後も解体と再生（可能性）の両面からの過疎・農山村研究が展開されねばなるまい．そしてそのためには，以下のような問題構図が設定可能と考える．

すなわち，本章1節における議論で，生活選択論的生活構造論と生活人口論的過疎研究（流入人口論的過疎研究＋定住人口論的過疎研究，1章図1-3）の親近関係が示唆された．しかしここで確認しておきたいのは，生活選択論の課題が，生活人口論とのみ連結するわけではないことである．これは流出人口といえども，（単なる経済学的現象でなく何ほどかの）生活選択の要素をもつことを考えれば明らかである．

表4-21　過疎農山村生活構造研究の構図

	定住人口論的過疎研究	流入人口論的過疎研究	流出人口論的過疎研究
正常生活論的生活構造論	定住・正常生活論	流入・正常生活論	流出・正常生活論
生活問題論的生活構造論	定住・生活問題論	流入・生活問題論	流出・生活問題論
生活選択論的生活構造論	定住・生活選択論	流入・生活選択論	流出・生活選択論

本章の分析方法にしたがえば，過疎農山村の生活構造分析には正常生活論，生活問題論，生活選択論の３つの視点（ないし課題）が想定されている（図4-1）[11]．またすでに，第１章で示した過疎研究の課題には，定住人口論，流入人口論，流出人口論の３つの対象（ないし課題）が想定されていた（第１章図1-3）．そしてこれら３つの視点と３つの対象は，本来，相互に連結しあう関係にある．

かくて本章に示される過疎研究の３つの視点と３つの対象を組み合わせれば，理念的には表4-21のような９つの問題群が設定できる．これら９つの問題群それぞれが，今後の過疎農山村研究で深められねばなるまい．過疎農山村研究の課題は，文字どおり山積している．

注)

1）生活問題論（的生活構造論）の課題は，既存の社会学の分野でいえば社会病理学が研究を担うべきである．この分析の一例としては，山本（1996：29-92）による農村自殺の分析などがあげられる．しかし，既存の社会病理学には農山村研究の蓄積は極めて少ない（山本　1996：1-28）．星野（1999）は過疎研究を含んだ数少ない社会病理学テキストで貴重である．

2）河川・湖沼が大きいのは1968年完成の下筌（しもおけ）ダム（蜂の巣湖）による部分が大きい．

3）この背景には，中津江村がかつて鯛生金山で栄えたという特殊歴史的事情が関与するのかもしれない．しかしそうはいっても村民の将来展望の暗さは軽い問題ではあるまい．主観的意識（ここでは将来展望の暗さ）が原因になって，実際に将来が暗くなる（たとえば，過疎に拍車がかかる）可能性は，マートンの自己成就予言を想起するまでもなくありえることである．なお，中津江村の鯛生金山は，1894年に発見され，1898年に採掘開始し，1972年に閉山している（中津江村誌編集委員会　1989）．7章表7-5も参照されたい．2007年中津江村調査では将来展望はさらに暗くなっている．

4）ここで流動型社会論とは，三浦によってつぎのように規定される．「流動型社会は，広義には，社会移動によって変容した生活構造との関連に視点をおいた社会の類型であり，……流動型社会論は，社会移動の効果として社会の現状分析を行なうための理論枠組であると同時に，第一義的には，コミュニティ分析の枠組である」（三浦　1991：4）．

なお，まだ断片的な報告でしかないが，村おこし等におけるUターン層ないし流動層の役割が大きいことを示す論稿もみられる．たとえば中国新聞社（1986：513）は，「私たちが会った村おこしのリーダーは，商店，工場の若手経営者，役場，農協，商工会の職員といった職業の持ち主が多い．……いずれにせよ，グループの中に農林業青年が少ない……」と指摘する．同様の指摘は同著の中に散見される．また乗本も「マージナル・マンは，（村の）指導者になる資格の一つである．……知的二兼層がこれに該当する．ムラや生産・生活の現場に密着し，埋没している者は，指導者になれない．こうしたものからの相対的離脱，距離が必要である．的確な認識は距離がないと成立しない」（乗本　1996：251．カッコ内は筆者が補筆）と指摘する．今後の研究が必要な分野であろう．

5）中津江村の基本構想でもUターン人口が想定されており，それを加えてかろうじて人口減少をまぬがれる計画となっている．中津江村の人口は1995年時点で1,360人だが，同村の「基本構想・基本計画」によれば2005年の人口は，UターンIターンを想定して1,400人，UターンIターンがない場合で1,168人になると予測される（中津江村　1996：7）．なお，実際の2005年の中津江村の人口は1,194人にとどまった（2章の表2-3参照）

6）20代後半から40代前半くらいにかけての過疎地域の人口回復が，すべて人口Uターンによるというつもりはもちろんない．しかし，人口Uターンがこの人口回復に一定の寄与をしているとはいえよう．このことの傍証は，山本（1996：199-215）による島根県那賀郡弥栄村の人口分析，徳野（1994）による山口県農村分析にもみられる．とはいえ，この人口回復も楽観的にのみは語れない．図4-aの過疎地域の人口ピラミッドをみると，近年でも人口回復はなくはないが，子ども人口の減少にともなって，人口復元の基盤となる人口量が減少してきているのである．同図によれば0～4歳層（386千人）が20～24歳層（403千人）よりも人口が少なくなっているのは注目すべき事態である．

7）核家族的形態に「一人暮らし」を含ませるのは厳密には好ましくない．「一人暮らし」は家族外生活者（戸田　1993；森岡　1993：113-114）であるためである．ただし，本章では核家族的形態に「一人暮らし」を含ませて表記する．これは本章の記述をあまりに複雑にしないための便宜的措置である．

8）たとえば，G. H. ミードのIとMeの区別はほんの一例であるが，ここでも「内からの要因」と「外からの要因」が言及されている．

9）このような地域の「格付け」意識，地域威信，地域評価あるいは地域魅力の分析は，今後の地域（特に農山村）社会学の一つの重要な研究分野であると考える．しかし，そのような研究はほとんど見あたらない．したがって，ここでの結論は試行的なものにならざるをえない．ワーディングによっては，本章とは別の結論もありうるとも思われるからである．

社会階層論の分野に職業威信分析が一般化しているように，地域社会学でも

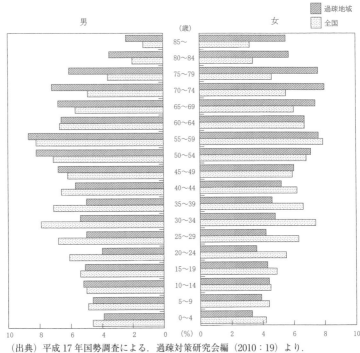

図 4-a　過疎地域と全国の人口ピラミッド (2005 年)

（出典）平成 17 年国勢調査による．過疎対策研究会編（2010：19）より．
（注）過疎地域は，2007 年 4 月 1 日現在．

地域威信分析とでもいうべき分野がありうるはずである．筆者の知る範囲では，内藤（1992；1993；1994）がこの分野の数少ない研究を提示する．内藤の研究では社会階層論と農村社会学のリンクするところが一つの論点となっている．またこの問題には，Park, R. E.（1964：256-260）が人種・民族関係研究に適用しようとした社会的距離（Social Distance）概念なども応用できるのではないかとも考える．

10) 流動（型）社会論の規定については，注 4) 参照．
11) この研究の構図についてさらに詳細は，山本（1996：199-215）参照．

参考文献
伊藤善市，1974，「総論―地域開発政策の展開」同編『過疎・過密への挑戦』学陽書房：3-42.
内山節，1993，「山村でいま何が起きているか」『日本農業年報』40：14-31.
過疎対策研究会編，2010，『過疎対策データブック（平成 19 年度過疎対策の現況）』

九州大学地域福祉研究会（鈴木広代表），1985，『過疎地域の福祉課題』福岡県地域福祉振興基金.

黒田俊夫，1970，「労働力のUターン現象」佐藤毅・鈴木広・布施鉄治・細谷昂編『社会学を学ぶ』有斐閣：167-168.

国土庁地方振興局過疎対策室，1996，『過疎対策の現況（平成7年度版）』.

斎藤昌彦，1996，「就業構造」地域社会問題研究会『中津江村農村活性化に関する基礎調査業務報告書：28-31.

Schutz, A., 1944, "The Stranger" *American Journal of Sociology*, Vol. XLIX, No. 6, 499-507.（渡辺光ほか訳，1991a，「よそ者—社会心理学的一試論—」『社会理論の研究（著作集第3巻）』マルジュ社：133-152）.

Schutz, A., 1944, "The Homecomer" *American Journal of sociology*, Vol. XLIX, No. 4, 363-376.（渡辺光ほか訳，1991b，「よそ者—社会心理学的一試論—」『社会理論の研究（著作集第3巻）』マルジュ社：153-170）.

鈴木広，1993，「土着型社会／流動型社会」森岡清美・塩原勉・本間康平編『新社会学辞典』有斐閣：1105.

高野和良，2011，「過疎高齢社会における地域集団の現状と課題」『福祉社会学会研究』8号，12-24.

谷富夫，1989，『過剰都市化社会の移動世代—沖縄生活史研究』渓水社.

中国新聞社，1986，『新中国山地』未来社.

堤研二，1987，「過疎山村・大分県上津江村からの人口移動の分析」『人文地理』39-3：193-215.

徳野貞雄，1994，「農山村住民の存在形態と変革主体—対応的理論のために—」『年報村落社会研究』30：27-69.

戸田貞三，1993（1937），『家族構成（戸田貞三著作集・第4巻）』大空社.

内藤考至，1992，1993，1994，「農村における嫁不足の実態とその人間的・構造的背景の研究（その1，2，3）」鹿児島大学教養部『社会科学雑誌』15：127，16：1-25，17：1-15.

中津江村，1996，『中津江村基本構想・基本計画』.

中津江村誌編集委員会，1989，『中津江村誌』中津江村.

乗本吉郎，1996，『過疎問題の実態と論理』富民協会.

Park, R. E., 1964, *Race and Culture*, The Free Press.

星野周弘，1999，『社会病理学概論』学文社.

三浦典子，1991，『流動型社会の研究』恒星社厚生閣.

森岡清美，1993，『現代家族変動論』ミネルヴァ書房.

山本努，1996，『現代過疎問題の研究』恒星社厚生閣.

（付記）調査にあたっては，中津江村役場からは絶大なご援助をいただいた．また，

本章は科学研究費補助金（課題番号09610192　代表者・山本努　1997年度）および1996年度科学研究費重点領域研究，ミクロ統計データ（代表者・松田芳郎一橋大学教授）の公募研究（課題番号08209120　代表者・山本努　1996年度）によって一部支えられた．

　なお本調査は，徳野貞雄（熊本大学），稲月正（北九州市立大学），加来和典（下関市立大学），高野和良（九州大学），斎藤昌彦（山口県農業試験場），および山本努（県立広島大学）が共同で実施し，北九州市立大学，山口県立大学，宮崎大学，下関市立大学，県立広島大学の各大学の学生からの熱心な協力を得た．感謝申し上げる．

第5章 過疎農山村研究の課題と過疎地域における定住と還流（Uターン）

―中国山地の過疎農山村調査から―

1. はじめに：過疎農山村問題の基底は環境社会学的問題である

　人間の命や生活（life）を考える時，都市よりも地方（農山村）の方がずっと根源的である．食料（命の糧）を作るのは主に地方（農山村）であるし，出生率（命そのものの再生産）も地方で高いのが普通だからである．東京の食料自給率は1％（2006年度カロリーベース，農林水産省データ），合計特殊出生率は1.01（2004年，厚生労働省データ）にすぎない．ともに全国最低の数字である．ついで自給率が低いのが大阪の2％，神奈川の3％である．加えて，大阪，神奈川の合計特殊出生率はともに1.20であり，こちらも最下位近くである（詳しいデータは7章表7-6参照）．

　「出生率の減少は一般に西欧の都市化のもっとも重大な徴候のひとつ」であり，「都市は人間の生産者というよりは消費者である」といわれる．ワース（1978）のこの言明は現代日本の巨大都市（東京や大阪や神奈川）の自給率や出生率の数字をみても正しいようである．だとすれば，農山村の存続なしに，日本社会全体（の，あるいは大都市）の存続可能性も大いに疑わしい．筆者は，「今日の過疎・農山村地域ではどのような生活の成り立ちや生活の崩壊があるのか．現状や展望や計画などを含めて，これらが今日の過疎・農山村社会学の課題となる（山本　1996：22）」と過疎農山村研究の課題を設定したことがあるが，この問題は農山村や過疎地域だけの問題ではない．都市にとっても重要な問題で

ある.

　かつてロストウ（1961：49；12）は「成長が社会の正常な状態となる」「離陸（takeoff）」を語ったが，今日われわれは，「着陸＝着土（landing）」を課題にする時代に生きている.「着土」とは農学者の祖田（1999）の造語だが，「自然のままの土着の生活を失ってしまった私たち（文明世界）が，自覚的に土につくこと」というほどの意味である. 今日「過疎農山村の社会学」が期待されるのは，このような環境社会学的な理由による. 農業が日本の「自然」を作っているというのは宇根（2007）の主張だが（http://hb7.seikyou.ne.jp/home/N-une/「特定非営利活動法人　農と自然の研究所」ウェブサイトも参照），だとすれば農山村（＝「自然」）を排除しつくして現代の日本社会が安定的に存続するとは思えないのである. また，そのように感じる人々が増えてきているとの哲学的指摘（内山　2009）もでてきた. さらには，そのように主張する新しい共同体論もある（内山　2010）.

　筆者も，過疎問題の位置づけを「脱工業社会における自然と人間の解離性」という環境社会学的認識に求めたことがある. ダニエル・ベルにしたがえば人間の歴史の大半は，《現実とは自然であった（＝前工業化社会）》. ついで，《現実とは技術（＝工業社会）》となり，現代の脱工業社会において《現実とは主として社会的世界である》. ここにおいて，「過去の束縛は自然と物の終焉とともに消滅する」（ベル　1975：653）といわれる.「すなわち脱工業社会とは，自然（や物）と乖離した社会的世界＝『人間』中心の社会に他ならない. そしてその具体的かつ徹底的表現の一つとして，過疎農山村地域からの人口流出（過疎）問題がある. ここでは人々は文字どおり『自然』（＝農山村）から乖離・流出し，その『意図しない結果』（マートン）として生活・環境問題をはじめとする過疎問題を帰結する」（山本　1996：21）.

　かつての日本には日本農業の三大基本統計とよばれる数字があった. 1920年の第1回国勢調査のあと横井時敬が挙げた数字だが，農業就業者1,400万人，農家数550万戸，農地面積600万町歩がそれである. この数字は明治以降大き

く変わらなかったし，今後も変わらないだろうと思われていた．実際，この数字は 1960 年までは，農業就業者 1,313 万人，農家数 606 万戸，農地面積 607 万町歩と大きな変化はなかったのである．しかし，高度成長期以降この数字が，大きく後退する．2000 年時点でこれらの数字は，農業就業者 389 万人，農家数 312 万戸，農地面積 486 万町歩となっている（木下　2003：68）．ここにみられる統計数字の巨大な減少は，まさに「離陸」を示す[1]．

　このように過疎（農山村）問題は，その基底を「脱工業社会における環境社会学的問題（＝『自然』との乖離の問題，あるいは，『自然』からの離脱の問題）」として理解することが可能である．過疎農山村地域にはもちろん，生活問題，地域問題，福祉問題などは山積するし，それらは非常に重要（深刻）である．しかし，そこには環境社会学的問題という基底（土台）がある，と考えられるのである．

2．過疎問題の深まりと広まり

　ところで，『食料・農業・農村白書』によれば，1960 年，1965 年の食料自給率（カロリーベース）がそれぞれ 79％，73％である．この当時，日本人は 1 日ごはん 5 杯弱を食べていた．この時期は米不足が解消して，「みんな大喜びで，ごはんをもりもり食べた」（山下　2009：129）ころで，日本人がもっとも多く米を食べていた．1962 年の国民 1 人あたりの年間米消費量は 118 キログラムである．これが 2006 年，2008 年で食料自給率 39％，41％，1 日ごはん 3 杯弱に落ち込んでいる．2008 年の国民 1 人あたりの年間米消費量は 59 kg である（農林水産省データ）．ここにみられるのは，「飽食」化（食生活の多様化，豊富化）とグローバリズムの端的な表現だが，ここから米余り，農業・農村疲弊が帰結しているのはいうまでもない．グローバル化（≒国際市場化）の力は，（「脱工業社会における自然と人間の解離性」を大きく高め）今や地方や農山村の生活を大きく切り崩しつつある．

細かいデータは3章表3-2に示したが，過疎地域は「子ども（15歳未満）人口中心の将来展望可能な」社会（1960年）から，「少子・高齢（65歳以上）人口中心の将来展望の困難な」社会（2000年以降）に変化した．人口ピラミッドで大枠を示せば，△（ピラミッド型）の社会（1960年）から▽（逆ピラミッド型）の社会（2000年以降）への変化である（詳しくは，3章2節の特に（10）参照）．

以上から示されるのは，地方や過疎農山村の疲弊の深さであり，地方（農山村）の存続の困難である．昨今，限界集落という言葉が広まっている（本書9章1節）．その理由は上記のような人口変化にある．しかし，限界集落的と思える集落も，実は意外に消滅していないという報告もある．国土交通省が1999年に実施した過疎市町村集落調査で，「10年以内消滅」とされた全国の419集落の内，調査から7年経過時点（2006年）で実際に消滅したのは14.6%（61集落）にとどまっている（本書9章3節参照．また，総務省自治行政局地域振興課過疎対策室（2007：11）に詳しいデータがある）．

この国土交通省の調査結果は検討（批判）の余地はあるだろう．しかし，われわれは地方や農山村が一方的に滅びるのみとは思わない．過疎農山村にも人口流入は少なからずあるし，地域の土着的人口供給構造もそれなりに生きている（本書3章）．過疎農山村は超高齢化社会だが，高齢者の生活をささえる種々の仕組みも滅び去ってはいない（高野　2008）．農村高齢者の多くは，生きがいを感じて暮らしている（本書付論2）．農業・農村の機能は，きちんと再評価・再検討しなければならない現代の根本問題となっている（徳野　2008）．

3．「環境問題の社会学」と「環境共存の社会学」が　　複合する問題領域としての過疎農山村研究

過疎農山村問題の基底は環境社会学的な問題にある．だとすれば，過疎研究の課題は，「環境社会学の二大領域（船橋・古川　1999：7）」という問題構成にしたがって，「環境問題の研究」と「環境共存の研究」の2タイプに分類する

のが，まずは妥当であろう．

「環境問題の研究」とは，「社会における生産と消費が，環境にどのような負荷を与え，環境を悪化させたり破壊させるのか，悪化した環境が，社会とその中の人々の生活にどのような影響を与え，どのような問題を引き起こすのか，ということの探求である（船橋・古川　1999：7）」．この課題は公害と生活環境問題研究が中心だが，いわばネガ（逆機能）の環境社会学である．これに対して，「環境共存の研究」とは，「環境と調和し共存するような社会のあり方や生活のあり方はどのようなものか，どのような文化や社会意識や社会構造が，共存を可能にするのかを探求するものである（船橋・古川　1999：7）」．この課題は農村社会学や民俗学の方法に淵源をもつ種々の研究（たとえば，地域主義，内発的発展論，生活環境主義など）が典型だが，いわばポジ（順機能）の環境社会学である．

このような「二大領域」は，環境社会学の学的蓄積の中では，一応，別個の２つの流れ（作品群）としてある．その作品群の整理は古川（1999）が参考になる．ただし，過疎農山村研究では，「環境問題」と「環境共存」は同時（ないし複合的）に問われる問題である．あるいは，過疎農山村研究では，「環境問題」を前提に「環境共存」が問われる，と言い換えてもよい．

「より事態が深刻化しているにも関わらず相変わらず『過疎』という言葉ですませていいのだろうか（大野　2005：295）」といわれるくらいに，過疎農山村の生活・環境問題は深刻化している．筆者も現代の過疎を「過疎の最終局面の入口にあるもの（山本　1996：4）」と指摘したことがある．ここにあるのは，直接的には「（地域）環境問題」の社会学の課題群である．

しかし，過疎農山村地域でも人々は今も暮らしているし，その地域が一方的に滅びるのみとは思わない．その理由の一端は前節（２節）末にも示したが，この問題は今日の過疎農山村問題研究（過疎農山村の地域・環境・福祉・家族社会学等）が全体でその方向を示唆，探求すべき課題でもある．ここにあるのは，「環境問題」を前提にした「環境共存」の社会学の課題である．あるいは，

地域における環境問題を「地域環境問題」とよぶ用語法（谷口　1999）にしたがって、「地域環境問題」を前提にした「地域環境共存」の社会学の課題である，と述べた方が了解しやすいのかもしれない．

これに関連して，筆者はかつて過疎農山村研究の課題を以下のように示したことがある．「すなわち，脱工業化段階の現代において，過疎・農山村地域の人々はいかに暮らしているのか．いかにそこでの生活を選択し，いかに拒否するのか．また，どのような問題をかかえ，どのような希望や絶望の構造があるのか．そしてそれらに対して，どのような主体的対応や社会的計画があるのか．これら一連のむしろ平凡な問いが，今後の過疎・農山村研究の最重要課題になると考える．言い換えれば，今後の過疎・農山村研究は，現代産業社会における地域・福祉・環境社会学問題をも射程にもちうる生活構造論的研究になる（山本　1996：22）」．

この問題は，先の「地域環境問題」を前提にした「地域環境共存」の社会学の課題に具体的内容をあたえた一例となっている．この問題規定が従来の過疎研究の問題設定とどのように異なるかは，1章図1-3の「かつての過疎研究」と「現在の過疎研究」の比較をご参照願いたい．

鳥越（2004：ⅰ）によれば，社会における「環境」のとらえ方が，公害や環境破壊という「被害的環境問題」から，それを内包した上での「創造的環境問題（＝環境をどのように魅力的な環境にしていくかという問題）」に変化しつつあるという．過疎農山村問題の研究も同じ変容を遂げつつあるのである．

本章ではこのような問題の重要な一角をしめる，過疎農山村地域における地域定住問題について，われわれが実施した中国山地農山村調査からいくつかの知見を示したい．

4. 調査地域と調査の概要

4−1. 調査地域の概要

調査地域は広島県北西部（中国地方全体からみればほぼ中央部）にある北広島町である．町は「過疎地域自立促進特別措置法（平成12月4月施行）」による「過疎地域」の指定を受けている．「昭和の大合併」で1954年から56年に生まれた芸北，大朝，千代田，豊平の4町が，「平成の大合併」で合併して，2005年2月1日より北広島町となっている．

この内，芸北，大朝は島根県と接するところにあり，標高は高く，800mから400m前後の高原状の地域に集落，農地，牧場などがある．この地域はスキー場が集積する日本最南端の地域でもある．豊平，千代田は芸北，大朝の南部にあり，政令都市・広島市に接するところにある．千代田には役場があり，広島市からの高速バスの便もあり，北広島町の中心地区となっている．豊平は山あいの地域であるが，平地集落，高原状，盆地状の地区，丘陵地，山間地，棚田集落など多様な地域を含む．人口（2005（平成17）年）は図5-1にあるように，芸北（2,756人），大朝（3,437人），豊平（4,122人），千代田（10,543人）である．

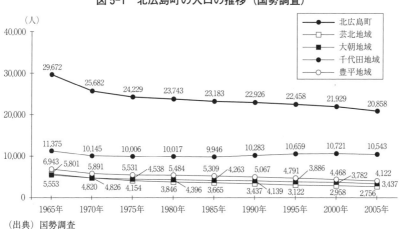

図5-1　北広島町の人口の推移（国勢調査）

（出典）国勢調査

4―2．調査の概要

調査は北広島町役場の協力を得て，以下のように実施された．

調査対象………北広島町16歳以上住民，住民基本台帳から2,000人を無作
　　　　　　　　為抽出．

調査方法………郵送調査．2006年8月1日調査票郵送，8月31日まで回収
　　　　　　　　受付．

調査票の回収…有効回収数は916票，回収率は45.8％．

地域別人口は今回調査のデータでは千代田が47.7％，豊平23.8％，大朝15.9
％，芸北12.1％となる（図5-3）．ちなみに，2005年国勢調査による各地域の
人口割合は，千代田50.5％，豊平19.8％，大朝16.5％，芸北13.2％であり，ほ
ぼ符合している．

5．調査の問題意識と得られた知見

5―1．調査の問題意識

過疎研究の課題の大枠は本章の1節，2節，3節で述べた．この問題を中範
囲論的なレベルにおとせば，図5-2のような問題に整理できる．図5-2に示し
た，定住，流入，流出の3つは過疎地域の存立にとって，基本的な人口の動き
である．そこで，今回の調査では，この3つの人口動態にあわせて，つぎの調
査項目を用意した．すなわち，定住，転出（流出）の意向，流入の経歴（定住

図5-2　過疎農山村研究の課題

	研究領域	具体的問題
①	定住人口論的研究……	「過疎地域で人々はいかに暮らして（残って）いるのか？」
②	流入人口論的研究……	「過疎地域に人々は何故，入ってくるのか？」
③	流出人口論的研究……	「過疎地域から人々は何故，出てゆくのか？」

（出典）1章4節（特に図1-3）より作成．用語は多少変えている．

第5章 過疎農山村研究の課題と過疎地域における定住と還流（Uターン）　97

経歴）の質問がそれである．既存の過疎農山村研究では，これらの問題について，知見の蓄積はうすい．山本（1996：199-215）や本書3章，4章である程度の知見を示すことは試みたが，総じていえば，やはり研究の欠落が大きいといえるだろう．本章はこの欠落をいくらかでも埋めることを目指している．

5−2．定住（転出）意向

　北広島町住民の定住（転出）意向を調べるために，「あなたは，これからも北広島町に住み続けたいと思われますか」と尋ねてみた．その結果が，図5-3である．ここから以下の知見を得る．

(1)　全町では，「ずっと住み続けたい」が73.3％を占め，これに「当分の間は住み続けたい」（11.6％），「転出することがあっても，帰ってきたい」（2.3％）を加えると87.2％に達する．この3つの合計を定住意向の割合とみると，ほとんど（87.2％）の住民が定住意向を持つといえる．

(2)　一方，「転出を考えざるを得ない」は2.4％，「転出したい（帰るつもりはない）」は1.4％となっている．この2つの合計を転出意向の割合とみると，ごく少数（3.8％）の住民のみが転出意向を持つことになる．しかも，「転出したい」という積極的転出希望は1.4％とごくわずかである．

　以上から，地域の住民のほとんどが定住意向を持つことはまず確認しておいてよいだろう．図5-3から，下記の知見も得る．

(3)　芸北，大朝，千代田，豊平の地域別にみても，全町と同様の傾向にある．つまり，広島市との遠近（都市アクセスの利便性，あるいは，過疎化の度合い）は定住意向に関係しない．

(4)　男女別にみても，全町と同様の傾向にある．

(5)　年齢階層別にみると，年齢階層が上がるほど「ずっと住み続けたい」の割合が高まる．50歳以上の各年齢階層では「ずっと住み続けたい」が大枠，80％以上を占める．

(6)　一方，16〜19歳から50歳代までは，「当分の間は住み続けたい」「転出することがあっても，帰ってきたい」「わからない」の割合は減少する．

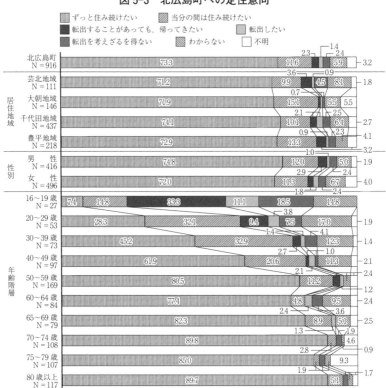

図 5-3 北広島町への定住意向

(7) 10歳代, 20歳代では,「ずっと住み続けたい」の割合は低い. ただし, それに「当分の間は住み続けたい」と「転出することがあっても, 帰ってきたい」を加えると, 10歳代では55.5%, 20歳代では69.8%となる. 10, 20歳代でも「転出したい」という積極的転出希望は11.1%, 3.8%とあまりいない.

以上から, 定住意向は若い頃から50歳くらいまでに徐々に確かなものになり, その後はほとんど変化しなくなるといえる. つまり, 50歳くらいまでのトータルな生活経験からくる地域の総合評価の帰結として, 地域への定住意向が形

成されるものと解釈したい.

5—3. 住み続ける理由

　地域住民のほとんどが定住意向を持つことは既に確認した. それでは「その主な理由は何ですか（あてはまるものにすべて○をつけて下さい）」と尋ねてみた. その結果が表 5-1 である（注：以下, 回答は回答すべき人を分母にパーセントを計算している）. ここから次のような知見を得た.

(8)　住み続ける「主な」理由は,「自宅や土地がある」が71.6％と突出しており, 次いで「地域への愛着, 先祖代々住んできた土地だから」が52.1％と高い割合を占める.「自宅や土地」と「地域愛着」が定住の二大理由である（表 5-1）.

表 5-1　住み続ける主な理由（複数回答：％）

区　分	北広島町	芸北地域	大朝地域	千代田地域	豊平地域	男性	女性
地域への愛着がある, 先祖代々住んできた土地だから	52.1	59.6	50.8	51.2	50.8	59.2	46.0
自宅や土地がある	71.6	69.1	72.7	72.1	71.3	75.3	68.7
後継者だから	18.8	23.4	21.9	20.2	12.3	20.6	17.1
北広島町に親や子がおり, 気にかかる, 親しい人がいる	24.4	26.6	21.9	25.5	23.1	21.7	27.0
地域や集落がしっかりしている, 近所づきあいがしやすい	21.2	24.5	25.0	21.2	17.4	20.1	22.3
住宅や周辺の環境がよい	20.9	23.4	26.6	18.3	21.5	19.8	22.0
自然環境がよい	34.7	44.7	39.1	28.1	40.0	34.0	35.5
福祉・医療が充実している	9.3	14.9	9.4	8.8	7.2	9.1	9.5
文化施設やスポーツ施設, 集会所などが充実している	7.3	10.6	6.3	5.3	9.7	7.5	7.1
買い物や通勤・通学, 通院などが便利	13.4	5.3	14.8	18.8	5.6	12.9	14.0
道路や交通の便がよい	11.2	3.2	20.3	12.5	6.7	12.3	10.2
仕事や商売上の都合, 就業の場がある	10.2	11.7	14.1	10.3	6.7	11.8	8.8
他に行く所がない, 仕方ない	16.0	20.2	18.0	14.3	15.9	15.0	16.8
その他	2.1	1.1	4.7	1.9	1.5	3.2	1.2
不明	1.0	—	1.6	0.5	2.1	0.5	1.4

　（注）　▇はもっとも多い％, ▨は2番目, 3番目に多い％.

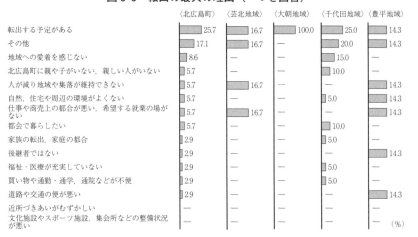

図 5-4 住み続ける最大の理由（表 5-1 で選ばれた項目のうちから一つ記入）

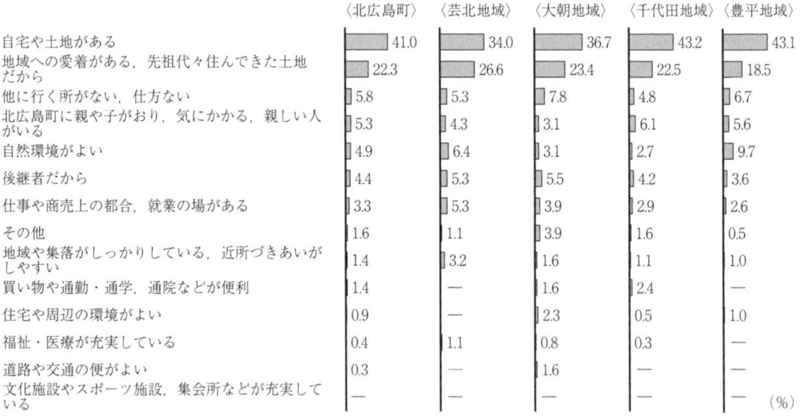

図 5-5 転出の最大の理由（一つを回答）

(9) 3番目に「自然環境がよい」が34.7%を占める．この他では，「北広島町に親や子がおり，気にかかる，親しい人がいる（家族・社会関係）」24.4%，「集落がしっかり，近所づきあいしやすい（集落・近所）」21.2%，「住宅や周囲の環境よい（周辺環境）」20.9%，「後継者だから」18.8%がそれぞれ2割程度を占める（表5-1）．

(10) なお，住み続ける「最大の」理由を聞くと，「自宅や土地がある」41.0%，

「地域への愛着，先祖代々住んできた土地だから」22.3％が突出する．ここでも「自宅や土地」と「地域愛着」が定住の二大理由である（図5-4）.

⑾　ついで3番目に「他にいく所がない，仕方ない」5.8％がくる（図5-4）．この3番目の動機を選ぶ住民は消極定住意向層というべきである．この層の住民は⑵の転出希望層（3.8％）とあわせて不本意定住者とよんでおくが，合計で10％弱と見込まれ多くはないが，今後の研究の一つの課題となろう.

⑿　転出希望の者に転出の理由を尋ねると，「転出する予定がある」が25.7％で最も多い．これ以外では「その他」17.1％を除くと，いずれも10％未満である（図5-5）.

⒀　あと，転出希望の理由は「地域への愛着を感じない」8.6％，「親や子がいない，親しい人がいない」5.7％，「人が減り地域や集落が維持できない」5.7％，「自然，住宅や周辺の環境がよくない」5.7％がつづく．これは⑼に示した定住希望の裏返しになっている．定住や転出に，「地域愛着」「家族・社会関係」「地域・集落」「周辺環境」など地域・生活構造論的な要因が関与していると解釈できる.

5－4．定住意向（小括）

以上の定住についての知見から，やや仮説を含めて，整理しておけば次のようである．地域住民のほとんどは定住意向を持っている（知見⑴）．その理由は「自宅や土地」および「地域愛着」の位置が大きい（知見⑻）．ついで，「自然環境」「家族・社会関係」「集落・近所」「周辺環境」「後継者」など地域・生活構造論的な要因が関与する．「福祉・医療」「文化施設」「買い物などの便」「交通の便」などの生活利便性の関与は小さい（知見⑼，表5-1）.

5－5．定住経歴について

北広島町住民の定住経歴を調べるために，「あなたは，いつごろから北広島町で暮らしていますか」と尋ねてみた．その結果が，図5-6である．ここから以下の知見を得る.

⒁　地域（全町）の人口供給ルートは，土着，婚入，Uターンの3つが中心

図5-6　北広島町での定住経歴

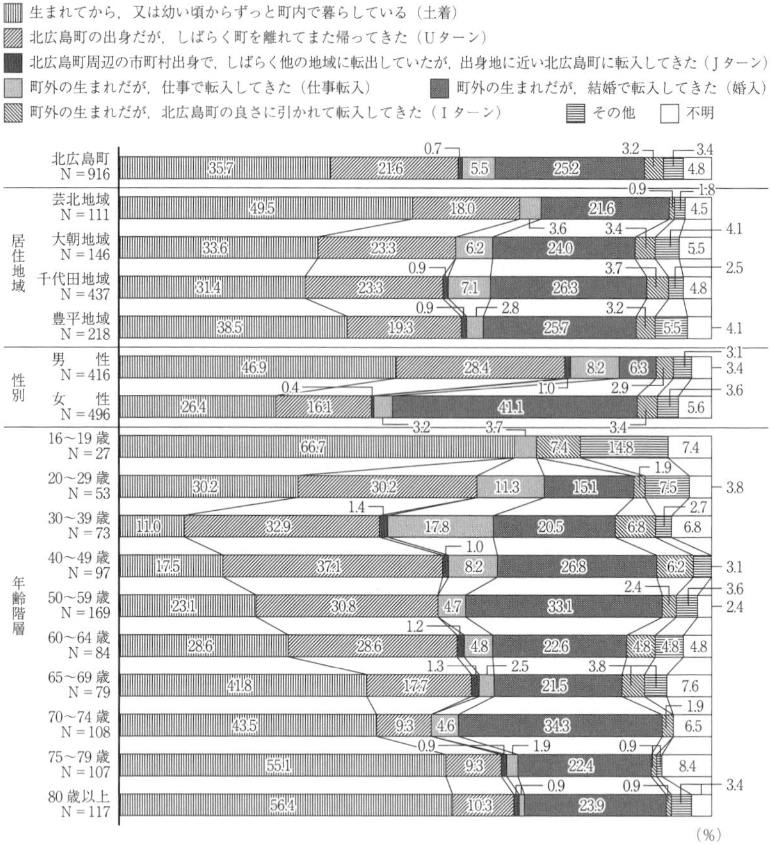

凡例：
- 生まれてから，又は幼い頃からずっと町内で暮らしている（土着）
- 北広島町の出身だが，しばらく町を離れてまた帰ってきた（Uターン）
- 北広島町周辺の市町村出身で，しばらく他の地域に転出していたが，出身地に近い北広島町に転入してきた（Jターン）
- 町外の生まれだが，仕事で転入してきた（仕事転入）
- 町外の生まれだが，結婚で転入してきた（婚入）
- 町外の生まれだが，北広島町の良さに引かれて転入してきた（Iターン）
- その他
- 不明

区分	N	土着	Uターン	Jターン	仕事転入	婚入	Iターン	その他	不明
北広島町	916	35.7	21.6	0.7	5.5	25.2	3.2	3.4	4.8
居住地域 芸北地域	111	49.5	18.0	0.9		21.6		1.8	4.5
居住地域 大朝地域	146	33.6	23.3	3.6	6.2	24.0	3.4	4.1	5.5
居住地域 千代田地域	437	31.4	23.3	0.9	7.1	26.3	3.7	2.5	4.8
居住地域 豊平地域	218	38.5	19.3	0.9	2.8	25.7	3.2	5.5	4.1
性別 男性	416	46.9	28.4		8.2	6.3	3.1	3.4	
性別 女性	496	26.4	16.1	0.4	1.0	41.1	2.9	3.6	5.6
年齢階層 16～19歳	27	66.7	3.2	3.7		7.4		14.8	7.4
年齢階層 20～29歳	53	30.2	30.2		11.3	15.1	1.9	7.5	3.8
年齢階層 30～39歳	73	11.0	32.9	1.4	17.8	20.5	6.8	2.7	6.8
年齢階層 40～49歳	97	17.5	37.1	1.0	8.2	26.8	6.2		3.1
年齢階層 50～59歳	169	23.1	30.8		4.7	33.1	2.4	2.4	3.6
年齢階層 60～64歳	84	28.6	28.6	1.2	4.8	22.6	3.8	4.8	4.8
年齢階層 65～69歳	79	41.8	17.7	1.3	2.5	21.5	3.8		7.6
年齢階層 70～74歳	108	43.5	9.3		4.6	34.3			6.5
年齢階層 75～79歳	107	55.1	9.3	0.9	1.9	22.4	0.9		8.4
年齢階層 80歳以上	117	56.4	10.3		0.9	23.9	0.9		3.4

(%)

である．「生まれてから，又は幼い頃からずっと町内で暮らしている（土着層）」35.7％，「町外の生まれだが，結婚で転入してきた（婚入）」25.2％，「北広島町の出身だが，しばらく町を離れてまた帰ってきた（Uターン）」21.6％となり，これで全体の8割以上（82.5％）を占める．

(15)　過疎化の程度の異なる4つの地域（千代田，豊平，大朝，芸北）別でみても，上記(14)のパターンは維持される．千代田は広島市への交通アクセスが比較的よく，過疎化の度合いは比較的小さい．芸北と大朝と豊平は中国

山地の山あいの地域で過疎の比較的進んだ地域である.

⑯　性別でみると，男性では「生まれてから，又は幼い頃からずっと町内で暮らしている」46.9％，女性では「町外の生まれだが，結婚で転入してきた」41.1％が，もっとも多い.

⑰　年齢階層別でみると，30歳代から80歳以上まで，高齢になるほど「生まれてから，又は幼い頃からずっと町内で暮らしている（土着層）」の割合が高い．逆に80歳以上から30歳代までは，若くなるほど「北広島町の出身だが，しばらく町を離れてまた帰ってきた（Uターン）」の割合が高くなっている.

⑱　「町外の生まれだが，結婚で転入してきた（婚入）」の割合は30歳代以上では，20〜30％程度で年齢（世代）による差はあまりない．今後，世代別通婚圏の分析が必要である.

⑲　「他地域に転出していたが，出身地に近い北広島町に転入してきた（Jターン）」は0.7％と非常に少数である．Jターンは過疎地域には少ないのであろう.

⑳　「町外の生まれだが，北広島町の良さに引かれて転入してきた（Iターン）」も3.2％と少数である．ただし，JターンよりもIターンの方が多いのは，意味ある知見である.

5―6．Uターン，Jターンの理由について

　人口Uターンが重要な人口供給源の一つであるのを先に見た（知見⑭）．そこで「北広島町に戻られた（Uターン）又は転入（Jターン）された理由は，どんなことですか」とUJターンの「主な」動機を尋ねてみた．その結果は表5-2にあるが，以下の知見を得た.

　㉑　まず「親のことが気にかかるから」37.3％，「先祖代々の土地や家を守るため」36.3％が1位，2位を占める．「親・イエ」的動機と要約できる.

　㉒　ついで，「地元から通える職場があるため」22.1％，「新たに仕事を始めるため，自営するため」11.3％である．「仕事」的動機と要約できる.

表 5-2　Uターン，Jターンの主な理由（あてはまるものすべてに○印：％）

区　分	北広島町	芸北地域	大朝地域	千代田地域	豊平地域	男性	女性
親のことが気にかかるから	37.3	45.0	32.4	40.6	29.5	47.5	22.0
先祖代々の土地や家を守るため	36.3	45.0	26.5	37.7	36.4	47.5	19.5
故郷の方が生きがいを感じられるため	5.4	10.0	2.9	6.6	2.3	7.4	2.4
農山村の方が生きがいを感じられるため	5.4	10.0	14.7	1.9	4.5	9.0	—
都会の生活が合わないため	6.4	5.0	8.8	6.6	4.5	5.7	7.3
自然に親しんだ暮らしをしたかったため	10.3	15.0	14.7	8.5	9.1	12.3	7.3
昔からの友人，知人がいるため	6.4	5.0	8.8	3.8	11.4	7.4	4.9
親戚が多くて生活が安定するため	2.5	—	—	2.8	4.5	3.3	1.2
子育てや結婚後の暮らしを考えると，地元の方が暮らしやすいため	9.3	5.0	2.9	11.3	11.4	9.0	9.8
地元の人と結婚をしたため	9.8	5.0	8.8	9.4	13.6	2.5	20.7
地元から通える職場があるため	22.1	25.0	29.4	25.5	6.8	25.4	17.1
新たに仕事を始めるため，自営するため	11.3	15.0	17.6	7.5	13.6	14.8	6.1
仕事の不調のため	2.0	—	5.9	1.9	—	2.5	1.2
病気など健康上の理由から	2.0	—	5.9	1.9	—	2.5	1.2
定年を迎えたため	7.4	10.0	2.9	6.6	11.4	9.0	4.9
その他	11.3	10.0	14.7	10.4	11.4	5.7	19.5
不明	7.4	—	2.9	8.5	11.4	6.6	8.5

（注）　■はもっとも多い％，■はついで多い％.

㉓　さらに，「地元の人と結婚した」9.8％，「子育てや結婚後の暮らしを考えると地元のほうが暮らしやすい」9.3％，「昔からの友人，知人がいる」6.4％，「親戚多く生活安定する」2.5％である．「結婚・社会関係・生活安定」的動機と要約できる.

㉔　また，「故郷の方が生きがいを感じられる」5.4％，「農山村の方が生きがいを感じられる」5.4％である．「生きがい」的動機と要約できる.

㉕　最後に，「自然に親しんだ暮らしをしたかったため」10.3％を加えておくこともできる．「自然親和」的動機である.

㉖　以上より，人口Uターンの「主な」動機（理由）は，重要性の順に，「親・イエ」的動機（73.6％），「仕事」的動機（33.4％），「結婚・社会関係・生活安定」的動機（28.0％），「生きがい」的動機（10.8％），「自然親和」的動

第5章　過疎農山村研究の課題と過疎地域における定住と還流（Uターン）　105

図 5-7　転入の最大の理由（表 5-2 で選ばれた番号のうちから一つ記入）

	〈北広島町〉	〈芸北地域〉	〈大朝地域〉	〈千代田地域〉	〈豊平地域〉
先祖代々の土地や家を守るため	17.6	5.0	20.6	17.9	20.5
親のことが気にかかるから	16.2	30.0	11.8	17.9	9.1
地元から通える職場があるため	11.3	15.0	17.6	10.4	6.8
その他	10.3	10.0	14.7	8.5	11.4
地元の人と結婚をしたため	9.3	5.0	5.9	9.4	13.6
新たに仕事を始めるため，自営するため	6.9	10.0	5.9	4.7	11.4
自然に親しんだ暮らしをしたかったため	3.4	10.0	2.9	1.9	4.5
子育てや結婚後の暮らしを考えると，地元の方が暮らしやすいため	3.4	5.0	—	3.8	4.5
故郷の方が生き甲斐を感じられるため	2.0	5.0	—	1.9	2.3
病気など健康上の理由から	2.0	—	5.9	1.9	—
都会の生活が合わないため	1.5	—	2.9	1.9	—
農山村の方が生き甲斐を感じられるため	1.0	—	2.9	—	2.3
仕事の不調のため	1.0	—	—	1.9	—
定年を迎えたため	1.0	5.0	—	0.9	—
昔からの友人，知人がいるため	0.5	—	—	—	2.3
親戚が多くて生活が安定するため	0.5	—	—	0.9	—　(%)

（10.3%）の 5 つが指摘できる．

　さらに，ＵＪターンの「最大の」理由を尋ねた．その結果は図 5-7 にあるが，以下の知見を得た．

　㉗　まず，「先祖代々の土地や家を守るため」17.6%，「親のことが気にかかるから」16.2%が 1 位，2 位を占める．「親・イエ」的動機である．

　㉘　ついで，「地元から通える職場があるため」11.3%，「あらたに仕事を始めるため，自営するため」6.9%となる．「仕事」的動機である．

　㉙　さらに，「地元の人と結婚」9.3%，「子育てや結婚後の暮らしを考えると地元が暮らしやすい」3.4%となる．「結婚・子育て」的動機である．

　㉚　以上より，人口Ｕターンの「最大の」動機は，重要性の順に，「親・イエ」的動機（33.8%），「仕事」的動機（18.2%），「結婚・子育て」的動機（12.7%）の 3 つが指摘できる．

5－7．定住経歴（小括）

　過疎地の人口Ｕターン調査は少ないが，その中で最もよく参照されるのは，

「全国で転入超過が特に顕著な287町村」で実施された，総務省による調査である（図5-8）．この調査は調査地域の選定から推察されるとおり，人口Uターンは過疎地の中のかなり恵まれた町村にみられる現象という認識に基づいている（ように思われる）．しかし，この認識はおそらく間違っている．かなり条件不利な過疎地域といえども，人口Uターンの動きはかなり活発にあることを本章の知見は示している（知見(14)(15)）[2]．

また，総務省調査では人口のUIターンの動機として，「豊かな自然を求めて」

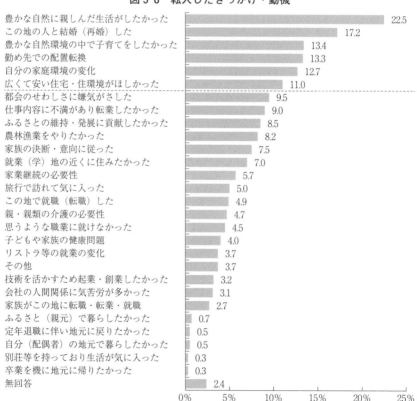

図5-8　転入したきっかけ・動機

（出典）「過疎対策における近年の動向に関する実施調査」におけるUIターン者調査，UIターン者1722人から916人（53.2%）が回答，平成15年度調査実施，過疎対策研究会編『過疎対策データブック　平成18年度過疎対策の現況』2008：86

とか「広くて安い住宅を求めて」といった都会人のステレオタイプ的な調査結果が示されている（図5-8の1位，3位，6位の回答，参照）．これも現実のUターンの動機とはかなり違うだろう．本章の知見では，Uターンの「主な」動機は，「親・イエ」的動機，「仕事」的動機，「結婚・社会関係・生活安定」的動機，「生きがい」的動機，「自然親和」的動機であり，Uターンの「最大の」動機は，「親・イエ」的動機，「仕事」的動機，「結婚・子育て」的動機であった（知見(26)(30)）．

6．むすびにかえて

　過疎農山村研究において，定住意向や定住経歴（人口Uターン，婚入など）のデータの蓄積はうすい．そこで本章ではわれわれの調査の知見を整理，提示することに努めた．その結果，定住と定住経歴について30の知見を得た．これらの知見は，現代の過疎農山村理解に意義を持ちうるものと思う．とはいえ，定住（転出）の因果連鎖の検討，人口Uターンのさらなる動機分析，定住経歴データのさらなる蓄積など，残された課題も多い．また他調査の結果との比較，それによる，理論的含意の抽出なども今後の課題として残している[3]．

注)
1）これらの統計のうち，農家数のみ示せば，図5-a のとおりである．
2）同様の知見は3章（西城町），4章（中津江村）の調査でも示した．
3）ただし，本章と3章，4章の調査結果はかなり似ている．少なくとも西日本過疎地域の定住経歴，Uターンなどに関しては，本章の知見は一応の一般性をもつものと思われる．

参考文献
内山節，2009，「農業・農山村ブームの再来―近代へのニヒリズム―」（朝日新聞夕刊（西部本社）7/22）．
内山節，2010，『共同体の基礎理論』農文協．
宇根豊，2007，『天地有情の農学』コモンズ．

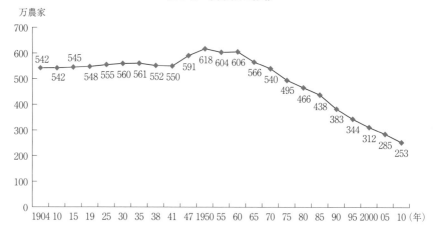

図 5-a 農家数の推移

(出典) 農林業センサス累年統計

(注) 農林業センサスでは農家とは,「経営耕地面積が 10 アール以上の農業を行う世帯又は過去 1 年間における農産物販売金額が 15 万円以上の規模の農業を行う世帯をいう」. 戦前の統計はセンサス方式にはよらないが, 一応の比較は可能である.

大野晃, 2005,『山村環境社会学序説』農文協.
木下謙治, 2003,「農村社会」木下謙治編『社会学』九州大学出版会：63-71.
総務省自治行政局地域振興課過疎対策室, 2007,『過疎地域における集落の現状と総務省の取組』.
祖田修, 1999,『着土の時代』家の光協会.
高野和良, 2008,「地域の高齢化と福祉」堤マサエ・徳野貞雄・山本努編『地方からの社会学』学文社：118-139.
谷口吉光, 1999,「地域における環境問題へのアプローチ」船橋晴俊・古川彰編 1999,『環境社会学入門』文化書房博文社：153-180.
徳野貞雄, 2008,「農業の現代的意義」堤マサエ・徳野貞雄・山本努編『地方からの社会学』学文社：186-215.
鳥越皓之, 2004,『環境社会学』東大出版会.
農林水産省, 2007,『食料・農業・農村白書（平成 19 年版）』財団法人農林統計協会.
農林水産省統計部, 2007,『解説 2005 年農林業センサス』農林水産省大臣官房統計部.
船橋晴俊・古川彰, 1999,「はしがき」船橋晴俊・古川彰編『環境社会学入門』文化書房博文社：7-11.
古川彰, 1999,「環境問題の変化と環境社会学の研究課題」船橋晴俊・古川彰編,

1999,『環境社会学入門』文化書房博文社：55-90.

Bell, D., 1973, *The Coming of Post-Industrial Society; A Venture in Social Forecasting*, Basic Books, Ins.（内田忠夫ほか訳，1975,『脱工業社会の到来（上・下）』ダイヤモンド社）.

山下惣一，2009,『惣一じいちゃんの知ってるかい？　農業のこと』家の光協会.

山本努，1996,『現代過疎問題の研究』恒星社厚生閣.

Rostow, W. W., 1960, *The stages of economic growth : a non-communist manifesto*, Cambridge University Press.（木村健康ほか訳，1961,『経済成長の諸段階』ダイヤモンド社）.

Wirth, L., 1938, "Urbanism as a Way of Life", *American Journal of Sociology*, 44. 3-24.（高橋勇悦訳，1978,「生活様式としてのアーバニズム」鈴木広編『都市化の社会学（増補）』誠信書房：127-147）.

（付記）本章は科学研究費補助金（課題番号 19530458　研究代表者・山本努　2007～2010 年度）による.

第6章　過疎地域における中若年層の
　　　定住経歴と生活構造類型
―中国山地の過疎農山村調査から―

1．はじめに

　過疎研究の中範囲論的な課題は定住人口論，流入人口論，流出人口論の3つである（1章4節図1-3，および，5章5節図5-2参照）．本章ではこの内，定住人口論，および，流入人口論的研究の課題について，過疎地域の中若年層に焦点をあて，多少の知見を示したい．定住人口論的過疎研究とは，「過疎地域で人々はいかに暮らして（残って）いるのか」についての研究である．このような問題意識の研究は次第に増えてきたように思う．小川（1996），染谷（1997），秋葉・石阪・桐村（1998），山本（1998），石阪（2002），木下（2003），叶堂（2004），熊本大学地域社会問題研究会（徳野貞雄代表）・山都町（2006-2008），高野（2008；2011），鯵坂（2009：特に第4章），奥田（2009），秋葉（2010），徳野（2011）などがそれである[1]．ただしその多くは地域福祉社会学的な高齢者研究である．

　これに対して，地域における「正常人口」の「正常生活」的な人口層の分析は弱い．すなわち，職業を持ち，家族を持ち，地域社会の中核を担う（または，そのようなことが期待される）中若年層の分析が手薄であると思われるのである．しかし，過疎地域の中若年層が地域の維持，存続にとって重要であるのは，いうまでもない．したがって，中若年層の定住人口論的研究は重要な課題である．

勿論，高齢者を中核に据える地域福祉社会学的な問題意識は重要である．かつて高齢者研究に先鞭をつけた大道（1966）は，氏の著作『老人社会学の構想』の「あとがき」で，社会学者は「老人社会学について全くといってよいほど無関心であった」と述べている．これが当時の研究状況だったのである．しかし，このような状況から随分遠いところにわれわれはいる．高齢者研究は今日，もっとも人気があり，活発に展開している研究分野の一つといってよいだろう．

また，過疎地域は本書3章の規定でも，少子・高齢人口中心社会であり，高齢者研究の重要性を否定するわけではない．とはいえ，高齢者研究に偏した研究動向には問題もある．過疎地域は高齢者ばかりが住む地域ではないからである．高齢者は鈴木栄太郎（1969）の正常生活論に依拠すれば，「老衰期」の「異常人口」とされる．だとすれば，ここから地域の展望を見いだすのはやはり隘路というべきではないだろうか．高齢者に偏した研究体制では，地域の維持存続に関わる研究課題を担えるのか，いささかの疑問が残るのである．

生涯現役やアクティブ・エイジングなどの言葉が語られる今日[2]，古い鈴木栄太郎の正常（異常）人口論を持ち出すことに違和感を覚える向きがあるかもしれない．しかし，「現役」とか，「アクティブ」とかの概念が高齢者の好ましい（または目指すべき）目標として語られているということ自体が，鈴木栄太郎の主張の正当性，重要性を示すものである．

また本章は「過疎地域に人々は何故，入ってくるのか？」という流入人口論的研究の課題をも担うものである．流入人口論的研究の一つの中心は人口還流（Uターン）の研究である．人口還流者の生活構造や生活意識などは山本（1996：199-215；本書3章；4章；5章），熊本大学地域社会問題研究会（徳野貞雄代表）・山都町（2006-2008）の研究があるが，研究の蓄積はこちらも小さい．人口還流は黒田（1970）によって提起された問題で，一時期，かなり盛んに研究された．それらはマクロ統計データ（人口移動統計）の人口学的分析が主流で，社会学的な生活構造論や移動者のミクロ（行為）分析ではなかった．しかも，そのマクロ統計の研究自体も，明確な結論を提示せぬままに，立ち消えて

しまったというのが実情（に近い）であろう（谷　1989：16）．山本（本書1章注6図1-a；1996：159-174）は今後の人口Uターン論の課題として，Uターン者などの生活構造分析（「還流人口のミクロ・実態分析」とよんでいた）の必要を唱えたことがある．しかし，今日においても，「過疎地域の人口復元現象や還流現象についての研究は少ない」（徳野　2011：290）というのが研究の現状であろう．

2．調査地域と調査の概要

調査地域は広島県北西部にある北広島町である．町は「過疎地域自立促進特別措置法」（平成12月4月施行）による「過疎地域」の指定を受けている．2005年2月1日に千代田，豊平，大朝，芸北の4町が合併して北広島町となった．その直後の2005年国勢調査で人口減少率が拡大している（表6-1）．合併直後の人口減少率の拡大は，西日本の他の過疎地域でも確認されており重要な問題である（本書2章2節表2-1，表2-2，7節表2-8参照）．

調査は北広島町役場の協力を得て，以下のように実施された．

調査対象…………北広島町16歳以上住民，住民基本台帳から2,000人を無作為抽出．

調査方法…………郵送調査．2006年8月1日調査票郵送，8月31日まで回収受付．

調査票の回収……有効回数は916票，回収率は45.8％．

表6-1　人口増減率と人口の推移（北広島町）

	1970年	1975年	1980年	1985年	1990年	1995年	2000年	2005年	2010年
人口減少率（％）	−13.4	−5.7	−2.0	−2.4	−1.1	−2.0	−2.4	−4.9	−4.3
人口（人）	25,682	24,229	23,743	23,183	22,926	22,458	21,929	20,857	19,970

（出典）国勢調査
（注）各年度とも5年前との比較で人口減少を計算．

調査地域は前章と同じであるので，さらに詳しくは5章4節を参照願いたい．

3．調査の問題意識と得られた知見

3—1．調査の問題意識

　北広島町住民の定住経歴をみると，地域（全町）の人口供給ルートは，土着，婚入，Uターンの3つが中心である．「生まれてから，又は幼い頃からずっと町内で暮らしている（土着層）」35.7%，「町外の生まれだが，結婚で転入してきた（婚入）」25.2%，「北広島町の出身だが，しばらく町を離れてまた帰ってきた（Uターン）」21.6%がそれだが，これで全体の8割以上（82.5%）を占める．

　これに加えて多くはないが，「仕事で転入した（仕事転入）」5.5%，「町外の生まれだが，北広島町の良さに引かれて転入してきた（Iターン）」3.2%，「出身地に近い北広島町に転入してきた（Jターン）」0.7%などの人々がいる（図6-1）．

　本章ではこれらの定住経歴別の人口に着目して，その住民の生活構造，生活意識の異同ついて指摘したい．特に，土着層とUターン層の比較は重要な課題である．人口Uターンの促進は過疎地域の持続に重要であるのはいうまでもない．したがって，人口Uターン層がどのような特性をもった人々なのかは過疎研究の重要テーマなのである．

　また，人数が少ないためはっきりした比較は難しいかもしれないが，可能な範囲で，Iターン層や仕事転入層についても触れたい．Iターン層や仕事転入層は土着やUターンや婚入との対比で興味深い知見が得られた．

　Jターンは非常に少ないので，本章では触れない．ただし，Jターン層が過疎地域（北広島町）には，非常に少なく，仕事転入層やIターン層の人口の方が多いことは，意味ある知見と思われる．Jターン層は，過疎地域ではなくて，過疎地域近郊の地方都市に多いのかもしれない．これは今後の地方都市調査の課題に残したい．

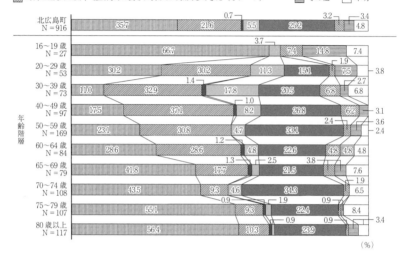

図 6-1 北広島町での定住経歴

3－2．調査データの分析方針

　本章で分析するのは 20～59 歳（中若年層）の北広島町調査のデータである．この年齢層にデータ分析を限定するのは，つぎの理由からである．本章の問題意識は過疎地域の中核を担う（または，そのようなことが期待される）人々である．ここではそのような年齢層を厳密に規定することはできないが，一応，その人々を 20～59 歳（中若年層）としておきたい．

　これは勿論，60 歳以上の住民が地域の役を担わないという意味ではない．実際，われわれの行った別の過疎地域調査（表 6-2，大分県中津江村調査）によれば，60 代を「地域では現役」と考える人が大半（87％）を占めた．さらには，「70 歳の人にも仕事や地域の役割がある」と考える人も非常に多かった（83％）．

　とはいえ，60 歳以上と 20～59 歳（中若年層）を同等に考えるのも無理がある．何歳からを老人（高齢者）と考えるかは老人線の研究課題であり，それは時代

によっても変動するであろうが、辻（2000）によれば、60代を老人と考える者は30％程度と少なからずいる。これに対して、55歳以上から老人と考える者は1％前後でほとんどいない（表6-3）。

われわれの行った中津江村調査でも結果はほぼ同様であり、50代から高齢者と考える者は皆無で、60代から高齢者であるとの回答は多数ではないが、ある程度（14.2％）いる。さらには、70代から高齢者であるとの回答が73.9％ともっとも多かった（表6-3）。つまり、60歳代は老人の直前の年齢であり、かつ、一部の者からは老人と見なされている年齢である。いいかえれば、60歳代は向老期とでも位置づけることが可能なマージナルな年齢層であり、中若年（20〜59歳）と一線を画すのは、理にかなうように思う。[3]

また、北広島町調査は2006年実施であるので59歳は1947年生まれである。つまり、北広島町調査20〜59歳の層は戦後生まれの世代であり、この点も本

表6-2　地域において、60歳代は現役か？　70歳の人に仕事はあるか？

	60歳代は現役か？	70歳の人に仕事はあるか？
そう思う	53.6 (208)	44.1 (172)
まあそう思う	33.5 (130)	38.5 (150)
あまりそう思わない	9.3 (36)	13.3 (52)
そう思わない	3.6 (14)	4.1 (16)
合計	100% (388人)	100% (390人)

（出典）大分県中津江村調査、2007年10〜11月調査実施より.

表6-3　何歳から高齢者か？（老人線）

	55歳以上	60歳以上	65歳以上	70歳以上	75歳以上	80歳以上	合計	
成人調査（20〜64歳）	1.1%	9.8%	24.6%	52.4%	6.3%	2.8%	100%	(633人)
高齢者調査（65歳以上）	0.2	5.7	21.0	53.1	12.7	5.2	100	(614)
中津江村調査	0.0	1.6	12.6	53.1	20.8	12.1	100	(375)

（出典）　1　成人調査、高齢者調査は辻（2000：64）より. 1987年宮崎県地域調査
　　　　　2　中津江村調査、2007年10〜11月実施より.

章の分析には重要である．過疎地域住民が戦後生まれと戦前生まれで，定住経歴において大きく異なるのはいくつかの過疎地域調査（山本　1996：199-215；本書3章5節）で確かめられている．戦後生まれは流動層が主流であり，戦前生まれは土着層が主流なのである[4]．

これは北広島町調査でも明瞭に確認できる．図6-1によれば，「生まれてから，又は幼い頃からずっと町内で暮らしている（土着層）」は65歳以上の戦前生まれに50％前後（41.8％から56.4％）と多く，ついで戦前戦後生まれが混在する60～64歳で28.6％，戦後生まれの50歳代で23.1％，40歳代で17.5％，30歳代で11.0％と大きく減少する．20歳代では30.2％と増えるが，これは若年で婚入が少ないための数字であるので，ここでは無視するのが妥当である．また，16～19歳は土着層が多いが，今後，移動を経験する層である．

3―3．定住経歴の基本構造―全体，性別，年齢別―

本章の分析対象である20～59歳層に関して，定住経歴の基本構造について北広島町調査から得られた知見を示しておこう．まず，表6-4から定住経歴全般，および，性別定住経歴について，以下の知見を得る．

(1)　20～59歳層全体で，もっとも多いのはUターン（33.6％），ついで，婚入（27.6％），土着（21.0％），仕事転入（9.2％），Ⅰターン（4.2％），その他（3.9％），Jターン（0.5％）となる．前項（3-2）の最後にみたように，65

表6-4　性別定住経歴（北広島町20～59歳）

定住経歴	男	女	合計
土着	30.9　(55)	12.3　(25)	21.0　　(80)
Uターン	41.6　(74)	26.6　(54)	33.6　(128)
Jターン	0.6　　(1)	0.5　　(1)	0.5　　　(2)
仕事転入	14.0　(25)	4.9　(10)	9.2　　(35)
婚入	5.6　(10)	46.5　(95)	27.6　(105)
Ⅰターン	3.4　　(6)	4.9　(10)	4.2　　(16)
その他	3.9　　(7)	3.9　　(8)	3.9　　(15)
全体	100%　(178人)	100%　(203人)	100%　(381人)

第6章　過疎地域における中若年層の定住経歴と生活構造類型　117

歳以上（戦前生まれ）層との大きな違いは，土着層にある．65歳以上では，土着層がもっとも多く半数程度を占めるが（図6-1），20〜59歳層（戦後生まれ）では土着層は2割程度にとどまる．

(2)　性別で定住経歴は大きく異なる．男性では，Uターンがもっとも多く（41.6％），ついで，土着（30.9％），仕事転入（14.0％），婚入（5.6％）となる．女性では，婚入がもっとも多く（46.5％），ついで，Uターン（26.6％），土着（12.3％）とつづく．

(3)　婚入は20〜59歳層男性5.6％（表6-4）と65歳以上層男性8.5％（14人／165人，表省略），20〜59歳層女性46.5％（表6-4）と65歳以上層女性41.7％（91人／218人，表省略）でほぼ変わらない．また，後掲の表6-6も含めれば，結婚が一応終了したと思われる，30歳，40歳，50歳代の各年齢層では，婚入が20〜30％程度になっている．これは60歳代以上（図6-1）でも同様である．ここには，戦前から変わらない人口流入の型と割合がある．

(4)　Iターンは4.2％と一定の人口量を占め，意味ある社会層を形成する．65歳以上層（383人）ではIターンは1.8％（7人，表省略）であるので，戦後生まれ層にIターンが多いことがわかる．これはUターンと同じ傾向である[5]．

(5)　Jターンは0.5％と非常に少ない．Jターンは過疎地域には少ないのであろう．

表6-5より定住経歴別の性別人口構成について以下の知見を得る．

(6)　土着，Uターンは女性よりも男性が多い．地域を継ぐことは男性により強く期待されているのであり，実態もそのようになっていることが示唆される．

(7)　仕事転入は女性よりも男性が多い．仕事で過疎地に赴任することは男性により強く期待されているのであり，実態もそのようになっていることが示唆される．

表 6-5　定住経歴の性別人口構成（北広島町 20〜59 歳）

定住経歴	男	女	合計
土着	66.8 (55)	31.2 (25)	100 (80)
U ターン	57.8 (74)	42.2 (54)	100 (128)
J ターン	50.0 (1)	50.0 (1)	100 (2)
仕事で転入	71.4 (25)	28.6 (10)	100 (35)
婚入	9.5 (10)	90.5 (95)	100 (105)
I ターン	37.5 (6)	62.5 (10)	100 (16)
その他	46.7 (7)	53.3 (8)	100 (15)
全体	46.7% (178 人)	53.3% (203 人)	100% (381 人)

表 6-6　年齢別定住経歴（北広島町 20〜59 歳）

定住経歴	20 歳代	30 歳代	40 歳代	50 歳代	平均年齢
土着	31.4 (16)	11.8 (8)	17.5 (17)	23.6 (39)	44.9 歳
U ターン	31.4 (16)	35.3 (24)	37.1 (36)	31.5 (52)	44.7 歳
J ターン	0.0 (0)	1.5 (1)	1.0 (1)	0.0 (0)	—
仕事転入	11.8 (6)	19.1 (13)	8.2 (8)	4.8 (8)	40.1 歳
婚入	15.7 (8)	22.1 (15)	26.8 (26)	33.9 (56)	47.4 歳
I ターン	2.0 (1)	7.4 (5)	6.2 (6)	2.4 (4)	43.1 歳
その他	7.8 (4)	2.9 (2)	3.1 (3)	3.6 (6)	42.3 歳
全体	100% (51 人)	100% (68 人)	100% (97 人)	100% (165 人)	—

(注) 調査票のワーディングの制約から，20 歳代，30 歳代，40 歳代，50 歳代をそれぞれ，25 歳，35 歳，45 歳，55 歳として，各定住経歴別の平均年齢を計算した．

(8)　婚入のほとんど（90.5％）は女性である．

つぎに表 6-6 から，年齢別定住経歴について，以下の知見を得る．

(9)　20〜59 歳の各層は戦後生まれ層であるので，定住経歴は基本的には類似している．U ターン，婚入，土着が多い．

(10)　20 歳代には婚入が少ない．未婚者を多く含むためだろう．その関係からか，土着層が多くなっている．

(11)　30 歳代には仕事転入がやや多い．ここでは，定住経歴は多い順に U ターン，婚入，仕事転入となる．

第6章　過疎地域における中若年層の定住経歴と生活構造類型　119

⑿　それぞれの定住経歴別の平均年齢は40歳代でほぼ同じである．仕事転
入のみ，40歳とやや若く，土着，Ｕターン，婚入，Ｉターン，その他は
45歳前後でほぼ同年齢とみてよいだろう．Ｊターンはサンプルが非常に
少ないのではっきりしない．

3－4．定住経歴別の生活基盤⑴―職業―

職業と家族は生活の基盤であり，過疎地域の正常人口（生活）の分析にも重
要である．この人口の中核は，鈴木栄太郎の用語を再び用いれば，「職業期」
の人々である．「それは食うために働いている」（鈴木　1969：173）人々である[6]．
そこでまずは，定住経歴別の職業構成についての表6-7からみていきたい．得
られた知見は以下のようである．

⒀　もっとも多い職業は，民間企業勤務（＝会社・商店・工場などに勤務）
38.6％，公的セクター勤務（＝公務員・農協・森林組合・郵政公社・団体
職員）24.6％，自営（＝会社・商店・工場などを経営・自営）11.9％，家
事10.5％と続く．民間企業勤務，公的セクター勤務，自営が主な職業であ
り，これで75.1％を占める．過疎地域といえども人々の職業は非農林業の
割合が非常に大きい．

表 6-7　定住経歴別職業構成（北広島町 20～59 歳）

	農林業	自営	民間企業	公的セクター	生徒・学生	家事	無職	その他	合計
土着	10.4	15.6	31.2	20.8	6.5	9.1	2.6	3.9	100.0%（77 人）
Ｕターン	7.1	15.9	42.9	27.8	0.0	4.8	0.8	0.8	100.0%（126 人）
Ｊターン	0.0	0.0	50.0	50.0	0.0	0.0	0.0	0.0	100.0%（2 人）
仕事転入	0.0	11.8	55.9	20.6	0.0	2.9	8.8	0.0	100.0%（34 人）
婚入	7.0	4.0	35.0	25.0	0.0	21.0	5.0	3.0	100.0%（100 人）
Ｉターン	6.2	25.0	31.2	31.2	0.0	6.2	0.0	0.0	100.0%（16 人）
その他	0.0	0.0	33.3	13.3	6.7	20.0	26.7	0.0	100.0%（15 人）
全体	6.8	11.9	38.6	24.6	1.6	10.5	4.1	1.9	100.0%（370 人）

（注）自営……会社・商店・工場などを経営，自営．
　　　民間企業……会社・商店・工場などに勤務．
　　　公的セクター……公務員・農協・森林組合・郵政公社・団体職員（調査は郵政民営化（2007
年）以前に行われたため，郵政公社の名前を含んでいる）．

⒁　農林業の割合は 6.8％とかなり小さい．20 歳から 59 歳の戦後生まれの世代にとって，過疎地域は「農業に従う人々を主体とする地域（福武 1976：251-252）」という定義に示された，かつての農村ではなくなっている．人々は都市化した過疎農山村に暮らしている．

⒂　定住経歴別にみると，土着，Ｕターン，Ｉターンは，民間企業勤務，公的セクター勤務，自営で 70～80％前後となり，農林業を僅かに（10％程度）含む職業構成であり，相互によく似ている．

⒃　仕事転入には民間企業勤務が多く（55.9％），農林業はいない（0.0％）．完全に非農林業化した人口層であり，この点は特色である．

⒄　「その他」はもう一つの非農林業化した人口層である．無職が 26.7％と多いのもこの層の特色である．

⒅　婚入は女性が多い（知見⑻）ためだろうが，民間企業勤務（35.0％），公的セクター勤務（25.0％）についで家事（21.0％）が多い．自営は 4.0％と少ない．農林業は 7.0％で土着，Ｕターン，Ｉターンとほぼ同じである．

　つぎは表 6-8，6-9 で従業地をみておきたい．表 6-7 の家事，無職，その他以外の回答の人に，「あなたの従業地又は通学地を教えて下さい」と尋ねた結果である．まず表 6-8 から得られた知見は以下のようである．

⒆　従業地でもっとも多いのは北広島町内（芸北，大朝，千代田，豊平）で 78.8％，ついで，広島市 12.3％，安芸太田町・安芸高田市 5.5％となる．地元の北広島町が非常に多く，隣接の地方大都市である広島市，隣接の農村

表 6-8　地区別従業地（北広島町 20～59 歳）

地区	芸北地域	大朝地域	千代田地域	豊平地域	北広島町	安芸太田町	安芸高田市	広島市	その他県内	県外	合計
芸北	80.6	3.2	6.5	0.0	90.3	9.7	0.0	0.0	0.0	0.0	100%（31 人）
大朝	3.6	62.5	19.6	1.8	87.5	3.6	0.0	5.4	0.0	3.6	100%（56 人）
千代田	0.0	6.0	70.0	1.3	77.3	1.3	4.0	14.0	1.3	2.0	100%（150 人）
豊平	3.6	1.8	10.9	50.9	67.2	5.5	0.0	21.8	1.8	3.6	100%（55 人）
全体	9.9	15.8	42.5	10.6	78.8	3.4	2.1	12.3	1.0	2.4	100%（292 人）

（注）北広島町は芸北，大朝，千代田，豊平の合計．

第6章　過疎地域における中若年層の定住経歴と生活構造類型　121

地域である安芸太田町・安芸高田市がこれにつづく.

⒇　北広島町内をみると，千代田の割合が42.5％と高いが，千代田の人口規模に相応のものであり（千代田の人口は5章4-1参照），千代田に従業地が集中しているわけではない. 言い換えれば，千代田は平成の合併後の北広島町の中心地区だが，他の3地区（芸北，大朝，豊平）をささえるほどの雇用吸収力があるわけではない.

⒇　芸北，大朝，千代田，豊平の合併前の旧町は，それぞれの地区住民にとって中心的な就業地であるが，ややばらつきがある. 芸北80.6％，千代田70.0％，大朝62.5％，豊平50.9％の住民が自分の地区で就業している.

⒇　各地区の北広島町での就業割合は，芸北90.3％，大朝87.5％でやや高く，千代田77.3％，豊平67.2％でやや低い. 広島市に遠い地区（芸北，大朝）で高く，広島市に近い地区（千代田，豊平）で低い.

⒇　広島市（地方大都市）を就業地とする者の割合は，広島市に遠い地区（芸北0.0％，大朝5.4％）で低く，広島市に近い地区（豊平21.8％，千代田14.0％）で高い. 芸北，大朝は相対的には人口が少なく，過疎の進んだ地区であり，千代田，豊平は相対的には人口が多く，過疎のあまり進んでいない地区である（5章図5-1参照）. 地方都市が就業地として利用可能であるということは，過疎地域にとって重要である.

ついで表6-9から定住経歴別の従業地をみておきたい. 得られた知見は以下のようである.

⒇　土着，Uターン，仕事転入，婚入，Iターンのそれぞれの定住経歴別の従業地は，全体の傾向（知見⒆）とほぼ同じである. つまり，大枠，北広島町80％，広島市10％，安芸太田町・安芸高田市5％という構成である.

⒇　ただし，やや異なるのが，仕事転入の従業地であり，千代田に65.5％が集中し，広島市は3.4％と少ない（全体では千代田42.3％，広島市12.5％）. 仕事転入は完全に非農林業化した人々であったので（知見⒃），北広島町の中心地区である千代田に就業が集中しているのだろう.

表6-9　定住経歴別従業地（北広島町 20〜59 歳）

定住経歴	芸北地域	大朝地域	千代田地域	豊平地域	北広島町	安芸太田町	安芸高田市	広島市	その他県内	県外	合計	
土着	11.9	13.6	37.3	15.3	78.1	3.4	0.0	15.3	1.7	1.7	100%	（59 人）
Uターン	8.2	19.1	42.7	6.4	76.4	5.5	2.7	14.6	0.9	0.0	100%	（110 人）
Jターン	0.0	0.0	50.0	0.0	50.0	0.0	50.0	0.0	0.0	0.0	100%	（2 人）
仕事転入	13.8	10.3	65.5	0.0	89.6	3.4	3.4	3.4	0.0	0.0	100%	（29 人）
婚入	10.9	14.1	40.6	18.8	84.4	0.0	1.6	10.9	1.6	1.6	100%	（64 人）
Iターン	7.1	28.6	21.4	14.3	71.4	0.0	0.0	21.4	0.0	7.1	100%	（14 人）
その他	0.0	12.5	37.5	0.0	50.0	12.5	0.0	0.0	0.0	37.5	100%	（8 人）
全体	9.8	16.1	42.3	10.5	78.7	3.5	2.1	12.5	1.0	2.1	100%	（286 人）

（注）北広島町は芸北，大朝，千代田，豊平の合計．

⒇　もうひとつ，やや異なるのが，Iターンの就業地である．Iターンは中心地区の千代田に21.4％と少なく，過疎的な地区の大朝に28.6％と多い（全体では千代田42.3％，大朝16.1％）．Iターン層は知見(57)（後掲）でも示すが，「自然」ないし「田園」的な生活を求める人々（ナチュラリスト）なのであろうと思われる．

⒇　ただし，Iターンの就業地が，同じく過疎的な芸北で7.1％，豊平で14.3％と平均程度であり，多いとはいえない（全体では芸北9.8％，豊平10.5％）．大朝は高速道路（中国横断自動車道広島浜田線）の通る地域である．これがIターンの就業に関係しているとの仮説はありうる．

3−5．定住経歴別の生活基盤⑵—家族—

「正常人口の日々の生活は，世帯での生活と職場または学校での生活に大体つくされる」（鈴木　1969：154）といわれるが，職業とならんで家族は生活の基盤である．本項では，家族形態についての調査結果をみておきたい．家族形態は家族規模と家族構成の2面から考察できる（森岡・望月　2002：158）．そこでまず，表6-10より家族規模からみておく．得られた知見は以下のようである．

⒇　20〜59歳層では，3人家族が27.8％ともっとも多く，ついで4人家族22.6％，2人家族19.4％とつづく．これに対して，北広島町全体では，2

第6章　過疎地域における中若年層の定住経歴と生活構造類型　123

表 6-10　家族規模（北広島町）

	1人	2人	3人	4人	5人	6人以上	合計	平均家族規模
20〜59歳	3.9	19.4	27.8	22.6	13.1	13.1	100%（381人）	3.6人
北広島町	9.1	30.6	21.2	14.9	10.9	13.2	100%（916人）	3.3人

（注）平均家族規模は 6 人以上は 6 人として計算した．以下の表も同様．

　人家族が 30.6％ともっとも多く，3 人家族 21.2％，4 人家族 14.9％とつづく．
これが家族規模の主な形である．20〜59 歳層では 3 人家族，町全体では
2 人家族が最頻の家族規模である．

⒆　また，独居（＝ 1 人家族）は 20〜59 歳層では 3.9％，北広島町全体では
9.1％である．つまり，町全体にくらべて，20〜59 歳層には独居が少ない．
また，平均家族規模は 20〜59 歳層では 3.6 人，町全体では 3.3 人である．
知見⒅とあわせて 20〜59 歳層は町全体よりもすこし家族規模が大きい．

表 6-11 から定住経歴別の家族規模について以下の知見を得た．

⒇　定住経歴別の平均家族規模は，土着 3.5 人，U ターン 3.8 人，婚入 3.9 人，
その他 3.0 人，仕事転入 2.8 人，I ターン 2.8 人であった．仕事転入，I
ターンの家族規模がやや小さく，土着，U ターン，婚入の家族規模がやや
大きい．

㉛　仕事転入は独居が 25.7％と最頻であり（全体では 3.9％），知見⒇とあわ
せて小規模家族・独居（家族外生活）が多いといえる．また，仕事転入は

表 6-11　定住経歴別家族規模（北広島町 20〜59 歳）

	1人	2人	3人	4人	5人	6人以上	合計	平均家族規模
土着	3.8	20.0	30.0	20.0	13.8	12.5	100%（80人）	3.5人
Uターン	0.0	15.6	32.8	25.8	14.1	11.7	100%（128人）	3.8人
Jターン	0.0	0.0	0.0	0.0	50.0	50.0	100%（2人）	―
仕事転入	25.7	20.0	11.4	22.9	14.3	5.7	100%（35人）	2.8人
婚入	1.0	20.0	23.8	21.9	13.3	20.0	100%（105人）	3.9人
Iターン	6.2	37.5	31.2	18.8	6.2	0.0	100%（16人）	2.8人
その他	6.7	26.7	40.0	20.0	0.0	6.7	100%（15人）	3.0人
全体	3.9	19.4	27.8	22.6	13.1	13.1	100%（381人）	3.6人

やや若い（知見⑿）ので，若年・小規模家族・独居生活者が多いともいえる.

⑿　Ｉターンは２人家族が37.5％と最頻であり（全体では19.4％），５人以上家族が6.2％と非常に少ない（全体では26.2％）．Ｉターンは知見㉚とあわせて小規模家族が典型といえる．ただし，Ｉターンは仕事転入よりもやや年長である（知見⑿）.

加えて，表6-12から家族構成について以下の知見を得た.

㉝　直系家族（三世代家族，および，65歳以上親を含む二世代）47.0％，夫婦家族（夫婦だけ（13.9％），および，夫婦（又は単親）と子（31.6％））45.5％で，両者がほぼ拮抗して合計92.5％におよぶ．あと，少数だが，独居4.0％，その他3.5％の者がいる．直系家族は農村の伝統家族であり，夫婦家族は近代的家族と考えられるが，両者がそれぞれ半分弱程度をしめるのが，過疎地域（北広島町）の家族構成である.

㉞　とはいえ，家族構成は定住経歴別でかなり異なる．直系家族は，婚入（55.9％），Ｕターン（52.4％），土着（46.1％），その他（40.0％）に多く，仕事転入（20.0％），Ｉターン（18.8％）に少ない．伝統的家族は婚入，Ｕターン，土着，その他に多いことになる.

表6-12　定住経歴別家族構成（北広島町 20〜59歳）

	独居	夫婦家族	直系家族	その他	合計
土着	3.8	38.5	46.1	11.5	100%（78 人）
Ｕターン	0.0	46.8	52.4	0.8	100%（124 人）
Ｊターン	0.0	50.0	50.0	0.0	100%（2 人）
仕事転入	22.9	51.4	20.0	5.7	100%（35 人）
婚入	1.0	42.3	55.9	1.0	100%（104 人）
Ｉターン	6.2	75.0	18.8	0.0	100%（16 人）
その他	13.3	46.7	40.0	0.0	100%（15 人）
全体	4.0	45.5	47.0	3.5	100%（374 人）

（注）　1　夫婦家族は，夫婦のみ，夫婦（または単親）と子.
　　　　2　直系家族は，三世代以上家族，65歳以上親を含む二世代家族.

第6章　過疎地域における中若年層の定住経歴と生活構造類型　125

㉟　夫婦家族は，Ⅰターン（75.0%）に非常に多く，仕事転入（51.4%），Uターン（46.8%），その他（46.7%），婚入（42.3%），土着（38.5%）に少ない．近代的家族はⅠターンに多いことになる．

㊱　独居は，仕事転入（22.9%）にもっとも多く，ついでその他（13.3%）に多く，Ⅰターン（6.2%），土着（3.8%），婚入（1.0%），Uターン（0.0%）に少ない．

3－6．定住経歴別転入年齢，転入元

Uターン，仕事転入，婚入，Ⅰターン，その他はいずれも北広島町への流入人口である．それでは，それらの流入が人生のどのような時期におきたのか．調査では，「北広島町に転入された（戻られた）のは，何歳の時ですか」と尋ねてみた．その結果が，表6-13である．以下の知見を得た．

㊲　転入時の平均年齢は29.3歳であるが，定住経歴別の転入時の平均年齢は，Uターン28.6歳，仕事転入28.7歳，婚入28.7歳，Ⅰターン35.0歳，その他35.5歳となる．つまり，Uターン，仕事転入，婚入は20代終盤頃，Ⅰターン，その他は30代中盤頃に転入が行われている．

㊳　定住経歴別に最頻の年齢層をみると，Uターン，婚入，仕事転入，その他は20歳代で最頻（69.2%，66.3%，47.1%，30.8%）であり，特に，Uターン，婚入は20歳代を中心に行われている．

表6-13　定住経歴別転入年齢（北広島町 20～59歳）

	10歳代	20歳代	30歳代	40歳代	50歳代	合計	転入平均年齢
Uターン	3.3	69.2	19.2	5.8	2.5	100%（120人）	28.6歳
Jターン	0.0	50.0	50.0	0.0	0.0	100%　（2人）	―
仕事転入	14.7	47.1	32.4	2.9	2.9	100%　（34人）	28.7歳
婚入	3.2	66.3	24.2	4.2	2.1	100%　（95人）	28.7歳
Ⅰターン	0.0	37.5	43.8	0.0	18.8	100%　（16人）	35.0歳
その他	15.4	30.8	15.4	15.4	23.1	100%　（13人）	35.5歳
全体	5.0	61.8	23.9	5.0	4.3	100%（280人）	29.3歳

（注）転入平均年齢は，10歳代を18歳，20歳代を25歳，30歳代を35歳，40歳代を45歳，50歳代を55歳として計算．

(39) これに対して，Ⅰターンは30歳代が43.8％と最頻である．Ⅰターンは転入がやや遅く，熟慮にもとづいて慎重に決断されているものと推察できる．Ⅰターンの場合，自らの決断で未知であった地域に転入するのであるから，決断に時間がより必要という事情と思われる．

(40) 仕事転入，その他には14.7％，15.4％と10代の転入も多かった（全体で5.0％）．

(41) また，その他には40代（15.4％），50代（23.1％）の転入も多く，特色あるパターンである（全体で5.0％，4.3％）．

つづいて，流入人口がどの地域からやってきたのかをみておきたい．調査では，「北広島町以外でもっとも長く暮らしたのはどこですか」と尋ねて，選択肢で回答を求めた．その結果が，表6-14である．以下の知見を得た．

(42) 流入人口は広島市からが41.1％ともっとも多く，以下，広島市除く広島県24.4％，広島市・広島県除く中国地方18.1％，関西・関東11.8％，その他（九州，中京など）4.5％となる．流入人口のほとんど（8割強）は中国地方内部からの流入である．また，中心都市である広島市は流入人口のもっとも大きな供給源となっている．このようなパターンは，大枠，すべての定住経歴に共通である．

(43) とはいえ，流入人口の供給源は定住経歴別の違いもかなり大きい．ＵターンとⅠターンとその他は，広島市（それぞれ，51.2％，50.0％，42.9％）と

表6-14　定住経歴別もっとも長く暮らした地域（北広島町20～59歳）

	広島市	広島県	中国地方	関西・関東	その他	合計
Ｕターン	51.2	19.5	7.2	18.7	3.2	100％（123人）
Ｊターン	50.0	50.0	0.0	0.0	0.0	100％　（2人）
仕事転入	35.3	20.6	32.3	2.9	8.8	100％　（34人）
婚入	28.6	33.7	27.5	4.1	6.1	100％　（98人）
Ⅰターン	50.0	18.7	18.7	12.5	0.0	100％　（16人）
その他	42.9	14.2	14.2	28.6	0.0	100％　（14人）
全体	41.1	24.4	18.1	11.8	4.5	100％（287人）

（注）広島県には広島市含まず．中国地方には広島市，広島県含まず．

関西・関東（18.7％，12.5％，28.6％）の割合が大きい．これに対して，仕事転入，婚入は，広島市（それぞれ，35.3％，28.6％）と関西・関東（2.9％，4.1％）の割合が小さい．

(44) 知見(43)をいいかえれば，仕事転入，婚入は，広島市除く広島県・中国地方の割合が52.9％，61.2％と大きい．これに対してUターンとIターンとその他は，広島市除く広島県・中国地方の割合が26.7％，37.4％，28.4％と小さい．

(45) 知見(43)から，UターンとIターンとその他は広島市や関西・関東からの流入が多い．つまり，UターンとIターンとその他は「大都市流入層」と規定できる．これに対して知見(44)から，仕事転入，婚入は広島市を除く広島県・中国地方からの流入が多い．つまり，仕事転入，婚入は「地元流入層」と規定できる．これに加えて，「土着層」がいるのはすでに確認した（知見(1)など）．したがって，過疎地域の定住人口は「大都市流入層」「地元流入層」「土着層」の3つの人口層から構成されている．

(46) ただし，「大都市流入層」（Uターン，Iターン，その他）といえども，関西・関東からの流入は12.5～28.6％にとどまり，地元大都市の広島市からの流入が50％程度（42.9～51.2％）と大きい（知見(43)）．したがって，「大都市流入層」といえども，「地元流入層」「土着層」と同じく，ローカルな性格がかなり強い．つまり，過疎地域（北広島町）の人口は一部，都市的な要素をもつが，大枠，ローカルに供給されている．

3−7．定住経歴別定住意向，定住理由

定住意向を調べるために，「あなたは，これからも北広島町に住み続けたいと思われますか」と尋ねてみた．その結果が，表6-15である．ここから以下の知見を得る．

(47) 「ずっと住み続けたい」が63.6％を占め，これに「当分の間は住み続けたい」（20.9％），「転出することがあっても，帰ってきたい」（2.9％）を加えると87.4％に達する．この3つの合計を定住意向の割合とみると，ほと

表 6-15　定住経歴別定住意向（北広島町 20〜59 歳）

	ずっと住み続けたい	当分の間は住み続けたい	転出することがあっても，帰ってきたい	転出したい（帰るつもりはない）	転出を考えざるを得ない	わからない	合計
土着	77.5	10.0	5.0	0.0	2.5	5.0	100％（80 人）
Uターン	66.4	17.6	3.2	1.6	0.8	10.4	100％（125 人）
Jターン	50.0	0.0	0.0	0.0	50.0	0.0	100％　（2 人）
仕事転入	25.7	40.0	0.0	2.9	8.6	22.9	100％　（35 人）
婚入	68.3	21.8	2.0	3.0	0.0	5.0	100％（101 人）
Iターン	62.5	25.0	6.2	6.2	0.0	0.0	100％　（16 人）
その他	26.7	53.3	0.0	0.0	6.7	13.3	100％　（15 人）
全体	63.6	20.9	2.9	1.9	2.1	8.6	100％（374 人）

んど（87.4％）の住民が定住意向を持つといえる.

⑷8)　一方，「転出を考えざるを得ない」は 2.1％，「転出したい（帰るつもりはない）」は 1.9％となっている. この 2 つの合計を転出意向の割合とみると，ごく少数（4.0％）の住民のみが転出意向を持つことになる. しかも，「転出したい」という積極的転出意向は 1.9％とごくわずかである. 知見⑷7)，⑷8)から，地域住民のほとんどが定住意向を持つことはまず確認しておいてよいだろう.

⑷9)　ただし，「ずっと住み続けたい」という「明確な定住意向」の割合を定住経歴別に比較すると，土着（77.5％），婚入（68.3％），Uターン（66.4％），Iターン（62.5％），その他（26.7％），仕事転入（25.7％）となる. つまり，「明確な定住意向」は土着，婚入，Uターン，Iターンに顕著にみられ，その他，仕事転入にはあまりみられない. いいかえれば，土着，婚入，Uターン，Iターンが地域を担う中核的人口といえる.

　定住意向あり（「ずっと住み続けたい」「当分の間は住み続けたい」「転出することがあっても，帰ってきたい」）の回答者に「住み続ける最大の理由は何ですか」と定住理由を尋ねたが，その結果が表 6-16 である. ここから以下の知見を得る.

第 6 章 過疎地域における中若年層の定住経歴と生活構造類型 129

表 6-16 定住経歴別「住み続ける最大の理由」（北広島町 20〜59 歳）

区 分	土着	Uターン	仕事転入	婚入	Iターン	その他	北広島町
地域への愛着がある，先祖代々住んできた土地だから	35.7	12.1	0.0	5.4	0.0	0.0	13.5
自宅や土地（宅地・農地・山林）がある	40.0	40.2	26.1	58.7	26.7	16.7	42.9
後継者（農業・商工業など）だから	2.9	15.0	4.3	6.5	0.0	0.0	7.8
北広島町に親や子がおり，気にかかる，親しい人がいる	8.6	8.4	4.3	9.8	0.0	33.3	9.1
地域や集落がしっかりしている，近所づきあいがしやすい	0.0	0.9	0.0	1.1	0.0	0.0	0.6
住宅や周辺の環境がよい	0.0	0.0	4.3	1.1	6.7	0.0	0.9
自然環境がよい	1.4	2.8	8.7	2.2	33.3	16.7	4.7
買い物や通勤・通学，通院などが便利	0.0	2.8	4.3	0.0	13.3	0.0	1.9
道路や交通の便がよい	0.0	0.9	4.3	0.0	0.0	0.0	0.6
仕事や商売上の都合，就業の場がある	5.7	5.6	34.8	4.3	6.7	8.3	7.5
他に行く所がない，仕方ない	4.3	10.3	8.7	8.7	6.7	0.0	7.8
その他	1.4	0.9	0.0	2.2	6.7	25.0	2.5
全体	100% 70 人	100% 107 人	100% 23 人	100% 92 人	100% 15 人	100% 12 人	100% 319 人

⑸⁰ 北広島町全体では，住み続ける「最大の」理由は，「自宅や土地がある」42.9％が突出する．ついで，「地域への愛着，先祖代々住んできた土地だから」13.5％がやや多い．「自宅と土地」と「地域愛着，先祖代々」が定住の二大理由である．

⑸¹ ついで 3 番目以降に「北広島町に親や子がおり，気にかかる，親しい人がいる（家族・社会関係）」9.1％，「後継者だから（後継者）」7.8％，「他に行く所がない，仕方ない」7.8％，「仕事や商売上の都合，就業の場がある（仕事都合）」7.5％がそれぞれ 1 割弱を占める．

⑸² 知見⑸⁰, ⑸¹が全体の傾向だが，定住経歴別の定住理由の違いもかなり大きい．特徴的なのは表 6-16 の網かけ部分である．これによって，どの定住理由がどの定住経歴に多いのかがわかる．それは以下のようである．

⑸³ 土着は「地域愛着，先祖代々」35.7％が多い．つまり，「先祖代々住み，好きだから」地域に住んでいるのであり，伝統的，感情的な性格がやや強

い.

⒁　Uターンは「後継者」15.0％，「地域愛着，先祖代々」12.1％，「他にい
く所がない」10.3％がやや多い．土着と同じく，「先祖代々住み，好きだ
から」地域に住んでいるのだが，後継者としての規範性（ないし義務性）
や運命性の性格がやや強い.

⒂　仕事転入は「仕事の都合」34.8％が多い．目的合理的，手段的な性格が
強い.

⒃　婚入は「自宅や土地がある」58.7％がやや多い．ここでは２番目の理由
に「家族・社会関係」9.8％があがってくるのもやや特色である．他の定
住経歴では「家族・社会関係」は３番目以下になるからである．婚入のほ
とんどは女性だが（知見⑻），家族的な性格がやや強いのであろう.

⒄　Iターンは「自然環境がよい」33.3％が突出する．また，「周辺環境が
よい」も6.7％と少なくない．これらは他の定住経歴にはみられない，大
きな特色である．Iターン層は「自然」や「田園」的な生活を求める人々
（ナチュラリスト）なのであろう．この点は知見㉖と一致する.

⒅　その他は「家族・社会関係」33.3％，「その他」25.0％が多いが，定住の
性格を描くのは困難である.

4．むすびにかえて―過疎地域生活構造類型の試み―

さて得られた知見から過疎地域の中若年（20～59歳）人口の類型を示して
まとめとしたい．過疎地域には，土着，婚入，Uターン，Iターン，仕事転入，
その他の人々がいる．これらの人々は，地域移動性の大小（土着―流動）の軸
と，自然（田園）性の大小の軸で整理できる（図6-2）．それぞれの特徴を要約
すれば，以下のようである（表6-17）.

　土着………地域の中若年人口の約20％．地域移動は小．自然（田園）志向は，
　　　　　　中間的である．Iターンほどに自然（田園）志向は強くないが，仕

第6章　過疎地域における中若年層の定住経歴と生活構造類型

図6-2　過疎地域中若年（20〜59歳）人口の生活構造類型

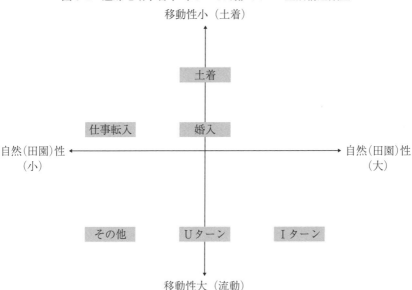

事転入のように非農林業化した生活でもない．「明確な定住意向」を持ち，「先祖代々住み，地域が好きだから」住み続けたいと思っている．家族規模はやや大きく，直系家族が比較的多い．

婚入………地域の中若年人口の30％弱を占める．ほとんど（9割）が女性．地域移動は中間的である．県内・中国地方からのローカルな流入が多い．自然（田園）志向は，中間的である．Iターンほどに自然（田園）志向は強くないが，仕事転入のように非農林業化した生活でもない．「明確な定住意向」を持ち，「家や土地」「家族や気にかかる人」があるから住み続けたいと思っている．家族規模はやや大きく，直系家族が比較的多い．

Uターン…地域の中若年人口の30％強で最大の人口層．地域移動は大．大都市（関西・関東，広島市）からの流入が相対的には多い．とはいえ，移動の基調はローカル．自然（田園）志向は，中間的である．

表 6-17　定住経歴別生活構造の特徴（北広島町 20 ～ 59 歳）

	人口割合	地域移動	田園回帰	明確な定住意向	特徴的な定住理由	家族	その他の特色	正常・異常
土着	約20%	小	中間的	持つ者多い	地域愛着・先祖代々	大・直系家族多い	—	正常
Uターン	30%強	大・都市的	中間的	持つ者多い	後継者・地域愛着	大・直系家族多い	—	正常
仕事転入	約10%	中間的・ローカル	極小	持つ者少ない	仕事や商売上の都合	小・独居多い	やや若い	正常
婚入	30%弱	中間的・ローカル	中間的	持つ者多い	土地・自宅・家族	大・直系家族多い	女性が多い	正常
Ｉターン	約5%	大・都市的	大	持つ者多い	自然環境・周辺環境	小・夫婦家族多い	転入やや遅い	正常
その他	5%弱	大・都市的	極小	持つ者少ない	家族・社会関係，その他	中・独居やや多い	無職が多い，40代50代の転入が多い	やや異常

（注）正常・異常は鈴木栄太郎（1969）の意味で用いる．もちろん，価値判断を含む用語ではない．

　　　　Ｉターンほどに自然（田園）志向は強くないが，仕事転入のように非農林業化した生活でもない．「明確な定住意向」を持ち，「後継者であり」また，「地域が好きだから」住み続けたいと思っている．家族規模はやや大きく，直系家族が比較的多い．

　　Ｉターン…地域の中若年人口の約5％．地域移動は大．大都市（関西・関東，広島市）からの流入が相対的には多い．とはいえ，移動の基調はローカル．転入の時期がやや遅く，熟慮による移動と思われる．自然（田園）志向は大．「明確な定住意向」を持ち，「自然環境」や「周辺の環境」がいいから住み続けたいと思っている．家族規模はやや小さく，夫婦家族がほとんど．

　　仕事転入…地域の中若年人口の約10％．地域移動は中間的である．県内・中国地方からのローカルな流入が多い．自然（田園）志向は極小で，非農林業化した生活．「明確な定住意向」を持つ者は少なく，「仕事

や商売上の都合」が住み続ける理由である．家族規模はやや小さく，
独居が多い．年齢がやや若い．

「その他」…地域の中若年人口の5％弱．地域移動は大．関西・関東からの
流入が多い．とはいえ，移動の基調はローカル．転入はやや遅く，
40代，50代の転入も多い．自然（田園）志向は極小で，非農林業
化した生活．無職が多い．「明確な定住意向」を持つ者は少なく，
独居もやや多い．異常生活（鈴木 1969）の性格がやや強い人口層
といえる．

注）
1）数多くの文献があり，ここにすべてを網羅することはできない．ここでの例
示はゆるやかに，九州・中国地方の過疎研究を念頭においている．
2）アクティブ・エイジングや生涯現役の文献は多数にのぼるが，アクティブ・
エイジングはWHO（2007），生涯現役は生涯現役社会づくり学会ホームページ
（http://www.sgsd-gakkai.jp/）などを参照．アクティブ・エイジングは，世界
保健機関（WHO）が1990年代後期に採用した用語であるが，以下のように定
義される．「有意義に歳をとるには，長くなった人生において健康で，社会に参
加し，安全に生活する最適な機会が常になければならない．世界保健機関はこ
のヴィジョンを実現するプロセスを「アクティブ・エイジング」という用語で
呼ぶことにしている．アクティブ・エイジングとは，人々が歳を重ねても生活
の質が向上するように，健康，参加，安全の機会を最適化するプロセスである
（WHO 2007：15）」．
3）向老という用語は小川（1980）による．
4）土着と流動は鈴木広（1993）の概念である．本書4章4節の定義を参照され
たい．
5）戦後生まれにUターンが多いのは図6-1参照．
6）鈴木栄太郎は人の一生を幼児期，就学期，職業期，老衰期と分け，幼児期と
老衰期を異常，就学期と職業期を正常の範疇に入れる．そして，正常生活（人
口）の典型は職業期にあるとし，「それは食うために働いている生活である．そ
こに，人生のもっとも赤裸々な姿がある．そこにこそ社会生活の基本的な構造
の原則も潜んでいる」と考える（鈴木 1969：173）．過疎地域の都市化は大き
く進行しており（山本 1998），鈴木の都市社会学の基本枠組み（＝正常生活
（人口）論）が比較的うまく使えるように思う．

参考文献

秋葉節，2010，「山村住民の生活と意識—広島県三次市作木町の事例」広島大学大学院総合科学研究科『環境科学研究』5：1-28.

秋葉節・石阪督規・桐村拓治，1998，「山村における家族と地域生活—広島県双三郡作木村の事例」広島大学総合科学部『社会文化研究』24：137-195.

鯵坂学，2009，『都市移住者の社会学的研究—『都市同郷団体の研究』増補改題』法律文化社.

石阪督規，2002，「瀬戸内過疎地域の高齢者生活と他出家族—広島県過疎山村の調査事例より」『人文論叢（三重大学）』19：31-44.

小川全夫，1980，「向老期」九州大学社会学会『社会学研究年報』10・11合併号：171-177.

小川全夫，1996，『地域の高齢化と福祉—高齢者のコミュニティ状況』恒星社厚生閣.

奥田憲昭，2009，「過疎地域高齢者の生活構造と生活課題—大分県日田市旧5町村の福祉コミュニティ形成に向けて—」『大分大学経済論集』114：37-68.

叶堂隆三，2004，『五島列島の高齢者と地域社会の戦略』九州大学出版会.

木下謙治，2003，「高齢者と家族—九州と山口の調査から—」『西日本社会学会年報』創刊号：3-13.

熊本大学地域社会問題研究会（徳野貞雄代表）・山都町，2006-2008，『山都町地域社会調査』.

黒田俊夫，1970，「労働力の人口のUターン現象」佐藤毅・鈴木広・布施鉄治・細谷昂編『社会学を学ぶ』有斐閣：167-168.

鈴木栄太郎，1969，『都市社会学原理（鈴木栄太郎著作集第Ⅵ巻）』未来社.

鈴木広，1993，「土着型社会／流動型社会」森岡清美・塩原勉・本間康平編『新社会学事典』有斐閣：1105.

染谷淑子，1997，『過疎地域の高齢者—鹿児島県下の実態と展望』学文社.

高野和良，2008，「地域の高齢化と福祉」堤マサエ・徳野貞雄・山本努編『地方からの社会学』学文社：118-139.

高野和良，2011，「過疎高齢社会における地域集団の現状と課題」『福祉社会学研究』8：12-24.

谷富夫，1989，『過剰都市化社会の移動世代—沖縄生活史研究』渓水社.

大道安次郎，1966，『老人社会学の構想』ミネルヴァ書房.

WHO（World Health Organization），2004，*Active Ageing: Policy Framework.*（日本生活協同組合連合会医療部会訳，2007，『いきいき高齢期　WHO「アクティブ・エイジング」の提唱』萌文社）.

辻正二，2000，『高齢者ラベリングの社会学—老人差別の調査研究』恒星社厚生閣.

徳野貞雄，2011，『生活農業論—現代日本のヒトと「食と農」』学文社.

福武直，1976，『日本の農村社会（福武直著作集第4巻）』東京大学出版会.

森岡清美・望月嵩，2002，『新しい家族社会学（四訂版）』培風館.

山本努，1996，『現代過疎問題の研究』恒星社厚生閣.

山本努，1998，「過疎農山村研究の新しい課題と生活構造分析」山本努・徳野貞雄・加来和典・高野和良『現代農山村の社会分析』学文社：2-28.

（付記）本章は科学研究費補助金（課題番号19530458　代表者・山本努　2007〜2010年度，課題番号23530676　代表者・山本努　2011〜2014年度）による.

第3部
対応，基底，方法

第7章 集落過疎化と山村環境再生の試み
―「棚田オーナー」制度を事例に，社会的排除論との接点を探りつつ―

1. はじめに

　本章は，山口県Ｔ町Ｍ地区（2005 年 10 月，合併により，山口市Ｔ町）の集落
過疎化，および，それへの住民の主体的対応（＝山村環境再生の試み）の一つ
である「棚田オーナー」制度の現状を報告する．Ｔ町は人口 7,683 人（2005 年
度国勢調査），高齢化率 38.4%（2006 年 6 月 30 日，住民基本台帳）の過疎の町で
ある．山口県の中央部に位置し，総面積の 89% が山林で占められる．東大寺
再建用材を求めて，1186 年俊乗房重源上人が当地に入っており，この山村の
歴史は古い（山本　2006）．

　「棚田オーナー」制度は，1992 年高知県檮原町で初めて試みられたが（朝日
新聞 2006 年 7 月 12 日西部本社夕刊「ニッポン人脈記―百姓のまなざし③」），今で
は全国 75 カ所（ただし，うち 7 カ所は現在中止）で活動が試みられており，
各地に広がっている（土地改良事業体連合会　2006）．

　「棚田オーナー」制度については，農村計画学，建築学，家政学，地理学な
どの分野で多少の研究がみられるが，社会学による研究（徳野　2005；山村
2003）はまだ少ない．なお，「棚田オーナー」制度という言葉は国内では定着
しているが，英語母語者によれば，ライステラス・パートナーシップ・プログ
ラムぐらいが適切な英訳らしい（真島・吉田・あん・千賀　2002）．それぞれの
先行研究は，よって立つ discipline は異なるが，おおよそ次のような問題意識

を共有している，と思われる．

　すなわち，(1)過疎地域や中山間地域では，過疎・高齢化の進展に伴い，地域住民の力のみでは，農地を維持し，地域の維持・活性化を図ることが困難になってきている．(2)そこで，都市（地域外）住民の協力を求めて，農地を維持し，地域活性化を図ろうとの試みが現れてきた．「棚田オーナー」制度もその一つである．(3)ただし，「棚田オーナー」制度はある程度普及し，順調に進められているようにもみえるが，実際には種々の課題や困難を抱えている．

　柳沢（2002）の「棚田オーナー」制度全国調査からの指摘にもあるように，「成功事例として紹介されているいくつかの事例を除けば，必ずしも事業が順風満帆に進行しているものだけではないことは事実」なのである．本章の問題意識もこれら先行研究（たとえば，前田・西村2001a；2001b；2002）と同じである．

2．「棚田オーナー」制度

　「棚田オーナー」制度とは，都市住民等の参加により棚田を守っていく仕組みである．具体的には，(1)地域の非農家や地域外住民にオーナーになってもらい，(2)棚田で一定区画の水田を割当て，(3)それに対して，会費を徴収し，(4)収穫物等をオーナーに手渡すという手法を取っている（土地改良事業体連合会2006）．

　本章で報告するM地区の「棚田オーナー」制度の場合，6人の地権者（農家）が2002年より「Mいしがき棚田会」を結成して，31組のオーナーに田を貸し付けている（2006年時点）．オーナー田は1区画の面積が100㎡（約30坪＝1a）～200㎡で，料金は年間32,000円（100㎡）～54,000円（200㎡）である．

　オーナーは田植え，草刈り，稲刈り，籾摺りなどの作業を「Mいしがき棚田会」の農家とともに行う．苗の準備，水管理，施肥等は「Mいしがき棚田会」の農家が行う．オーナー田は，最低限の農薬（除草剤1回，病害虫防除1～2回）を使い，完全無農薬ではない．

オーナーは収穫した米をすべて持ち帰ることができる（万一，台風等で収穫がなかった場合でも，100㎡あたり30kgの米は保証されている）．この集落では，1反あたり6〜8俵の収穫が普通なので，100㎡で50kg弱の収穫が見込める．加えて，オーナーにはT町産野菜詰め合わせ（年2回）やT町およびJA防府の広報誌（年1回）が送られ，そば打ちや輪飾り作りなどのイベントに参加できるなどの特典がある．

　「Mいしがき棚田会」の年間活動スケジュールを示せば，大枠，以下のようである．オーナー決定（3月），オーナーへの現地説明会（4月），田植え（終了後，交流会，5月），ホタル祭り（6月），草取り・そばの種まき・かかしコンテスト（8月），稲刈り（9月），籾摺り（終了後，収穫感謝祭，10月），しめ縄づくり・そば手打ち体験（12月）．

　なお，「棚田オーナー」制度全国調査によれば，オーナー組数は平均33.2組，オーナー田の面積は100㎡が半数以上，行事は「田植え」「稲刈り」が中心だが，「田の草取り」「脱穀」などが含まれていることもある．また，行事が稲作体験のみに偏らないように，ホタルがり，夏祭り，キノコ採り等のレクリエーションを含む場合が多い（柳沢　2002）．「Mいしがき棚田会」の活動は，この全国調査とほぼ対応する内容をもつ．

3．集落過疎化

　T町の人口は16,770人（1960年）から7,683人（2005年）と，この45年間で50％以上の減少を示す（国勢調査）．しかしこのような減少は町全体の平均の数字であり，M地区を取り上げると，過疎の進行はさらにきびしい．表7-1に示すように，人口は1,106人（1960年）から295人（2000年）とかつての4分の1程度に落ち込んでいる．また急激な人口減少に起因して，小世帯化も顕著であり，1世帯あたり人員は4.7人（1960年）から2.3人（2000年）と半減している．

第 7 章　集落過疎化と山村環境再生の試み　141

表 7-1　M地区の世帯数と人口の推移

年代	世帯数	人口	人／世帯数
1960 年	233	1,106	4.7
1970	182	680	3.7
1980	167	537	3.2
1990	139	391	2.8
2000	128	295	2.3

（出典）国勢調査（町役場提供）

　このような状況に対応して，M地区内のA集落の世帯構成と水田の有無・耕作状況（2005 年 8 月調査）を示せば以下のようである（ただし，調査不能が 1 戸あり，それを含まず）．

　　独居（5 世帯）……81 歳女性，80 歳女性（田所有・当人が耕作），83 歳男
　　　　性（田所有，貸している，当人は農業はやめている），77 歳男性，72 歳
　　　　男性（田所有・当人が耕作）
　　夫婦のみ（5 世帯）……夫 79 歳・妻 73 歳（田所有・夫婦で耕作），夫 71 歳・
　　　　妻 60 歳，夫 67 歳・妻 70 歳，夫 69 歳・妻 61 歳，夫・妻（高齢だが年
　　　　齢不明）
　　親子 2 人（1 世帯）……父 78 歳・娘 47 歳（田所有・父が耕作）
　　夫婦と老親（1 世帯）……夫 72 歳・妻 68 歳・親 96 歳
　　夫婦と子（1 世帯）……夫 58 歳・妻 56 歳・長女 23 歳
　　2 地域居住・独居（1 世帯）……62 歳男性，東京から退職後郷里のA集落
　　　　にUターン．妻は近隣の市（妻の出身地）に居住のため，2 地域を行き
　　　　来して生活．
　（以上の世帯には「Mいしがき棚田会」メンバーの 2 世帯（後掲の農家 2，農
家 4）は含まない）

　このような高齢・小世帯化した家族構成に起因して，A集落の耕作放棄地は，

1975年，1985年とゼロであったが，1990年36 a，2000年52 aと1990年を境に増大した（農林業センサス）．1990年頃から耕作放棄地の増大は全国的にもみられ，1990年から2005年の間で倍増し，2005年時点でほぼ埼玉県の面積に匹敵する36万6,000haに広がり，さらに増加している（農林水産省統計部2007）．耕作放棄地とは，「以前耕作したことがあるが，調査日前1年以上作物を栽培せず，しかも，この数年の間に再び耕作するはっきりした意志のない土地」（農林業センサス）である．「Mいしがき棚田会」はこのような状況に対応すべく，2001年に「棚田オーナー」制度の立ち上げについて，役場経済課およびT町農業公社から打診を受けて準備を進め，2002年3月活動を開始した．

4．棚田オーナー制度を担う人々(1)
―「Mいしがき棚田会」農家―

「棚田オーナー」制度はM地区内の隣接するA集落，B集落で実施されている．「Mいしがき棚田会」は両集落の6戸の兼業農家（下記の農家1から農家6）によって構成されている．6戸の世帯構成を示せば，以下のようである（2006年現在）．

　農家1……四世代世帯，9人家族．母78歳・夫56歳（農業を主に担う）・
　　　妻55歳・長男30歳・長男の妻30歳・長女29歳・長女の夫29歳・長
　　　男の子6歳と3歳．
　農家2……三世代世帯，4人家族．母82歳・夫59歳（農業を主に担う）・
　　　妻57歳・次男27歳．
　農家3……夫婦と子世帯，5人家族．夫64歳（農業を主に担う）・妻59歳・
　　　長女35歳・次女31歳・次男23歳．
　農家4……夫婦世帯，2人家族．夫75歳（農業を主に担う）・妻64歳．自
　　　営業を営む．町内別居の既婚の次男36歳（農業を主に担う）と共同で

仕事を行う.

農家5……夫婦世帯, 2人家族. 夫73歳（農業を主に担う）・妻63歳.

農家6……親子世帯, 2人家族. 母75歳・長男54歳（農業を主に担う）.

ここに示された世帯状況から, つぎのことがいえる.

(1)　A集落の世帯構成（前節参照）に較べて,「Mいしがき棚田会」の農家は明らかに家族規模が大きい. 平均世帯規模は, A集落（「Mいしがき棚田会」農家2世帯を除く, 14世帯平均）1.7人, A集落の田所有世帯（5世帯平均）1.4人,「Mいしがき棚田会」農家4.0人となる.

(2)　農業の担い手の年齢を較べると, A集落の田耕作者（前節参照）に較べて,「Mいしがき棚田会」の「農業の主な担い手」は明らかに若い. 平均年齢は, A集落の田耕作者76.4歳,「Mいしがき棚田会」農家の「主な担い手」63.5歳（農家4の別居次男を入れれば59.6歳）.

(3)　加えて, 細かいデータは省略するが, 1戸あたり水田耕作面積を較べると, A集落の田耕作世帯に較べて,「Mいしがき棚田会」農家の規模（面積）が大きい. 1世帯平均の水田耕作面積はA集落田耕作世帯30 a,「Mいしがき棚田会」農家72 aである（2005年聞取り調査による）.

「棚田オーナー」制度は過疎・高齢・極小世帯化した集落の中で, 相対的に家族労働力に恵まれ, 年齢的に幾分若い, またそれ故に, やや広い農地を耕作できる農家層によって担われているのである. このような知見は, 九州の棚田集落でもほぼ同様の指摘がなされている. すなわち, 棚田（や農地）の維持は, （特に農家4に端的だが別居子も含めての）家族構成や地域互助という社会学的問題が大きく関与するのである（徳野　2005：106）.

5. 棚田オーナー制度を担う人々(2)
—棚田オーナー（都市住民）—

　「Mいしがき棚田会」の棚田オーナーの属性をみると，(1)県内市部居住者が
ほぼ全員であり，(2)ホワイトカラー層，(3)同居家族で参加が中心で，(4)代表者
（ないしそれに準ずる方）の年齢は60代がもっとも多く，ついで50代，とい
ったところである（表7-2）．このような属性は，全国の棚田オーナーと共通の

表7-2　棚田オーナーの属性（2005年度オーナー）

NO	年齢，性別	住所	職業	参加形態
1	30代 M	山口市	専門職（教員，医師など）	同居家族
2	50代 M	宇部市	管理職	同居家族
3	40代 M	宇部市	自営の商工業	別居家族の子や孫など
4	60代 M	防府市	管理職	同居家族
5	50代 F	小郡町	主婦	友人知人
6	50代 M	徳山市	作業系の勤人	同居家族
7	60代 M	宇部市	無職	同居家族
8	60代 M	防府市	管理職	同居家族
9	50代 F	防府市	専門職（教員，医師など）	同居家族
10	60代 M	山口市	専門職（教員，医師など）	同居家族
11	40代 M	防府市	専門職（教員，医師など）	同居家族
12	50代 F	防府市	作業系の勤人	友人知人
13	60代 ？	下関市	管理職	別居家族の子や孫など
14	50代 M	小郡町	自営の商工業	友人知人
15	30代 F	防府市	主婦	同居家族
16	60代 F	宇部市	主婦	別居家族，子や孫など
17	40代 M	下松市	作業系の勤人	同居家族
18	60代 M	防府市	その他	同居家族，別居の子や孫など
19	60代 M	岩国市	専門職（教員，医師など）	同居家族，別居の子や孫など
20	40代 M	宇部市	事務系の勤人	同居家族
21	60代 M	防府市	管理職	同居家族
22	30代 F	山陽小野田市	主婦	同居家族
23	40代 M	山口市	専門職（教員，医師など）	同居家族
24	30代 M	防府市	？	同居家族
25	50代 F	下関市	専門職（教員，医師など）	同居家族，別居の子や孫，友人知人
26	40代 F	防府市	専門職（教員，医師など）	同居家族，別居の祖父母

（注）調査実施は2005年9月．図7-1も同じ．

部分が多い．ただし，県内居住者がオーナーの100％を占めるのは，やや特色といえるかもしれない．県外の大都市圏からのオーナーによって成り立っている事業も少なくないからである（注：山陰から九州にかけての事業では，県内居住者のオーナーが多く，新潟県や山形県の事業では，関東地方居住者のオーナーが多い（柳沢　2002））．オーナー制度発祥の地である高知県檮原町でもオーナーの50％は県外居住者である．奈良県明日香村や兵庫県大屋町の事業では地元県と隣接県でほぼ100％を占める（前田・西村　2002）．福岡県浮羽町，兵庫県加美町の事業では県内居住者がほとんどである（中島　2000））．

　柳沢（2002）は前述の全国調査から，「計画通りにオーナー登録が進行していない事業も少なくない」と指摘するが，「Mいしがき棚田会」に関しては，オーナー募集は比較的順調に進んでいる．2006年のオーナー31組の内訳は以下のようであるが，リピーターがほとんどである．

　6組…「Mいしがき棚田会」発足から継続（5年連続），3組…4年目，3組…3年目，13組…2年目，6組…1年目

　なお，1年目のグループ6組は以前の抽選もれの中から参加希望のグループに打診して，意欲ある方に参加してもらっている．棚田オーナーにリピーターが多いのは，前田・西村（2001a）の奈良県明日香村の事例でも指摘されている．

6．棚田オーナー制度の意義と困難

　「棚田オーナー」制度は勿論，意義深い活動である．2005年度参加の33組のオーナー代表者に同年9月郵送悉皆調査（回収率79％）を行ったが，「棚田オーナー制度に参加されてどうでしたか？」との質問にも，全員から「良かった」との答えが返ってきた（①大変良かった　21人　②良かった　5人）．また図7-1はオーナーが感じている意義の一端を示している．指摘された意義は様々だが，「M地区の人々とのふれあい」や「農作業や収穫の喜びの体験」が「特に良かった」点として多く示されている．

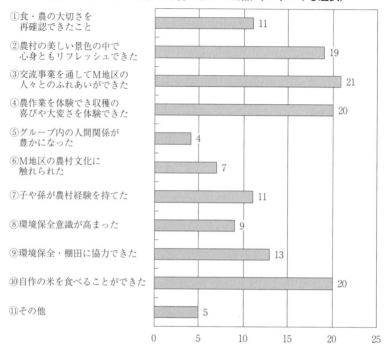
図7-1 オーナーになって特によかった点 (いくつでも選択)

 また「Mいしがき棚田会」農家からの聞取り調査でも,オーナー制度によって,「皆がやる気が出てきた」「理解者があるのは勇気とやる気がわく」「今まで気づかなかった地域の良さを再確認できた」という声を多く聞いた.

 しかし,ここでやはり指摘しておかねばならないのは,「Mいしがき棚田会」農家の多くの方から地元農業への明るい展望が語られなかったことである.「高齢化により崩壊する」「難しい.自分たちが若い方である」「耕作面積が半分以下になる.今年もすでに病気で耕作放棄があった」などの言葉がそれである.

 「棚田オーナー」制度は有効な過疎農山村対策が見いだせない中,非常に意味ある活動である.都市住民が自然環境や景観などを見直し,家族や地域とのつながりを深めるきっかけになり,また農山村住民には地域(地元)の良さを再確認する契機になるからである.これらの意義は充分,強調すべきである.

しかし，それによっても過疎農山村の現状に明確な展望を切り開くに至っていない．ここに現代農山村と「棚田オーナー」制度の大きな困難がある[1]．

7．都市農山村交流への期待と現実

「棚田オーナー」制度も含めて都市農山村交流は，今日の過疎農山村対策で期待の大きい施策である．農水省ではこの施策を「都市と農村の共生・対流の促進」とよび，農村活性化策の中核（の一つ）にすえている．「都市と農村の共生・対流」とはややわかりにくい言葉だが，その中心は，「農産物を通じた楽しみ」「農作業を楽しむ」「農業体験を通じて学ぶ」「農作業を応援する」「農業技術を学ぶ」などの活動をとおして，都市住民が農村に一時滞在（日帰り，短期，長期）することである（農林水産省　2007）．

都市農山村交流への期待は農山村住民の間でも大きい．われわれが実施した山村調査（2007年中津江村調査）によれば，「都市農山村交流が村の活性化につながる」と答えた住民は4分の3（74.7%）にもおよぶ（表7-3）．しかし同時に，「地域（中津江村）がこれから生活の場として良くなる」と答えた住民は7.0%にすぎず（後掲，表7-5，2007年調査），「子や孫が出て行くのももっともだ」と感じている住民は8割（81.9%）におよぶ（表7-3）．ここにみられるのは，「Mいしがき棚田会」農家からの聞取り調査からと同型の知見である．

表7-3　都市農村交流への期待，地域の将来展望（2007年中津江村調査）

	そう思う	まあそう思う	あまりそう思わない	そう思わない	合計
都市農山村交流は村の活性化につながる	30.1	44.6	19.6	5.6	100.0%（376人）
村から子や孫が出て行くのももっともだ	36.7	45.2	9.6	8.5	100.0%（381人）

（注）2007年中津江村調査は，大分県日田市中津江村（2005年3月合併）にて郵送調査（2007年10月30日から11月，選挙人名簿から20歳以上609人を無作為抽出，回収率67.3%）．

つまり，交流に期待し，また，そこからある程度，意義ある結果も得ているが，かといって，それで地域の展望が開けるとはやはりいえない．「棚田オーナー」制度によって耕作されている田は，A・B集落全体の田の6％にすぎない（A・B集落の田は7.4ha，オーナー田は44.7a）．同様の指摘は徳野（2007：112）にもあるが，「棚田オーナー」制度がカバーできる面積は決して大きくない．棚田は全国で22万haあり，そのうち4割程度が耕作されていない（NPO法人「棚田ネットワーク」の数字，朝日新聞2008年5月31日西部本社朝刊による）のが現状である．

8．社会的排除（包摂）研究と農山村問題研究の交差をめぐって

さて前節までにて，過疎農山村の社会的包摂の困難を山口県T町の「棚田オーナー」制度（都市農山村交流）の事例をもとに提示した．過疎農山村研究の課題は図7-2，図7-3のように整理できる（本書1章図1-3；5章図5-2；4章図

図7-2　過疎農山村研究の課題（その1）

	研究領域	具体的問題
①	生活問題論的研究	生活問題，社会福祉，社会計画など
②	「正常人口（生活）」論的研究	家族，職場，学校などの生活基盤
③	生活選択論的研究	定住選択，定住経歴，定住意識など

（出典）本書4章図4-1．用語は多少変えている．

図7-3　過疎農山村研究の課題（その2）

	研究領域	具体的問題
①	定住人口論的研究	「過疎地域で人々はいかに暮らして（残って）いるのか？」
②	流入人口論的研究	「過疎地域に人々は何故，入ってくるのか？」
③	流出人口論的研究	「過疎地域から人々は何故，出てゆくのか？」

（出典）本書1章図1-3，5章図5-2．用語は多少変えている．

第7章 集落過疎化と山村環境再生の試み 149

4-1)．これらの課題は社会的排除（包摂）研究と論理的には容易に結びつくだろう．しかし，それが意味あることか否かは，社会的排除論による農山村研究の今後の蓄積をふまえて，（期待をもちつつも）じっくりと判断すべきものと思う．

　たとえば，ギデンズ（2006：408）の有名な社会学テキストには，農村の社会的排除が取り上げられているが，農村が「排除された」条件不利な地域としてのみ描かれている．農村はギデンズのいうごとく，公共交通が不便で，商品やサービスや施設（たとえば，医師や郵便局や学校，図書館，行政事務など）を入手，利用するのが困難な，「排除された」地域ではあるだろう．さらには，権力や威信にも遠く，経済的チャンスにも恵まれないと付け加えてもいい．しかしだからといって，農山村が都市にくらべ，劣った地域とはわれわれは思わない（山本　2008；2003）．むしろ農村でこその優位な生活領域は確かにある（徳野　2007：134-136）．にもかかわらず，農山村が社会的排除研究に取り上げられることで，「排除される」農村としての負の側面のみが一方的にクローズアップされないか？　いささかの危惧の念を感じるのである．

　ただし，社会的排除の概念の利点は，「排除される」側にのみ着目するのでなく，「排除する」側に着目する点にある．社会的排除は「排除の主体を織り込んだ排除のプロセスを問題」にし，「社会そのものを問う」のである（岩田2008：48-52）．このように考える時，社会的排除（包摂）が農山村（問題）研究に有益な問題提起をもたらす可能性はある．

　たとえば，「平成の市町村合併」は近年のもっとも大きな地域変化の一つだが，本来は農山村包摂の政策的な試みでもあったはずである．しかし，包摂（合併）された過疎地域では「合併によって地域が厳しくなっている」と感じる住民が圧倒的に多い（表7-4）．また地域の将来展望は合併を挟んだ約10年（1996年調査から2007年調査で相当，暗くなっている（注：われわれの行った農山村調査によれば，「地域がこれからだんだん良くなる」と感じる住民が大きく減った（表7-5）．つまり，今回の「平成の大合併」は「域内の地域選別による新たな過疎（辻

表7-4　合併によって生活や地域がどうなったと思うか？（2007年中津江村調査）

良くなった	変わらない	厳しくなった	どちらとも言えない	合計
1.0	10.1	79.9	9.0	100.0% （398人）

（注）中津江村を含めて2町3村が2005年3月日田市と合併．

表7-5　中津江村は生活の場としてだんだん良くなると思うか？（将来展望）
（2007年，1996年中津江村調査）

	そう思う	まあそう思う	あまりそう思わない	そう思わない
2007年調査(%)	1.0	6.0	51.4	41.5
1996年調査(%)	2.8	15.9	54.7	26.6

（注）1996年中津江村調査は，村内55集落のうち27集落で留置法にて実施（1996年8月17日から10月，住民基本台帳登録の18歳以上681人を悉皆調査，回収率71.1%）．

2006：112)」を生み出しつつあるのかもしれない[2]）．これらの問題は，「福祉国家の隠されてきた『対処』の仕組みの限界を，主要な制度の限界とともに浮かび上がらせることを可能にする（岩田　2008：52)」という社会的排除論の課題と通底するもののように思われるのである．

9．むすびにかえて

　農林水産省の『食料・農業・農村白書（平成19年度)』によれば，1960年，1965年の食料自給率（カロリーベース）はそれぞれ79%，73%である．この当時，日本人は1日平均ごはん5杯を食べていた．この時期は米不足が解消して，日本人がもっとも多く米を食べていた（山下　2009：129）．これが2012年で食料自給率39%，1日ごはん3杯に落ち込んでいる（本書：図11-4：229）．ここにみられるのは，「飽食」化（食生活の多様化，豊富化）とグローバリズムの端的な表現だが，ここから米余り，農業・農村排除（疲弊）が帰結しているのはいうまでもない．グローバリズムの中枢，東京の食料自給率（2012年）は1%，合計特殊出生率は1.20（2014年）にすぎない．ともに全国最下位の数

第7章　集落過疎化と山村環境再生の試み　151

表7-6　食料自給率（2012年）と合計特殊出生率（2014年）

	カロリーベース（%）	合計特殊出生率		カロリーベース（%）	合計特殊出生率
全　国	39	1.42	三　重	43	1.51
北海道	200	1.28	滋　賀	50	1.58
青　森	118	1.43	京　都	12	1.28
岩　手	106	1.46	大　阪	2	1.35
宮　城	72	1.32	兵　庫	16	1.44
秋　田	177	1.36	奈　良	14	1.29
山　形	133	1.50	和歌山	29	1.57
福　島	73	1.60	鳥　取	63	1.65
茨　城	72	1.47	島　根	67	1.72
栃　木	72	1.50	岡　山	37	1.53
群　馬	34	1.50	広　島	24	1.60
埼　玉	11	1.35	山　口	32	1.57
千　葉	28	1.35	徳　島	44	1.49
東　京	1	1.20	香　川	36	1.61
神奈川	2	1.34	愛　媛	37	1.54
山　梨	19	1.48	高　知	47	1.47
長　野	53	1.60	福　岡	21	1.48
静　岡	18	1.56	佐　賀	94	1.65
新　潟	103	1.45	長　崎	44	1.69
富　山	74	1.51	熊　本	58	1.67
石　川	49	1.49	大　分	48	1.61
福　井	64	1.62	宮　崎	63	1.71
岐　阜	26	1.50	鹿児島	82	1.64
愛　知	13	1.53	沖　縄	29	1.88

（出典）都道府県別自給率は，「食料需給表」「作物統計」「生産農業所得統計」等を基に農林水産省で試算，合計特殊出生率は東北大学高齢経済社会研究センターによる推計，東北大学2015年6月24日プレスリリースより．

字である（表7-6）．「都市は人間の生産者というより消費者である（ワース1978）」といわれるが，東京はこの言葉にピッタリ適合する．

　東京のように農業・農村を排除しつくして，将来の日本社会が安定的に存続するとは思えない．かつてロストウ（1961：49：12）は「成長が社会の正常な

状態となる」「離陸（takeoff)」を語ったが，今日われわれは，「着陸＝着土（landing)」を課題にする時代に生きている．「着土」とは農学者祖田（1999)の造語だが，「自然のままの土着の生活を失ってしまった私たち（文明世界）が，自覚的に土につくこと」というほどの意味である．今日「過疎農山村の社会学」が期待されるのは，このような環境社会学的な理由による．とはいえ，社会的排除概念を用いた過疎農山村研究は，現時点の日本ではほぼ皆無に等しい．農山村問題における社会的排除論の有効性は，少なくとも日本社会においては，今後の経験的研究の中で考察される段階というべきなのであろう．

注）
1）「Mいしがき棚田会」の社会学的なモノグラフには道岡（2007）がある．さらに詳しい情報はそちらを参照願いたい．なお，M地区の棚田は2010年3月「やまぐちの棚田20選」に選ばれた．「やまぐちの棚田20選」は山口県庁ウェブサイトから閲覧できる．
2）平成の市町村合併が西日本の過疎山村地域にもたらした事態については，本書2章，山本・高野（2013）を参照願いたい．

参考文献
岩田正美，2008，『社会的排除』有斐閣．
ギデンズ，A.，松尾精文ほか訳，2006，『社会学（第4版)』而立書房．
祖田修，1999，『着土の時代』家の光協会．
辻正二，2006，「農山村―過疎化と高齢化の波―」山本努・辻正二・稲月正『現代の社会学的解読』学文社：97-128.
徳野貞雄，2005，『少子・高齢化時代の農山村における環境維持の担い手に関する研究』2001年度～2004年度科学研究費助成金基盤B2研究成果報告書．
徳野貞雄，2007，『農村の幸せ，都市の幸せ』ＮＨＫ出版．
土地改良事業体連合会，2006，「全国水土里ネット全国棚田オーナー制度一覧」http://www.inakajin.or.jp/tanada/tanada.html（2006年6月1日更新).
中島峰広，2000，「オーナー制度による棚田の保全」『日本の原風景・棚田』1：29-43.
農林水産省，2007，『食料・農業・農村白書（平成19年版)』財団法人農林統計協会．
農林水産省統計部，2007，『解説2005年農林業センサス』農林水産省大臣官房統

計部.

前田真子・西村一朗, 2001a, 「交流活動の生活環境認識への効果と課題」『日本家政学会誌』52 (5)：439-449.

前田真子・西村一朗, 2001b, 「都市住民・地域住民の都市・農村交流活動への意識」『農村計画学会誌』20 (3)：191-196.

前田真子・西村一朗, 2002, 「棚田管理事業における参加者の実態と都市住民・地域住民の生活環境に対する意識の変化」『日本建築学会計画系論文集』552：185-190.

真島俊一・吉田謙太郎・あん＝まくどなるど・千賀裕太郎, 2002, 「価値あるもの・棚田（棚田学会第三回シンポジウム）」『日本の原風景・棚田』3：4-37.

道岡尚生, 2007, 「過疎地域における棚田維持活動―中国地方のある山村調査から―」（県立広島大学大学院総合学術研究科経営情報学専攻, 2006年度修士論文）.

柳沢幸也, 2002, 「棚田オーナー制事業の全国展開―全国調査表結果より―」『日本の原風景・棚田』3：62-70.

山下惣一, 2009, 『惣一じいちゃんの知ってるかい？　農業のこと』家の光協会.

山村哲史, 2003, 「都市―農村関係の変容―京都府大江町の棚田交流」鳥越皓之企画編集『シリーズ環境社会学4　観光と環境の社会学』新曜社：31-52.

山本茂, 2006, 『桃源郷　徳地三谷　重源上人足跡の地』著者発行.

山本努, 2003, 「都市化社会」井上眞理子・佐々木嬉代三・田島博実・時井聡・山本努編『欲望社会（社会病理学講座第2巻）』学文社：139-154.

山本努, 2008, 「『地方からの社会学』の必要性」堤マサエ・徳野貞雄・山本努編『地方からの社会学』学文社：1-11.

山本努・高野和良, 2013, 「過疎の新しい段階と地域生活構造の変容―市町村合併前後の大分県中津江村調査から―」日本村落研究学会監修『年報村落社会研究』49：81-114.

ロストウ, W. W., 木村健康ほか訳, 1961, 『経済成長の諸段階』ダイヤモンド社.

ワース, L., 高橋勇悦訳, 1978, 「生活様式としてのアーバニズム」鈴木広編『都市化の社会学（増補）』誠信書房：127-147.

（付記）本章は科学研究費補助金（課題番号19530458　研究代表・山本努　2007〜2010年度）による．調査は道岡尚生氏（呉市海事歴史科学館大和ミュージアム学芸員）と共同で行った．感謝申し上げる．

第8章 E. Durkheim の自殺の
社会活動説
―社会の自然からの離脱（全般的都市化）をめぐって―

1．問題の所在

　本章では自殺という現象の持つ社会科学的性質を提示したい．この問題に接近するには，種々の視角が設定可能であるが，本章では，デュルケームが提起した「自殺と宇宙的要因」に関する理論（仮説命題）―本章ではこれを「自殺の社会活動説」とよぶことにする―からの接近を試みる．すなわち，自殺の季節別・曜日別・時刻別の動向をもとに，自殺と社会活動量（社会生活の活発さ）の関係を検討してみることが本章の課題となる．

　この問題はデュルケーム『自殺論』においては，自殺を社会現象と位置づける基礎的分析を提供する．したがってこの問題は，自殺を社会科学の対象と考える社会学的自殺研究にとっては，研究の基本方針を示唆する重要な課題である．また，「自殺の社会活動説」を検討することで，現代産業社会の基本趨勢である「社会の自然からの離脱化」の傾向をもあわせて提示できるものと考える．その意味で，本章は社会変動論の一課題も担う．

2．「自殺の社会活動説」とは

　そこで「自殺の社会活動説」とは何かといえば，本来は季節と自殺変動の関連から提起されたものである．季節と自殺変動に関しては，モルセリとデュル

第8章 E. Durkheim の自殺の社会活動説 155

ケームの以下の統計的観察が議論の実質的スタートとなった. すなわち, モル
セリによれば, 3, 4, 5月を春, 6, 7, 8月を夏, 9, 10, 11月を秋,
12, 1, 2月を冬として, ヨーロッパ18カ国の34の季節別自殺統計を観察す
ると, もっとも自殺の多かったのは, 夏が30回 (すなわち88%), 春が3回,
秋が1回であった (ただし, 秋が最高値を示す自殺統計は, ごく限られた条件
での観察のため「それは価値がない」とデュルケームによって批判されている).
そして自殺のもっとも少ない季節も規則正しく, 34回中の30回は冬で, あと
の4回は秋であったというのである (Morselli 1975:56-57；デュルケーム
1961:130-131).

ここからモルセリは,「ヨーロッパ全体の傾向から, (夏と春という) 二つの
温暖な季節により多くの自殺が起こっていると, われわれは認めざるを得ない」
(Morselli 1975:56) と結論づけるが, この原因をモルセリは気温の上昇が有
機体に撹乱作用を及ぼすことに求めている (Morselli 1975:61-72；デュルケー
ム 1961:132). しかし, この説明はデュルケームの指摘にもあるとおり, 説
得力を欠く.「もしも温度が, われわれの認めた増減の根本原因であるならば,
自殺は, 温度に比例して, 規則正しく増減しなければならないであろう. とこ
ろがそれは真実ではない. 春は秋よりもやや寒いにもかかわらず, 自殺は, 秋
よりも春にはるかに多い」(デュルケーム 1961:136) からである. デュルケー
ムによれば, 季節別の自殺数は一般的に,「夏→春→秋→冬」の方向で減少す
るのである (1961:132[1]).

では, このような季節別の自殺変化は, いかに説明できるのかといえば, デ
ュルケームによればつぎのようである.「自殺は, 1月から6月頃まで, 月々
規則正しく増加し, この時から1年の終わりまで, 規則正しく減少する」(1961:
137) が, それは昼間の長さに規定されているという. すなわち,「各月の自殺
の割合と, 各月の平均の昼間の長さとを比較するならば, こうして得られる2
組の数は, 正確に同様に増減している. …日が急に長くなると, 自殺も非常に
増加する (1月から4月). 一方の増加が緩やかになると, 他方の増加も緩や

かになる（4月から6月）．同じ対応は，減少の時期にもみられる．昼間の長さのほとんど変わらない異なった月も，自殺の数はほとんど同じである」（1961：137）．そして，日が長くなるということは，「社会生活」の時間が長くなるということを意味するとデュルケームは考える（1961：137）．

　かくて，本章で「自殺の社会活動説」とよんだ，デュルケームの命題が提出されることになる．つまりそれによれば，「自殺が1月から7月まで増加していくのは，暑さが有機体に撹乱作用を及ぼすからでなく，社会生活が激しくなるからである」（デュルケーム　1961：154）．したがって，自殺の季節変化は，『季節変化（昼間の長さの変化）→社会活動量の変化→自殺数の変化』という因果連鎖によって説明されることになる．

3．「自殺の社会活動説」の検討―季節と自殺の関係から―

3―1．季節別自殺数の従来の動向

　さて前節にて，「自殺の社会活動説」が確認された．しかし，従来の日本の自殺研究によれば，季節と自殺変動の関係は，完全にはデュルケームのいうように（＝夏→春→秋→冬とは）推移しない．すなわち，日本の自殺数の変動は微細な例外はあるものの，春→夏→秋→冬の方向で減少するのであり，自殺のもっとも多いのは春であり，夏ではない（表8-1）．とはいえ，従来の季節別自

表8-1　従来の季節別自殺数（人数）

年度・季節	春（3～5月）	夏（6～8月）	秋（9～11月）	冬（12～2月）
1955 年	6,364	6,217	5,093	4,958
1960 年	5,846	5,185	4,615	4,638
1965 年	4,100	3,766	3,400	3,275
1970 年	4,303	4,054	3,826	3,667

（出典）厚生省『自殺死亡統計』
（注）1　春・夏・秋・冬の月区分は，以下の表も同じ．
　　　2　季節別自殺数はすべて，各季節を同じ日数（92日）に調整した数字である．以下の表も同様．

第8章　E. Durkheim の自殺の社会活動説　157

表8-2　戦前の季節別自殺率（人口10万人あたり自殺者数）

年度・季節	春	夏	秋	冬
1935年	23.5	22.3	18.7	17.2
1936年	25.7	25.0	19.9	17.1
1937年	24.6	23.5	17.3	16.7
1938年	21.5	20.0	14.8	13.7
1939年	18.1	17.2	13.9	12.4
1940年	16.1	15.9	13.1	11.2
1941年	15.6	15.7	12.5	11.4

（出典）福島（1950）

殺の変動は，日本の春が社会生活のスタートをきる，すなわち社会活動量の多い季節と考えれば，おおむね，デュルケームの「自殺の社会活動説」が正しいことを示唆してきた．そして，このような季節別自殺数の変化は，戦前以来，確認されてきた（表8-2）[2]．

3—2.　季節別自殺数の新しい動向

それでは，近年の季節別自殺数の動向はどうであろうか．そこで1975，85，95年の季節別自殺数の変化をみたのが表8-3である．これによれば，1975年の自殺数は春（5,725）→夏（5,160）→秋（4,763）→冬（4,476）の方向で減少する．つまり1975年時点では，従来の季節別自殺変化の型が維持されている．本章ではこのような季節別自殺数の変化を，「季節別自殺数の基本パターン」とよぶ．

これに対して，1985年の自殺数では「季節別自殺数の基本パターン」がかなり崩れ，春（6,504）→秋（6,155）→冬（5,669）→夏（5,595）と減少する．春に自殺がもっとも多いのは従来どおりのパターンであるが，冬が第3位（最下位でない）というのは，いままでみられなかったパターンである．そこで本章では，このような季節別自殺数の変化を，「季節別自殺数の準崩壊パターン」とよぶ．

これがさらに1995年にいたると「準崩壊パターン」がさらに崩れて，春

158

表8-3　近年の季節別自殺数

年度・季節	春	夏	秋	冬	季節別自殺数の変動パターン
1975 年	5,725	5,160	4,763	4,476	基本パターン
1985 年	6,504	5,595	6,155	5,669	準崩壊パターン
1995 年	6,225	5,172	5,108	5,457	崩壊パターン

（出典）厚生省の人口動態統計より．目的外利用申請にて集計．今後，出典に記載のない集計表はこれと同じ．

（6,225）→冬（5,457）→夏（5,172）→秋（5,108）と減少し，春は依然として自殺数がもっとも多いものの，冬は第2位に上昇している．春の自殺数が最高であるのは従来どおりであるとはいえ，冬の自殺数が第2位にあるというパターンもまた，いままではなかったことである．そこでこのような季節別自殺数の変化を，「季節別自殺数の崩壊パターン」とよぶことにしたい．

　さてこれらから示唆されるのはつぎのような趨勢である．すなわち，近年にいたるほど季節別自殺数の変動パターンは，従来の「基本パターン（1935〜75年，春の自殺数が1位で冬は最下位）」から離脱し，「準崩壊パターン（＝1985年，春の自殺数が1位で冬は3位）」「崩壊パターン（＝1995年，春の自殺数が1位で冬は2位）」に順次，推移する．

　このことは，「自殺の社会活動説」を支持するものと考える．季節の社会活動量への規定力が，社会の近代化・産業化・都市化の進展とともに弱化するのは当然であるからである[3]．したがって，ここに示されるのはむしろ，1985年ないし95年以降における社会変動の存在，いうなればさらなる社会の自然からの離脱化＝高度産業化の進行，ということと推測される．

3―3．1975 年の地域・季節別自殺数の動向

　さて前項の議論から，自殺の季節変動は近年にいたるほど，従来の「季節別自殺数の基本パターン」から離脱していることを確認した．では，季節別の自殺数を地域別に観察すると，どのようになるであろうか．ここで「自殺の社会活動説」から予測されるのは，「基本パターン」からの離脱は，都市部で大きく，

第8章　E. Durkheim の自殺の社会活動説　159

表 8-4　地域・季節別自殺数（1975 年）

地域・季節	春	夏	秋	冬	季節別自殺数の変動パターン
東京都	498	435	438	479	崩壊パターン
政令都市	1,247	974	1,001	971	準基本パターン
市部	2,787	2,606	2,360	2,303	基本パターン
郡部	1,118	1,024	912	806	基本パターン
過疎農山村	573	556	490	397	基本パターン

(注) 東京都には都内過疎町村を含まず. 政令都市には東京区部を含む. 市部には政令都市を含まず.
　　郡部には過疎農山村を含まず. 過疎農山村とは, 過疎地域活性化特別措置法で過疎地域指定
　　（1995 年 4 月時点）を受けた町村. 以下同様.

過疎農村部で小さいであろうということである. 何故ならば, 季節が社会活動
量を規定する力は, 人工的環境（すなわち都市的地域）において小さく, 自然
的環境（すなわち農村的地域）において大きいと想定されるからである[4].

　そこでこのような予測のもとにまず, 1975 年の地域・季節別自殺数を示し
た表 8-4 をみよう. これによれば, 以下のような特色が認められる.

⑴　まず, 1975 年時点では全体的には, 従来の「季節別自殺数の基本パタ
　　ーン」が保持されていた（これについては表 8-3, 参照）.

⑵　しかし, もっとも都市的地域である東京都では季節別自殺数は, 春
　　（498）→冬（479）→秋（438）→夏（435）と「季節別自殺数の崩壊パター
　　ン」で推移する. つまり 1975 年東京では,「基本パターン」のみならず「準
　　崩壊パターン」がすでに崩れている.

⑶　ついで, 2 番目に都市的地域である政令都市では季節別自殺数は, 春
　　（1,247）→秋（1,001）→夏（974）→冬（971）と推移する. ここでは「春→
　　夏→秋→冬」という「季節別自殺数の基本パターン」がやや崩れて, 夏と
　　秋の順位が入れ替わっている. ここではこのパターンを「季節別自殺数の
　　準基本パターン」とよぶ.

⑷　さらに, 市部, 郡部, 過疎農山村地域では季節別自殺数はそれぞれ, 春
　　（2,787・1,118・573）→夏（2,606・1,024・556）→秋（2,360・912・490）→冬

(2,303・806・397) と推移する．つまりこれら3地域では，「季節別自殺数の基本パターン」は保持されている．

さて，これら(1)～(4)から示唆されるのは，つぎのような事態である．すなわち，「季節別自殺数の基本パターン」は，地域の農村化と比例して残存し，都市化と比例して消滅する（表8-4右端の「季節別自殺数の変動パターン」の欄，参照）．このような知見は，本項のはじめに示したように，季節別自殺変動の「自殺の社会活動説」が正しければ，当然，予想されたことである．言い換えれば，1975年の地域・季節別自殺数を示す表8-4のデータからは，「自殺の社会活動説」を支持する知見が提示されている．

3―4．1985年・1995年の地域・季節別自殺数の動向

ではつぎに，1985年，95年の地域・季節別の自殺数をみてみよう．1985年においては，「季節別自殺数の基本パターン」は崩れ，「季節別自殺数の準崩壊パターン」が示されるのは先に確認した．また1995年では，この「準崩壊パターン」がさらに崩れ，「季節別自殺数の崩壊パターン」を示すことも先に確認した（表8-3）．

ではこのような季節別自殺数のパターンは，地域別に観察するとどのように変化するのか．それを示したのが表8-5，表8-6である．まず1985年の地域・季節別自殺数を示した表8-5によれば，以下の点が示される．

(5) 東京都のパターンは，今までにないものである．秋（534）の自殺数が最高で，春（516）→冬（497）→夏（435）と減少する．ここでは春の自殺

表8-5　地域・季節別自殺数（1985年）

地域・季節	春	夏	秋	冬	季節別自殺数の変動パターン
東京都	516	435	534	497	超崩壊パターン
政令都市	1,177	996	1,154	1,069	準崩壊パターン
市部	3,364	2,863	3,129	3,009	準崩壊パターン
郡部	1,331	1,207	1,251	1,096	準基本パターン
過疎農山村	632	529	559	495	準基本パターン

第8章 E. Durkheim の自殺の社会活動説 161

表8-6 地域・季節別自殺数 (1995年)

地域・季節	春	夏	秋	冬	季節別自殺数の変動パターン
東京都	547	444	451	492	崩壊パターン
政令都市	1,163	1,028	1,046	1,136	崩壊パターン
市部	3,249	2,723	2,640	2,897	崩壊パターン
郡部	1,267	1,009	985	1,055	崩壊パターン
過疎農山村	546	412	437	369	準基本パターン

が最高という，従来のパターンはまったく崩れている．したがって，この

パターンを「超崩壊パターン」とよぶ．

(6) ついで政令都市，市部では春 (1,177・3,364) →秋 (1,154・3,192) →冬

(1,069・3,009) →夏 (996・2,863) と減少する「準崩壊パターン」を示す．

(7) さらに郡部，過疎農山村では春 (1,331・632) →秋 (1,251・559) →夏

(1,207・529) →冬 (1,096・495) と減少する「準基本パターン」を示す．

また1995年の地域・季節別自殺数を示した表8-6によれば，以下の点が示

される．

(8) 東京都，政令都市では，春 (547・1,163) →冬 (492・1,136) →秋 (451・

1,046) →夏 (444・1,028) と減少する「崩壊パターン」を示す．

(9) また市部，郡部でも，春 (3,249・1,267) →冬 (2,897・1,055) →夏 (2,723・

1,009) →秋 (2,640・985) と「崩壊パターン」を示すが，東京都・政令都

市とのわずかな違いは，夏と秋の順位が入れ替わっていることである．

(10) これに対して，過疎農山村では，春 (546) →秋 (437) →夏 (412) →冬

(369) と減少する「準基本パターン」を示す．

さて以上の季節別自殺数の変動パターンを，時代別 (1975年，85年，95年)・

地域別にまとめたのが表8-7である．ここから季節別自殺数の変動パターンの

変化を要約すればつぎのようにいえる．時代の進展および地域の都市化に応じ

て，「季節別自殺数の基本パターン」が順次，縮小，消滅し，「季節別自殺数の

準崩壊パターン」を経て，「季節別自殺数の崩壊パターン」が拡大，一般化する．

表 8-7　季節別自殺数の変動パターンの変化

地域・年度	1975 年	1985 年	1995 年
東京都	崩壊パターン	超崩壊パターン	崩壊パターン
政令都市	準基本パターン	準崩壊パターン	崩壊パターン
市部	基本パターン	準崩壊パターン	崩壊パターン
郡部	基本パターン	準基本パターン	崩壊パターン
過疎農山村	基本パターン	準基本パターン	準基本パターン
全国	基本パターン	準崩壊パターン	崩壊パターン

　すなわち，1975 年では「崩壊パターン」は東京都にのみみられる，きわめて特殊都市的な現象であった．しかし 1985 年には，政令都市・市部にほぼ同型のパターンである「準崩壊パターン」が波及し，さらに 1995 年では「崩壊パターン」が過疎農山村以外の日本全国に広がっている．

　ここに示唆されるのは勿論，「自殺の社会活動説」を支持する知見である．何故ならば，「自殺の社会活動説」が正しければ，時代の進行（産業化・近代化の進行）や地域の都市化によって，「季節別自殺数の基本パターン」が曖昧化・解体するのは，当然，予測されることだからである．デュルケームもこの点にふれて，つぎのように述べたのは周知に属する．「都会人の職業は，一年中，ほとんど同様に遂行されうる．昼間の長さの長短は，大都会では，特に大した影響を及ぼす筈がない．なぜならば，大都会では，照明がどこよりも暗黒の時間を短くするからである」（デュルケーム　1961：152）．

　かくて上に示された，「季節別自殺数の基本パターン」の縮小・消滅，言い換えれば「季節別自殺数の崩壊パターン」の拡大・一般化という事態は，1975〜1995 年の間に進んだ社会の質的変化，すなわち日本全体の全般的都市化・高度産業化（＝自然からの社会のさらなる離脱化）を示唆するものと思われる．

第8章　E. Durkheim の自殺の社会活動説　163

4．自殺の「社会活動説」の検討―曜日・時刻と自殺の関係から―

4―1．曜日別自殺数の動向

　さて前節の分析から，自殺の季節変化には「自殺の社会活動説」が適合的であることが示唆されてきた．つまり季節別自殺数の変化は，自然現象としての季節変化自体に原因があるわけではなく，季節別の社会活動量の変化に対応して現れるのである．であるとすれば，季節のみならず社会活動量を変化させる要因は，自殺数の変動を導くはずである．そこで社会活動量を規定する要因の一つに曜日がある．

　そして，この問題でも古典的な分析を展開したのはデュルケームである．デュルケームによれば，金曜・土曜・日曜に自殺が少ないことが示されている（1961：149）．ここで土曜日・日曜日に自殺が少ないことは，それが休業の日であることから，「自殺の社会活動説」を支持するものであることは明らかである．これに対して金曜日の場合はつぎのように説明される．「金曜日に関する迷信が公共生活を弛緩させる結果を生ずることは，人の知るところである．…人はこの不吉な日には，関係を結ぶこと，事業を計画することを躊躇する」（デュルケーム　1961：149）．つまり，金曜日における自殺の少なさもまた，「自殺の社会活動説」に由来する．

　では日本においては，曜日別の自殺数はどのようか．それを示したのが表8-8である．これによれば，曜日別の自殺数は，月曜日（ないし火曜日）にもっとも多く，ついでそれ以外の平日，そして土曜・日曜日には自殺はもっとも少ない．すなわち曜日別の自殺数は，「月曜（ないし火曜）→それ以外の平日→土曜・日曜」ないし「平日→土曜・日曜」の方向で減少する．本章では，このような自殺数の変化を「曜日別自殺数の基本パターン」とよんでおきたい．この「基本パターン」が示唆するのは，「自殺の社会活動説」がここでも支持されていることである．何故ならば，平日が土曜・日曜よりも社会活動量が多いのは自明と思われるからである．

表 8-8　曜日別自殺数

年度	月曜日	火曜日	水曜日	木曜日	金曜日	土曜日	日曜日
1975 年	3,166	2,912	2,886	2,798	2,898	2,688	2,677
1985 年	3,586	3,697	3,438	3,386	3,471	3,037	3,118
1995 年	3,550	3,202	3,207	3,100	3,083	2,685	2,954

　そしてここで注目すべきことは，先にみた「季節別自殺数の基本パターン」が 1975 年→ 1985 年→ 1995 年の方向で大きく変動したのに対して，この「曜日別自殺数の基本パターン」は，各年度において変化しないことである（表 8-8）．ここに示されるのもまた，「自殺の社会活動説」に適合的な知見である．何故ならば，曜日が社会活動量を規定する力は（つまり，土日よりも平日が社会活動が盛んである傾向）は，1975～1995 年で基本的には変わらないと想定されるからである．

　また表 8-9 は 1995 年の地域別の曜日別自殺数を示している．ここでも「曜日別自殺数の基本パターン」は，ほとんど変化していない[5]．ここに示されるのも同じく，「自殺の社会活動説」に適合的な知見である．何故ならば，曜日が社会活動量を規定する力は，1995 年時点の都市（東京都・市部）と農村（郡部・過疎農山村）ではそう大きく変わらないと思われるからである[6]．

4 — 2．時刻別自殺数の動向

　さて最後に取り上げるのは，時刻別の自殺数である．季節・曜日に加えて，社会活動量を規定するものの一つに時刻（朝・昼・夜の別）がある（＝昼に社会活動量は多い）．この問題でも古典的分析を提示したのは，周知のようにデュルケームである．すなわちデュルケームによれば，昼に自殺が多いことは明らかであり，「昼が自殺を容易にするのは，昼が事務のもっとも活発なときであり，また人々の関係が交叉し錯綜するときであり，さらに社会生活のもっとも激しいときだからである」（1961：147）．

　では日本においては，時刻別自殺数はどのようか．それを示したのが表 8-10 である．それによれば，自殺の多い時間帯は 3 つある．10～18 時台の就

第8章　E. Durkheim の自殺の社会活動説　165

表 8-9　地域・曜日別自殺数（1995 年）

地域	月曜日	火曜日	水曜日	木曜日	金曜日	土曜日	日曜日
東京都	299	282	286	272	272	246	261
市部	2,561	2,321	2,291	2,272	2,249	1,925	2,135
郡部	728	609	674	582	583	533	573
過疎農山村	261	278	242	246	251	227	246

（注）市部には政令都市を含む.

業時間，4〜6 時台の早朝，およびこれらに較べればやや少ないが，22〜24時台の深夜がそれである．ここで 10〜18 時台の就業時間に自殺の多いことは，「自殺の社会活動説」にまさに適合する．しかし，早朝，深夜に自殺の多いことは「自殺の社会活動説」からすれば，予期できない事態である．この問題をどのように考えるかは，今後の分析にゆだねざるをえない．ただし表 8-10 に示した時間帯を，10〜18 時台の就業時間，19〜3 時台の夜，4〜9 時台の朝と大きく再区分すれば，社会活動の盛んな就業時間に自殺の多いのは自明である．かくてここでも，一応の形であるが，「自殺の社会活動説」は支持されることになる．

表 8-10　時刻別自殺数（1995 年）

時刻(時台)	1〜3	4〜6	7〜9	10〜12	13〜15	16〜18	19〜21	22〜24
政令都市	406	529 *	384	574 *	543 *	532 *	373	527 *
市部	1,043	1,567 *	1,071	1,550 *	1,426 *	1,501 *	954	1,164 **
郡部	333	607 *	411	561 *	576 *	565 *	345	432 **
過疎農山村	137	231 *	165	318 *	268 *	268 *	106	150 **
全国	1,919	2,934 *	2,031	3,003 *	2,813	2,866 *	1,778	2,273 **

（注）＊は自殺数の多いもの，＊＊は自殺数のやや多いもの.

5．むすび

さて以上本章では，デュルケーム『自殺論』に展開された議論に基づいて，

季節，曜日，時刻別の自殺の動向を分析してきた．これらの分析から，「自殺の社会活動説」は現代日本社会でも，ほぼ支持される結果となった．つまり，自殺変動には，かなり明らかに社会活動量が関与しており，自殺現象の社会学的次元が設定可能である．

また季節別自殺数の変動パターンは，「基本パターン（1935～1975年）」→「準崩壊パターン（1985年）」→「崩壊パターン（1995年）」と推移した．これはこの期間における，社会変動を表現するものと思われる．すなわち1985年ないし1995年以降の日本社会においては，高度産業化・全般的都市化とでもいうべき事態が存在し，「社会の自然からの離脱」という産業社会の基本的性格がさらに明確化したのではあるまいか．自殺研究はこのような，社会構造，社会変動研究にも有効な視点や仮説を提供する．

注）
1）もっとも同じことは，モルセリによっても明確に指摘されている．モルセリが調べたヨーロッパ18カ国の期間の異なる34の季節別自殺統計の内，26の自殺統計（76％）が夏→春→秋→冬の方向での自殺の減少を示しているのである（Morselli 1975：57）．ただし，「春は秋よりもやや寒い」（デュルケーム 1961：136）という指摘は，不思議なことにモルセリの議論のなかには存在しない．
2）ただし，表8-2よりさらに年次を過去にさかのぼると，デュルケームの示した統計と完全に一致した形で（＝つまり，「夏→春→秋→冬」の順番で）自殺数が減少する年度が現れる場合がある（表8-a）．しかし本章では後にみるように，「春→夏→秋→冬」の順番で自殺数が減少する形を，「季節別自殺数の基本パターン」としたい．これは，このパターンが1935年頃から1975年まで，ほとんど一貫してみられるパターンだからである（表8-1・2・3参照）．またデュルケ

表8-a　季節別自殺数

年度・季節	春（3～5月）	夏（6～8月）	秋（9～11月）	冬（12～2月）
大正9年	2,839	3,346	2,470	2,034
昭和5年	3,913	4,153	3,158	2,808
昭和6年	4,111	4,189	3,178	2,969

（出典）賀川・安藤（1934），山名（1933）より，一部抜粋．ただし，各季節の日数を92日に調整した値のため原著の数字と若干異なる．

ームによれば，季節と自殺のより例外のないパターンは，暑い季節に自殺が多く，寒い季節に自殺の少ないことであると述べられており（1961：130），「季節別自殺数の基本パターン」はそれに充分に合致する．さらに近代化した欧米諸国の自殺傾向も，おおむね「春→夏→秋→冬」のパターンに一致することが知られている（Dublin　1963：56-60）．

3）これについては後掲の分析によっても，補強的な論拠が与えられる．すなわち，「季節別自殺数の基本パターン」からの離脱は，地域の都市化と相関して現れるのである．詳細は3節3項，4項参照．

4）都市においては人工的環境が優位で，農村において自然的環境が優位であるのは，ソローキン，ツインマーマン（1940：3-98）の学説などを参照されたい．この学説の簡便な紹介は山本（2016：77-78）を参照．

5）ただし，表8-9によれば，ごく僅少のズレが過疎農山村の日曜日にみられる．

6）近年の農山村は大きく都市化・産業化しており，職業構成においても第二次・第三次産業が大半をしめる．ちなみに，1990年における過疎地域の職業構成をみると，就業人口の72.6％が第二次・第三次産業に従事する（山本　1998）．かくて，曜日による社会活動量の規定力が，1995年時点の都市と農村で大きく（また，基本的方向性において）異なるとは考えにくい．

参考文献

賀川豊彦・安藤政吉，1934，『日本道徳統計要覧』改造社．

ソローキン，P. A.，ツインマーマン，C. C.，京野正樹訳，1940，『都市と農村―その人口交流―』巌南堂書店．

Dublin, L. I., 1963, *Suicide ―A Sociological and Statistical Study―*, Ronald Press.

デュルケーム，E.，飛沢謙一訳，1961，『自殺論』関書院．

福島一郎，1950，「自殺に関する統計的観察」『衛生統計』3-3：2-13．

Morselli, H., 1975, *Suicide　―An Essay on Comparative Moral Statistics―*, Aron Press.

山名正太郎，1933，『自殺に関する研究』大同館書店．

山本努，1998，「過疎農山村研究の新しい課題と生活構造分析」山本努・徳野貞雄・加来和典・高野和良『現代農山村の社会分析』学文社：2-28．

山本努，2016，「都市―都市の見方，都市の姿―」山本努編『新版　現代の社会学的解読』学文社：75-96．

（付記）本章は1996～1998年度科学研究費重点領域（特定）研究ミクロ統計データ（代表者・松田芳郎一橋大学教授）における，公募研究（課題番号08209120・山本努代表　1996年度），公募研究（課題番号00106212・石原邦雄東京都立大学教授代表　1997年度），公募研究（課題番号10113109・山本努代

表 1998 年度）の研究成果の一部である．また，厚生省からは人口動態統計の目的外利用の許可を受け，独自の集計表を利用できた（平成 9 年 4 月 2 日付官報第 2,108 号総務庁告示第 45 号，平成 10 年 6 月 24 日付官報第 2,409 号総務庁告示第 93 号）．感謝申し上げる．

第9章　限界集落論への疑問

1．限界集落概念の意義

　限界集落という概念が農山村研究や農山村報道や農山村をめぐる政策立案において，大きな影響力をもってきた．特に，マスコミや行政において，この用語は非常に重宝されている．限界集落の概念はこの意味で，停滞する過疎農山村研究にも大いに活を与えたわけで，その意味は非常に大きいと思う．山本（1996：217）はかつて，「過疎問題の現代的段階は，過疎集落の無人化・消滅化をも近未来に予見させる状況となっている．このような状況の中，現代農村社会学の学的対応は鈍いといわざるを得ない」と過疎研究の低迷を指摘した．しかし，このような研究状況は今はやや異なるだろう．限界集落論の登場とともに，過疎農山村研究への関心は大いに高まったからである．

　ところで，限界集落とは「65歳以上の高齢者が集落人口の半数を超え，冠婚葬祭をはじめ田役，道役などの社会的共同生活の維持が困難な状態におかれている集落」のことである（大野　2009）．秋津（2009）によれば，限界集落という言葉は2006年頃以降，マスコミで広く使われるようになった（表9-1）．今日，限界集落の概念ほどに社会に浸透した社会学用語は少ないだろう．「社会学の言説や，他の社会科学の概念や理論，知見は，それが何であれ研究しようとしている対象のなかに絶えず『循環的に出入りして行く』（ギデンズ1993：61）」．この点からいえば，限界集落論は社会学概念の優等生的な位置に

表 9-1 朝日新聞にみる「限界集落」関連記事数

年月	記事数	主要な出来事
1996年	●●●●●●●●	「限界集落」特集：シリーズ5回 (2-3月)
1997年	●	村研テーマセッション「現代日本の山村再生問題」
1999年	●	
2000年	●●	
2001年		
2002年	●●	
2004-5年		大野晃『山村環境社会学序説』刊行 (2005年4月) 平成の市町村合併がピーク
2006年	●●●●●●●●●●●●●●●	「限界集落」特集：シリーズ5回 (3月)
2007年2月	●●●●	国土交通省「過疎地域等における集落の状況に関するアンケート調査結果」中間報告 (1月)
3月	●●●●●●	
4月	●●●●●●●	綾部市「水源の里」条例施行
5月	●●●●●●	
6月	●●●●●	
7月	●●●●●●	参議院選挙 (民主党が「限界集落」を争点のひとつに)
8月	●●●●	
9月	●●●●	
10月	●●●●●●●●●●●●●●	第1回「全国水源の里シンポジウム」(綾部市)
11月	●●●●●●●●●●●●	「全国水源の里連絡協議会」設立
12月	●●●●●●●●●●	
2008年1月	●●●●●●●●●●●	
2月	●●●●●●●●●●●●●●●●●●	
3月	●●●●●●●●●●●●●●●	
4月	●●●●●●●●●●●●●●●●●●●	農水省「小規模・高齢化集落支援モデル事業」を開始
5月	●●●●●●●●●	
6月	●●●●●●●●●	
7月	●●●●●●	
8月	●●●●●●●●●●●●●	
9月	●●●●●●●●●●●●●	
10月	●●●●●●●●●●	宮崎県が「限界集落」を「いきいき集落」と命名
11月	●●●●●●●●●	第2回「全国水源の里シンポジウム」(喜多方市)
12月	●●●●●●	村研テーマセッション「集落再生」
2009年1月	●●●●●●●●●●	
2月	●●●●●●●●	
3月	●●●●●●●●●●●●	
4月	●●●	「限界集落」を「小規模高齢化集落」に名称変更 (岡山県など)
5月	●●●●●	

（出典）秋津（2009：204）
（注）朝日新聞記事データベース『聞蔵』から「限界集落」で検索した記事数．1つの●が1つの記事を表す．「歌壇俳壇」や「声」など，記者の書いた記事以外もカウントされているが，それらも社会的認知の反映と考えて排除せずに記事数に含めた．

ある[1]．

ギデンズ（1993：60）は「デュルケム『自殺論』を読んだ検死官がいても，少しも珍しくはないだろう」と言い，公的データ（統計）の収集それ自体に社会科学（デュルケーム『自殺論』）が浸透していることを指摘している．現代

第9章　限界集落論への疑問　171

資料9-1　中国新聞記事（2007年10月1日，インターネット版）

中国地方の限界集落2,270カ所

住民の半数以上を65歳以上の高齢者が占め，冠婚葬祭など共同体機能の維持が困難になるとされる「限界集落」が中国地方で2,270カ所に上ることが，国土交通省の調べで分かった．全国10圏域の中で最多．うち，住民全員が65歳以上の集落も138カ所あり，人口減と高齢化が進む中国地方の厳しい実態が浮き彫りになった．過疎地域の指定を受けた全国の市町村にある6万2,273集落を対象に調査した．

過疎地域にある限界集落数

圏　域	過疎地域の集落数	限界集落数（住民の半数以上が65歳以上）	うち全員が65歳以上
北海道	3,998	319（ 8.0%）	18（ 0.5%）
東　北	12,727	736（ 5.8 ）	11（ 0.3 ）
首都圏	2,511	302（12.0 ）	6（ 0.2 ）
北　陸	1,673	216（12.0 ）	22（ 1.3 ）
中　部	3,903	613（15.7 ）	44（ 1.1 ）
近　畿	2,749	417（15.2 ）	20（ 0.7 ）
中　国	12,551	2,270（18.1 ）	138（ 1.1 ）
四　国	6,595	1,357（20.0 ）	83（ 1.3 ）
九　州	15,277	1,635（10.7 ）	58（ 0.4 ）
沖縄県	289	13（ 4.5 ）	1（ 0.3 ）
全　国	62,273	7,878（12.7 ）	431（ 0.7 ）

日本に限定すれば，限界集落論はデュルケーム『自殺論』よりもはるかにわかりやすい実例である．実際，資料9-1は国土交通省の公的統計に基づいた新聞記事である．この統計の場合，国土交通省の担当官が限界集落論の文献を「読んだ」可能性は大いに考えられる．

2．限界集落概念への違和感―「呼び方」問題―

このように社会一般に浸透した用語であるからこそ，そこから批判も巻き起こる．限界集落という言葉が過疎農山村地域に「マイナスのイメージ」を与え，「生活している住民の意欲を失わせかねない」というのである（資料9-2）．「最近では『限界集落』という言葉が持つあまりにも強い響きに対する違和感が各所で表明されている（小田切　2009：46）」．その結果，限界集落にかわる言葉が作られてきた．

たとえば，山口県では「戸数19戸以下で65歳以上人口が集落人口の50%

資料9-2　朝日新聞記事（2008年6月19日西部本社朝刊）

「限界集落」呼称どげんかせんと

「元気の出る名」宮崎県が募集中

高齢化が進み、共同作業を続けるのが困難とされる地域を指す「限界集落」の名称について、宮崎県は「生活している住民の意欲を失わせ、間違った認識を与えかねない」として、新呼称の募集を始めた。

限界集落とは、65歳以上の高齢者が人口の半数を超え、冠婚葬祭や生活道路の管理など共同体機能の維持が難しくなった地域。大野晃・長野大教授が90年代初めに提唱した概念で、当初は学術用語として使われたが、近年、行政やマスコミなどでも盛んに使われるようになった。国土交通省九州地方整備局の調査によると、宮崎県内では151集落が該当する。

ただ同県は、定義があいまいなどとして、この名称を用いてこなかった。「東国原英夫知事も『学説上の言葉でマイナスのイメージ。宮崎ではポジティブで元気の出る呼称にしたい』と話す。だれでも応募可。自作で未発表のものに限る。募集は8月末まで。問い合わせは県中山間・地域対策室（0985・26・7036）へ。（菊池文隆）

徳野貞雄・熊本大教授（農村社会学）の話　「限界集落」という言い方は、そこに住む人からすればやる気をそぐハラスメントのような言葉であるが、呼び方を変えれば済む問題でもない。個々の集落に入って実態を把握し、対策を練ることを早急に進めるべきだ。

以上を超える状態になった集落」を「小規模高齢化集落」と呼んでいる（小川2009）．しかし，「限界集落」という強い響きにくらべて，インパクトが小さく，その普及度は小さいと言わざるをえない．また，この問題は「限界集落」の呼び方を変えれば済むわけでもない（資料9-2：徳野コメント参照）．呼び方を変えることでむしろ，問題がみえなくなることも起こりかねないわけで，この言葉の一定の意義は認められるべきである．

3．限界集落は本当に消滅するのか？―「消滅」問題―

ただし，限界集落論の示唆するような集落消滅が本当に起こっているのかといえば，いささかの疑問がある．国土交通省が2006年に行った調査によれば，「10年以内に消滅」と予測された集落は過疎市町村にある全集落の0.7％と非常に少数である．「いずれ消滅」の3.6％を加えても「消滅」の集落は4.3％とかなり少数である（表9-2）．

しかも，上記の予測が的中するかどうかは非常に不確かである．前回調査（1999年）で「10年以内に消滅」とされた419集落のうちで，7年後（2006年）

第9章 限界集落論への疑問 173

表 9-2 今後の消滅の可能性別集落数

10年以内に消滅	いずれ消滅	存続	不明	合計
422(0.7%)	2,219(3.6%)	52,085(83.6%)	7,545(12.1%)	62,271(100.0%)

(出典) 国土交通省 (2007)

(注) 1 2006年4月時点における過疎地域市町村における集落が対象であり，国土交通省が市町村にアンケート調査を行った.

2 本調査での「集落」とは，一定の土地に数戸以上の社会的まとまりが形成された，住民生活の基本的な地域単位であり，市町村行政において扱う行政区の基本単位（農林業センサスにおける農業集落とは異なる）.

表 9-3 1999年調査集落の消滅の理由（2006年時点）

	集団移転事業による移転	公共工事による集団移転	廃坑による廃村等	自然災害による分散転居	自然消滅	その他	不明	合計
10年以内消滅と予測，実際に消滅した集落	2(3%)	24(39%)	0(0%)	0(0%)	34(56%)	1(2%)	0(0%)	61(100%)
10年以降消滅と予測，実際に消滅した集落	0(0%)	3(7%)	0(0%)	0(0%)	35(83%)	4(10%)	0(0%)	42(100%)
存続，その他と予測されたが，消滅した集落	3(3%)	10(11%)	0(0%)	2(2%)	39(44%)	28(32%)	6(7%)	88(100%)
合計	5(3%)	37(19%)	0(0%)	2(1%)	108(57%)	33(17%)	6(3%)	191(100%)

(出典) 国土交通省 (2007)

(注) 表9-2と同じ.

の時点で実際に消滅したのは，61集落（14.6%）であった. 同じく「10年以降に消滅」とされた1,683集落のうちで，7年後の時点で実際に消滅したのは，42集落（2.5%）にすぎない. また，「存続」「その他」と予測されていた45,491集落のうちで消滅したのは88集落（0.2%）と非常に少ない（国土交通省 2007）. つまり，実際の集落消滅はかなりまれにしか起こらなかったのである.

さらに，集落消滅の理由をみると，「自然消滅」（57%）がもっとも多いが，ついで「公共工事による集団移転」（19%）が多く，「その他」（17%）が続く（表9-3）.「公共工事による集団移転」は，行政によって意図的に引き起こされた集落消滅であって，限界集落化（すなわち，人口高齢化→社会的共同生活の

困難化）による集落消滅とはいえない.

　くわえて「その他」や「自然消滅」には，徳野（2010）のいう鉱山や発電所，営林署などの産業資本撤退による集落消滅が含まれる可能性がある[2]．これらもやはり，限界集落化による集落消滅とはやや異なる．このように考えると，限界集落論の考えるような集落消滅はかなり少数の事例なのかもしれない.

4．限界集落概念が生活をみないことへの批判
　　—集落への「まなざし」の問題—

　限界集落概念には，集落への「まなざし」の問題もある．それは，ひとことでいえば，「生活を見ることなく，外部から『限界』と決めつけることへの批判」である．この批判の有力な論者は，地元学の結城（2009），他出者（機能）論の徳野（2010）である.

　結城は『地元学からの出発—この土地を生きた人びとの声に耳を傾ける—』という書物で以下のように述べる．やや長いが重要な指摘なので引用しておきたい.

　「限界集落」とは，65歳以上の高齢者が人口の50％を超え，農道や水路の維持管理や冠婚葬祭などの共同性の維持が困難になった集落のことをさす．国土交通省が昨年調査したところ，全国6万2271集落のうち，12.6％にあたる7873集落がそれに該当し，その3分の1が今後10年以内か，いずれ近い将来に廃村になる可能性があるという[3]．もはや日本の農山村は過疎などという生やさしい状況でなく，集落消滅への道をたどり始めた.

　「限界集落」をめぐる最近の言説には，そんな危機感をあおりながら，またぞろ政策介入を目論む匂いが漂っている．学者と官僚が結託して押し進める地域対策の手口はいつも決まっている．人の暮らしの現場を抽象的な数値に置きかえ，それを分類し，効率性や費用対効果をシミュレーションし，「限界集落」

第9章　限界集落論への疑問　175

「消滅集落」「準限界集落」「存続集落」などのレッテルを勝手に外から貼りつける．そのレッテルを浅薄なジャーナリズムがさわぎたてる．かくして再び「集落整備事業」なる施策がまことしやかに策定されることになる．なんのことはない．また再びの廃村化の促進である．人の暮らしの現場を外から勝手に決めつけるな．

　憲法第22条は「何人も，公共の福祉に反しない限り，居住，移転及び職業選択の自由を有する」と謳っている．どんなレッテルを貼ろうと，たとえ限界集落と呼ばれようと，限界を決めるのはそこに生き暮らす人びとである．そこに暮らし続ける人が「限界」と思わなければ限界ではない．私はそうした人びとと村をたくさん見てきた．彼らこそ，都市化，効率化，グローバリズム，市場経済至上主義に抗して，静かに凛として日々を生きている．そして，その人びとによって私たちの日々の食料は支えられているのである」（結城　2009：193-194）．

　ここでの結城の論点は明確である．限界集落論では「この土地を生きた人びとの声に耳を傾ける」ことなく，「人の暮らしの現場」が無視されているというのである．ただし，「人の暮らしの現場」とはやや抽象的な言葉でもある．このやや抽象的な言葉に，社会調査可能な経験的な内容を与えるものとして徳野の他出者（機能）論は重要である．

　徳野はつぎのように大野を批判する．「大野晃の限界集落の定義には，①集落の65歳以上の高齢化率が50％以上と，②社会的共同生活の維持困難という二点があるが，現在行政で議論されているのはもっぱら①の点ばかりである．それは，行政が住民台帳に記載されたデータを，簡単にコンピューターで算出できるからだ．しかし，集落の維持・存続の問題は電算機だけでははかれない．そのひとつは，集落の成り立ちの問題である．……もうひとつ電算機で見えないことは，『家族』の構成やその具体的な動向である．……何よりも問題なのは，これまでの限界集落論で用いている行政データは，その自治体に同居している

表 9-4　山口県玖珂郡錦町Ａ集落の世帯構成と子どもの関係

世帯・性・年齢	生活基盤	子どもとの関係
独居・女・69	自給農業 原爆被爆者	2男1女．長男長女は町内におりよくしてくれる．前夫との子岩国におり月1度くらい来訪．
独居・女・69	年金・農業	長男は山口市．月に1〜2回生活必需品をもってくる．長女は柳井市におり，長男と交替でくる．
独居・女・73	年金・自給農業	1女．五日市（広島）に居住．月2〜3回夫とともにくる．米やおかずをもってくる．
独居・女・74	年金・生活保護	3男1女．月2〜3回電話あるが，めったに帰省しない．
独居・女・92	年金・自給農業	1男（あとの子は死亡），広瀬（錦町内）に住んでいる．役場勤務．頻繁にきて物心両面の援助をしてくれる．
夫婦世帯・男75・女71	年金・農業	3女．広島，三原，福岡にいる．それぞれ週2〜3回の電話と年2〜5回の帰省．
夫婦世帯・男79・女79	年金・農業	4男1女．長男は大野町（広島県）に．年2〜3回来訪．電話は頻繁．
夫婦世帯・男74・女68	年金・農業	1男2女．長女大阪，長男広島，次女福山にいる．長男，農業の手伝い．正月，長女のところですごすことも．
夫婦世帯・男84・女77	恩給・年金・自給農業	1男2女．長男は岩国市で小学校の教頭．病院は岩国に行く．どの子もよく電話してくる．
夫婦世帯・男59・女59	大工・農業	3女．みんな広島市に在住．年4〜5回は行き来する．贈り物はもらうが，仕送り，小遣いはもらわない．

（出典）木下（2003：表1）より抜粋．調査は2002年．

世帯員だけで，他出している家族までは対象としていないことである．将来の集落の維持・存続を考える場合，この他出者を含めた家族の将来動向と現在の日常的な実家とのサポート関係を把握することが重要である」（徳野　2010：34-35）．

　この徳野の主張は，木下（2003）の山口県の山村高齢者調査の結果を参照すると理解しやすいだろう．木下によれば，調査対象の山村集落の高齢者は子どもとの家族ネットワークに支えられて生活が成り立っていた．その具体的内容は表 9-4 に示すとおりである．このような生活実態が限界集落論では無視されているのである．

5．限界集落概念の構造─量的規定の問題─

　ところで，限界集落とは，量的規定（徳野引用の①集落人口の年齢構成・高齢化）と質的規定（徳野引用の②社会的共同生活の維持の困難）をあわせ持つ概念である（表9-5）．しかし，現実に議論されているのは徳野もいうように量的規定ばかりである．実際，大野自身，つぎのように述べ，その状態をやむをえないこととして，容認している．「集落の区分状態（表9-5に示すような：筆者補筆）は，集落人口の年齢構成の量的規定と集落の社会的共同生活の維持如何という質的規定の総体として定義されている．しかし，質的規定は実態調査によって把握されるものであるゆえに，実際上統計的に把握するためには量的規定によらざるを得ないので，ここでは集落の状態区分を量的規定でおこなっている」（大野　2007：133）．

　しかし，そうであるとすれば，大野の限界集落概念には，さらに疑問を呈さざるをえない．限界集落概念の量的規定と質的規定は本当に結びついているのかという疑問がそれである．そもそも，65歳以上の高齢者が集落人口の半数

表9-5　集落の状態区分とその定義

集落区分	量的規定	質的規定	世帯類型
存続集落	55歳未満人口比50％以上	後継ぎが確保されており，社会的共同生活の維持を次世代に受け継いで行ける状態．	若夫婦世帯，就学児童世帯，後継ぎ確保世帯
準限界集落	55歳以上人口比50％以上	現在は社会的共同生活を維持しているが，後継ぎの確保が難しく，限界集落の予備軍となっている状態．	夫婦のみ家族，準老人夫婦世帯
限界集落	65歳以上人口比50％以上	高齢化が進み，社会的共同生活の維持が困難な状態．	老人夫婦世帯，独居老人世帯
消滅集落	人口・戸数がゼロ	かつて住民が存在したが，完全に無住の地となり，文字通り集落が消滅した状態．	

（出典）大野（2009：50）より．
（注）準老人は55～64歳までを指す．

を超えると，社会的共同生活の維持が困難な状態になるという経験データ（あるいは調査結果など）はあるのだろうか？

　これについては，大野の論稿に具体的な調査報告等はみられない．そもそも，そのような知見を実証するような社会調査を行うことは非常に困難である．したがって，表9-5に示された，量的規定と質的規定の対応関係（つまり，集落区分）は，大野の個人的な（主には高知県での）調査経験から「大体このようなところではないか」として導かれた（かなり荒っぽくもある），あくまで一応の目安として理解すべきである．

　そうであるが故に，表9-5のみでは集落区分としては説得力を欠くことになる．そこで大野が用意しているのが，表9-6のデータである．これは大野（2005；2007；2009）の限界集落の解説に繰り返し出てくる表で，限界集落の主張を根拠づける重要なデータである．この表9-6に依拠して大野はつぎのようにいう．「表は高知県Ｉ町の限界集落分析を示したものである．人口減少率が高くなるに従い，集落が存続集落から準限界集落へ，準限界集落から限界集落

表 9-6　Ｉ町の限界集落分析表（2001 年）

人口増減率	集落数	存続集落	準限界集落	限界集落
50％以上増	1		1	
0～50％未満増	1	1		
0～40％未満減	2	1	1	
40～60％未満減	3		2	1 **
60～70％未満減	4	1	2	1 **
70～80％未満減	8		2 *	6
80～90％未満減	14			14
90％以上減	3	1 *		2
比較不能	2	2		
計（％）	38（100.0％）	6（15.8％）	8（21.1％）	24（63.2％）

（出典）大野（2007：135）
（注）人口増減率は 1960 年と 2001 年の対比．
　　　＊は限界集落ではないが人口減少率が 70％以上の集落．
　　　＊＊は限界集落であるが人口減少率が 70％未満の集落．

第9章　限界集落論への疑問　179

図9-1　限界集落（集落区分）の概念構成

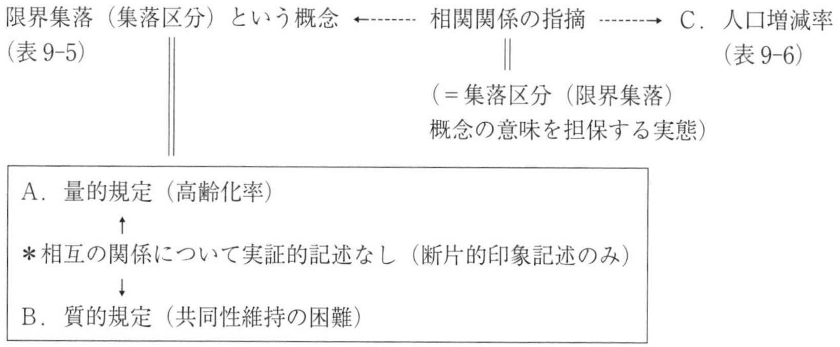

限界集落（集落区分）という概念 ←------- 相関関係の指摘 -------→ C．人口増減率
（表9-5）　　　　　　　　　　　　　　　　　　　　　　　　　　　　　　（表9-6）
　　　　　　　　‖　　　　　　　　　　　‖
　　　　　　　　　　　　　　　　（＝集落区分（限界集落）
　　　　　　　　　　　　　　　　概念の意味を担保する実態）

```
A．量的規定（高齢化率）
　　↑
＊相互の関係について実証的記述なし（断片的印象記述のみ）
　　↓
B．質的規定（共同性維持の困難）
```

へ移行している状況がよく示されている．人口減少率70％以上の25集落のうち，22集落が限界集落になっており，全集落の63.2％を限界集落が占めている」（大野　2007：134）．

　つまり，限界集落を含めて表9-5の集落区分が意味ある概念であることを現実に担保するのは，最終的には集落区分と人口増減率との相関関係（表9-6）ということになる．仮に，大野の集落区分（表9-5）が人口増減と何らの関係がなかったと思考実験してみよう．その時には，大野の集落区分に意味を見いだすことは難しいだろう．ここからも，限界集落概念はそれに対応した人口減少傾向によって，その意味が担保されていることがわかる．すなわち，限界集落の概念は図9-1のような構造をもつ．

6．限界集落概念と過疎概念の評定
―過疎概念の優位性の主張―

　前節の議論から，限界集落概念の意味を最終的に担保するのは人口減少である．そうだとすれば，わざわざ高齢化率を使って限界集落という概念を立ち上げる必要性があるのだろうかという疑問が生じる．限界集落とは，「高齢化にともなう，共同性維持の困難（地域の消滅，崩壊）」を示す概念である（図9-1，

図9-2　過疎化のメカニズム

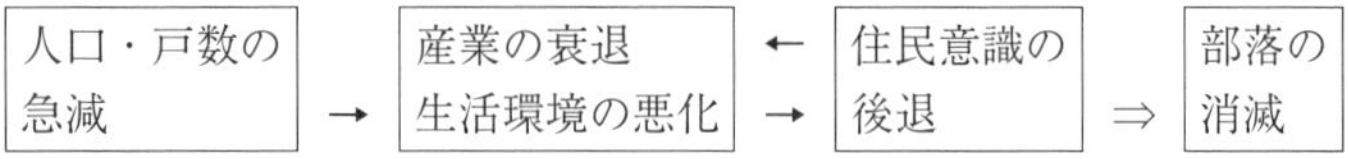

人口・戸数の急減	→	産業の衰退 生活環境の悪化	←	住民意識の後退	⇒	部落の消滅

（出典）安達（1981：98）
（注）本書2章1節にある安達（1981：88）の引用文も参照されたい．

図9-3　限界集落と過疎の概念比較

	独立変数	従属変数
限界集落……	高齢化────→	共同性（地域）維持の困難
過疎…………	人口減少──→	共同性（地域）維持の困難

表9-5）．これに対して，過疎とは「人口減少にともなう，共同性維持の困難（地域の消滅，崩壊）」を示す概念といえる（図9-2，本書2章1節の過疎の規定を参照されたい）．

　つまり，両者は図9-3のように対比されるわけであるが，どちらが，「共同性（地域）維持の困難」をよりダイレクトに示すのだろうか？　それは過疎概念（人口減少）であると考える．大野も事実上，そうなっているのは先にみた（図9-1）．大野は限界集落の概念を作る時，高齢化という指標のみでは説得力に欠けるために，表9-6（人口減少）をもってきたのだろう．これは，限界集落の警告するものが，消滅集落（集落人口の消滅）への趨勢（つまり，人口減少）であることからの論理的必然でもある．

　しかし，大野は彼の主著（『山村環境社会学序説』）で，過疎概念の必要性をつぎのように否定する．「私の論文を読むとお気づきと思うが，山村研究にもかかわらず『過疎』という用語がまったく使われていない．それは，過疎という概念と実態がずれているように思えるからである．より事態が深刻化しているにもかかわらず相変わらず過疎という言葉ですませていいのだろうか，という疑問をもっているから使えないのである．事態がより深刻化しているその実態に合わせた概念化が必要になってきたとき，限界集落という用語が生まれたのである．社会調査におけるリアリズムの追求の中から限界集落という用語が

生まれたのである」(大野　2005：295).

　このように大野はいうが，過疎概念は本当に不要であろうか．安達（1981：79-100）の「過疎とは何か」という論文は1968年時点での認識を示した古い論稿だが，「人口・戸数の急減」にともなう「部落の消滅」が過疎の問題とされており，大野の限界集落論が示す事態を明確に含んでいる（図9-2，安達の過疎概念は本書2章1節も参照）.

　勿論，大野のいうように過疎は深刻の度を増している．しかし，本書が過疎という言葉を捨てないのは，「人口・戸数の急減」→「部落の消滅」という過疎の問題意識（ないし因果連鎖）が今日でも基本的に重要であるとの判断からである．ただし，過疎の問題意識には，当然ながら，「部落の消滅」に抗する動きも含む[4].

　このように本書は過疎概念の必要性，優位性を主張するのだが，それは限界集落論の依拠する表9-6に即してもいえる．表9-6から大野（2007：134）は「人口減少率70％以上の25集落のうち，22集落が限界集落になっており」と述べ，限界集落概念の有効性を主張するが，残りの3集落（表9-6の＊）は存続集落と準限界集落である．人口減少の激しいこれら3集落は，限界集落論では問題にならないのだろうが，過疎研究では重要な問題である．ここには限界集落論による問題の見落としの可能性がある．これに対して，逆に限界集落論による問題の過剰設定もおこりかねない．人口減少率70％未満の（表の中では過疎の度合いの比較的小さい）2つの集落（表9-6の＊＊）が限界集落に含まれているのである.

7．むすび

　限界集落論に対しては，従来，(1)「生活をみることなく，外部から『限界』と決めつけることへの批判」があった．また，(2)「呼び方」（ネーミング）問題や(3)集落の「消滅」問題も指摘されてきた．これに加えて，本章では，(4)高

齢化率を限界集落（集落区分）の指標にすることへの疑問，および，(5)限界集落概念が過疎概念を否定することへの疑問，言い換えれば，限界集落概念に対する過疎概念の優位の主張，の2点を提起した．

　限界集落論は過疎農山村研究の活性化をもたらしたという意義は非常に大きい．しかし，限界集落の展望のなさ（＝限界性）が厳密な検証なしに一方的，一律的に強調されること（レッテル貼り）に少なからず危惧を感じざるをえない．このような事態を避けるためにも，限界集落論への批判は必要である．

注)
1）であるから，「社会学の調査研究が一般に浸透した結果，いまの社会を生きる人たちで，現代社会の変化について何らかの知識を持たない人はほとんどいなくなった．私たちの思考や行動は，複雑な，しばしば微妙なかたちで，社会学的知識の影響を受けており，したがって社会学研究の現場そのものを作り変えている（ギデンズ　2009：109）」ということになる．
2）ただし，表9-3の消滅理由には「廃坑」が含まれているので，鉱山撤退の事例は「自然消滅」や「その他」には含まれていないとの反論がありそうである．しかし，そこの判断は難しいだろう．鉱山閉山などがかなり前（たとえば，数十年前）に起こって，その後，「自然に」限界集落化するような事例は実際にあるからである．本書で取り上げた中津江村もその事例（金山閉山）である（2章2節，2章注3，4章注3参照）．このような場合，表9-3のデータではどのような回答として処理されているか不明なのである．
3）「今後10年以内か，いずれ近い将来に廃村になる可能性がある」集落は2,641集落（＝422集落（「10年以内消滅」）＋2,219集落（「いずれ消滅」）である（表9-2）．国土交通省（2007）の調査では7873集落が限界集落（高齢化率50％以上，

表9-a　高齢者（65歳以上）割合別の集落数

65歳以上 50％以上	65歳以上 100％	65歳以上 50％未満	不明	合計
7,873（12.6％）	425（0.7％）	53,839（86.5％）	559（0.9％）	62,271（100.0％）

（出典）国土交通省（2007）
（注）　1　「65歳以上50％以上」の集落数（7873）には，「65歳以上100％」の集落数（425）を含む．
　　　　2　2006年4月時点における過疎地域市町村における集落が対象．表9-2の注釈も参照のこと．

第 9 章　限界集落論への疑問　183

　表 9-a）であるので，「その 3 分の 1 が今後 10 年以内か，いずれ近い将来に廃村
　になる可能性がある」と結城は書いているのである．
4)「部落の消滅」に抗する動きの研究は，本書の場合，定住人口論，流入人口論
　（7 章図 7-3，1 章図 1-3，5 章図 5-2），生活選択論，正常生活論（7 章図 7-2，
　4 章図 4-1）などの問題設定がそれである．

参考文献

秋津元輝，2009，「集落再生にむけて―村落研究からの提案―」『年報村落社会研
　究』45：199-235.

安達生恒，1981，『過疎地再生の道（著作集 4)』日本経済評論社.

大野晃，2005，『山村環境社会学序説―現代山村の限界集落化と流域共同管理―』
　農文協.

大野晃，2007，「限界集落論からみた集落の変動と山村の再生」日本村落研究学会
　編・鳥越皓之責任編集『むらの社会を研究する―フィールドからの発想―』農
　文協：131-138.

大野晃，2009，「山村集落の現状と集落再生の課題」『年報村落社会研究』45：45-
　87.

小川全夫，2009，「高齢地域社会論」『やまぐち地域社会研究』7：27-38.

小田切徳美，2009，『農山村再生―「限界集落」問題を超えて―』岩波ブックレッ
　ト No. 768.

木下謙治，2003，「高齢者と家族―九州と山口の調査から―」『西日本社会学会年
　報』創刊号：3-14.

ギデンズ，A.，松尾精文ほか訳，1993，『近代とはいかなる時代か？』而立書房.

ギデンズ，A.，松尾精文ほか訳，2009，『社会学（第 5 版)』而立書房.

国土交通省，2007，『過疎地域等における集落の状況に関するアンケート調査』.

徳野貞雄，2010，「縮小論的地域社会理論の可能性を求めて―都市他出者と過疎農
　山村―」『日本都市社会学会年報』28：27-38.

山本努，1996，『現代過疎問題の研究』恒星社厚生閣.

結城登美夫，2009，『地元学からの出発―この土地を生きた人びとの声に耳を傾け
　る―』農文協.

第4部
過疎農山村研究の展開にむけて

第10章　限界集落高齢者の生きがい意識
—中国山地の山村調査から—

1. はじめに—「生きがい」の問題—

「生きがい」は定義の困難な言葉である．しかし，神谷（1966）や見田（1970）や鈴木（1986）やMathews（1996）の内容を持ちうるということで，社会学の実証研究に用いてよいと考える．

　これら4者の「生きがい」に共通の要素は，(1)生きる「目的」や「意味」である．また，この言葉が(2)日本語に固有であり，(3)日本人の生活から生まれたことは重要である．同時に，(4)欧米などの「豊かな」先進工業国に通底する問題であることも重要である（表10-1）．

　さらに，「幸福感」と「生きがい」の神谷（1966：24-26）による比較考察は非常に有益である．ここから「生きがい」という言葉の心理学的意義が示される．つまり，生きがい感は，(1)幸福感よりも「未来」に向かう．(2)生きがい感の方が自我の中心にせまっている．(3)生きがい感には，価値の認識を含むことが多い．言い換えれば，「幸福感」よりも「生きがい感」の方が深みのある研究が期待できる．

　くわえて，見田（1970：194-197）の生きがい欲求の検討も非常に重要である．見田によれば，生きがい欲求は根本的に相乗的であり，他の欲求（＝たとえば，衣食住，金銭，地位，権力，性などの欲求）は根本的に相克的である[1]．ここに「生きがい」という概念の社会学的意義がある．

第 10 章　限界集落高齢者の生きがい意識　187

表 10-1　「生きがい」の概念，考え方

・神谷（1966：12）…生きがいということばは，日本語だけにあるらしい．こういうことばがあるということは日本人の心の生活のなかで，生きる目的や意味や価値が問題にされてきたことを示すものであろう．
・見田（1970：9）…人間の行動には目的があるが，その目的にはまた目的があるというふうに，どんどん追及してゆくことができる．「なぜ」という問いをどこまでもくりかえしてゆくと，結局自分は何のために生きているのかという究極の問いにつきあたる．この究極の問いにたいして，それぞれの人が，実感をこめて答える仕方が〈生きがい〉であるというふうに，さしあたり定義しておくことができよう． ・見田（1970：24）…〈生きがい〉という問題は，その最も深い層では，人類の歴史のなかで，生きる手段が中心の問題である時代から，生きる目的が中心の問題である時代への，巨大な過渡期としての現代を性格づける，根源的な問いとして把握されなければならない．
・鈴木（1986：499）…自分がこの世に生きており，存在しているのは，意味のあることであり，自分の生と存在とは，生きるに値する生であり，存在理由のある存在であるという意識を，生きがいとよんでおります．
・Mathews（1996：vii）…There is a term in Japanese, *ikigai*, which means "that which most makes one's life seem worth living." Although American English has no clear equivalent to this term, *ikigai* applies not only to Japanese lives but to American lives as well. *Ikigai* is what, on day-to-day and year-to-year basis, each of us essentially lives for ….

2．「生きがい」の経験的把握の問題

　これに対して，生きがいという概念を実証研究に用いるのに否定的な見解もある．古谷野（2009）によれば，「『生きがい』という語を用いて，生きがいに関する実証研究を行おうとすれば，まず『生きがい』に厳密な定義を与え，測定しなければならない」．しかし，生きがいという語は，「曖昧で多義的な日常生活の用語で，科学的な探求で用いるのには適していない」というのである．

　これは自然科学をモデルにした，非常に厳密な見解である．このような「厳

密な概念規定」→「厳密な測定」→「厳密な実証研究」というスタイルの研究はなしとはしないが，社会学ではなかなかむずかしいのも事実である．「すなわち，社会諸科学における測定，分類，概念形成には独特の難しさ」があり，「社会諸科学であつかう概念には，ある程度のあいまいさがあるように思われる」からである（ラザースフェルド　1984：20-22）[2]．

　たとえば，本書で用いる山村（や限界集落）という言葉にしても，実は厳密な概念規定を示すのはむずかしい[3]．しかし，山村（や限界集落）という言葉を抜きに，本書の問題を示すのは困難である．本章で「生きがい」という言葉を用いるのも同じである．したがって，これらの言葉は，使いながら使い方を考えていくという研究方針が現実的と思う．

3．本章の調査における「生きがい」の含意

　さて，前節（2.），前々節（1.）では，若干の概念的，方法論的確認作業を行ってきたが，本章の目的は山村（限界集落）高齢者の生きがい意識の調査研究である．調査のワーディングは，後掲の図10-2を参照してほしい．また，このワーディングから含意される「生きがい」の内実は，表10-2の7領域を含む．この「生きがい」の7領域は，本章とほぼ同様のワーディングを用いた，鈴木（1986：499-516）の実証研究から得られたものである．この「生きがい」の7領域は，

　　・生きがいの中核構造（「私生活の安定」「自分を生かす」「人間関係維持」）
　　・生きがいの周辺構造（「生活に変化」「未来展望」「人生の意味」「自由」）
の2層からなっている．特に，前者の生きがいの中核構造の3項目が生きがい意識と強く相関している（鈴木　1986：512）．

第 10 章　限界集落高齢者の生きがい意識　189

表 10-2　生きがいの 7 領域

・生きがいの中核構造
　(1)　経済的・精神的に安定し，健康で平和な家庭生活を求める心（私的生活の安定）
　(2)　仕事（家事）で能力を発揮し，好きな趣味を楽しむなど，十分に自分を生かすことを求める心（自分を生かす）
　(3)　愛情，友情，信頼を重んじ，人間関係（交流）を大切にする心（人間関係維持）

・生きがいの周辺構造
　(4)　新しい経験や冒険をしたり，新しいものをつくるなど，生活に変化を求める心（生活に変化）
　(5)　夢や野心のある生活目標に向かって努力し，社会の進歩を望むなど，未来に期待する心（未来展望）
　(6)　美しいもの，真理，善など，人間の品格を高める価値や理想を求める心（人生の意味）
　(7)　与えられた境遇や秩序にとらわれず，たとえ危険でも自分の運命を自分でえらびとって生きていく，自由を求める心（自由）

（出典）鈴木（1986：513）より.

4．限界集落論にみる山村（限界集落）高齢者像─先行研究の系譜⑴─

　山村（限界集落）高齢者の生きがい調査について先行研究をみておこう．これについて先行研究は少ない．しかし，この問題については，大野晃の提唱した，限界集落論の影響は非常に大きい．限界集落とは「65 歳以上の高齢者が集落人口の半数を超え，冠婚葬祭をはじめとする田役，道役などの社会的共同生活の維持が困難な状態におかれた集落」（大野　2007：132）と定義される．この限界集落では，高齢者の暮らしは非常に暗い．大野によれば，限界集落高齢者の状況は，以下のようである．重要な記述なので，やや長くなるが引用しよう．

「独居老人の滞留する場と化したむら．人影もなく，一日誰とも口をき
かずにテレビを相手に夕暮れを待つ老人．時折，天気が良ければ野良仕事
に出て，自分で食べる野菜畑の手入れをし，年間 36 万円の年金だけが頼
りの家計に，移動のスーパーのタマゴの棚に思案しながら手をのばすシワ
がれた顔．

　バスの路線の廃止に交通手段を失し，タクシーで気の重い病院通い．一
ヶ月分の薬をたのみ，断られ，二週間分の薬を手に魚屋で干モノを買い家
路を急ぐ．テレビニュースの声だけが聞こえているトタン屋根の家が女主
人の帰りを待っているむら．

　家の周囲を見渡せば，苔むした石垣が階段状に連なり，かつて棚田であ
った痕跡をそこにとどめている杉林．何年も人の手が入らず，間伐はおろ
か枝打ちさえされないまま放置されている“線香林”．日が射さず下草も
生えない枯れ枝で覆われている地表面．野鳥のさえずりもなく，枯れ枝を
踏む乾いた音以外に何も聞こえてこない“沈黙の林”．田や畑に植林され
た杉に，年ごとに包囲の輪を狭められ，息をこらして暮らしている老人」
（大野　2007：132）．

　大野（2007：132）は「これが病める現代山村の偽らざる姿」であるという．
ほぼ同様の見解を示すのが曽根（2010）である．

5．限界集落論とは異なる山村（限界集落）高齢者像─先行研究 の系譜(2)─

　これに対して，限界集落論とは相当異なる農山村高齢者像を示す論者もいる．
徳野（1998）などがそれだが，ここでは農山村高齢者の利点がむしろ強調される．
農山村高齢者は，元気であれば農作業を続け生涯現役でいられるし，地域社会
から期待もされている．これらのことから，都市の高齢者と比べて，農山村の

高齢者は恵まれているというのである（徳野　1998：154-156）．

　さらには，山村集落の状況は非常に厳しいが，高齢者の生活を支える仕組み
はまだ滅び去っていない．たとえば，木下（2003）によれば，山村高齢者の暮
らしは「他出した子どもとのネットワークで，かろうじて命脈を保っている」．
また山村高齢者の暮らしは，家族（別居子含めて），自然，農業（作物），同じ
集落に住む人々（集団参加，集落維持活動），生活費の安さ，土地に対する愛
着などによっても支えられている（本書　表9-4（176頁）；高野　2008；吉岡
2010）．

　これらの論稿に示される共通点は限界集落論への疑義である．つまり，山村
集落にも人々は現に生活しているのであり，「『限界』というレッテルを貼るこ
とは，…ためらわざるを得ない」（吉岡　2010）と考えるのである[4]．高野（2008）
のいい方を借りれば，「集落での生活を端から見ればかなり厳しいようにうつ
るが，（集落の：山本補筆）女性独居高齢者 4 人の生活は，深刻な状況ばかりで
はない」ということになる[5]．

6．調査の課題と方法

　先行研究の検討から，山村（限界集落）高齢者の生きがい研究には，2 つの
系譜があることが判明した．限界集落論（大野　2007；曽根　2010）とそれに対
する異論（徳野　1998；木下　2003；高野　2008；吉岡　2010）である．

　ただし，これらの研究は，山村高齢者生きがい研究そのものというよりは，
山村高齢者（生活構造）研究とでもよんだ方が正確である．山村高齢者生きが
い研究は，このように山村高齢者（生活構造）研究の一部として展開してきた．

　くわえて，これらの調査研究の主な手法は質的調査（モノグラフ）である．
勿論，質的モノグラフは大いに意味のある研究である．しかし，調査票を用い
た量的調査も必要である．それによって，山村高齢者の生きがい意識の高低な
どが検討できるからである．たとえば，山村高齢者は限界集落論（4.）の描く

表 10-3　山村振興法の定める振興山村

・指定要件…「旧市町村（昭和 25 年 2 月 1 日時点の市町村）単位に林野率（昭和 35 年）75％以上かつ人口密度（昭和 35 年）1.16 人／町歩未満等」（農林水産省ウエッブサイト，山村とは：http://www.maff.go.jp/j/nousin/tiiki/sanson/s_about/index.html）.
・山村面積：1,785 万 ha（全国の 47％，2010 年）
・山村人口：393 万人（全国の 3％，2010 年）
・「振興山村」を有する市町村の数は，全国で 734（全市町村数の 43％，2014 年 4 月 1 日）
・高齢化率（65 歳以上割合）：山村…34.1％（2010 年），全国…23.0％（2010 年）
　＊人口，高齢化率は国勢調査による

ような，「悲惨」といってよいような境遇なのであろうか．そうであれば，山村高齢者の生きがい意識は他の地域と比べて，かなり低いものになるはずである．このような知見は質的調査からは得られない．そこで，本章の課題は，山村（限界集落）高齢者の生きがい意識に関する量的（質問紙）調査の分析となる．なお，本章で山村とは，山村振興法の定める振興山村（表 10-3）としておきたい[6]．振興山村の分布は図 10-1 のようである．

7．調査地域と調査方法の概要

調査地域と調査方法についての概要を示す.

① 調査地域：広島市佐伯区湯来町 A 地区内の 4 つの地域，20 歳以上の全住民 621 名.

・湯来町は 2005 年 4 月 25 日に広島市佐伯区に編入（平成の大合併）.

・同町は 2015 年 4 月 1 日現在，全域が振興山村に指定されている.

・調査を実施した A 地区は高齢化率 52.4％（2010 年 12 月住民基本台帳）であり，限界集落の量的基準（高齢化率 50％）を超えている（本章 4．；9 章表 9-5（177 頁））.

第10章 限界集落高齢者の生きがい意識

図10-1 振興山村の分布

(出典) 農林水産省ウエッブサイト，山村とは：http://www.maff.go.jp/j/nousin/tiiki/sanson/s_about/

- また，A地区は全国の山村の高齢化率（34.1％，表10-3）と比較してもかなり高齢化の進んだ地区である．
- さらに，A地区内の2つの地域は無医地区[7]でもある．

つまり，当該調査地域は全国の山村一般と比べても，条件不利的な性格がか

なり強い地域である.

② 調査期間：2012年6月11日〜7月21日
③ 調査方法：質問紙調査
④ 227名（37％）回収．配布は町内会長の協力を得て各世帯へ配布，回収方法は郵送．

8．生きがい調査の基本的知見—どのくらいの人が生きがいを感じているか？　どんなことに生きがいを感じているか？—

それでは，調査の基本的知見から確認したい．本章では高齢者は70歳以上としたい．これは，いくつかの老人線の調査から，70歳以上を高齢者と考える者が多かったためである（6章　表6-3：115）．

そこで，図10-2を見るとまず，A地区の高齢者（70歳以上）の7割程度（70.4％）は生きがいを「十分」あるいは「まあ」感じて暮らしている．つまり，山

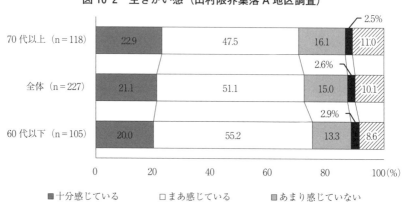

図10-2　生きがい感（山村限界集落A地区調査）

（注）1 調査では，「あなたは現在，どの程度生きがいを感じていますか」と尋ねて，上記の選択肢からあてはまるもの一つに○をつけてもらった．
2 全体（227人）には年齢が不明の者を含む．

村限界集落高齢者の大部分は生きがいをもった人々である．ただし，この数字は非高齢者（60代以下）の75.2％よりもやや低い[9]．つまり，加齢とともに生きがいを感じる者の割合は少し減退すると思われる．このような結果は他の過疎地域高齢者調査でも得られているので，一応，信頼できる知見と思われる[10]．

では，人々はどのような時に生きがいを感じるのだろうか．それを示したのが図10-3である．これによれば，生きがいを感じる時は，大枠，「家族」→「自分の楽しみ」「仕事」「社会」「農業」→「お金」の順番で3段階の6領域に整理できる．具体的には，次頁のような対応である．

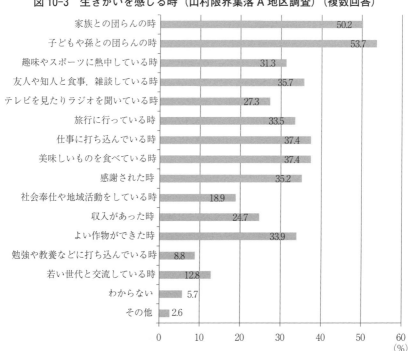

図10-3 生きがいを感じる時（山村限界集落A地区調査）（複数回答）

（注）あてはまるものすべてをえらんで回答.

「家族」…「子どもや孫との団らん」53.7%，「家族と団らん」50.2%

↓

「自分の楽しみ」…「美味しいものを食べる」37.4%，「旅行」33.5%，「趣味・スポーツ」31.3%，「テレビ，ラジオ」27.3% 「仕事」…「仕事に打ち込む」37.4% 「社会」…「友人，知人と食事，雑談」35.7%，「感謝された時」35.2% 「農業」…「よい作物ができた」33.9%

↓

「お金」…「収入があった時」24.7%

9．生きがいを感じる時—高齢者，非高齢者比較—

　この生きがいを感じる時の調査結果を年齢別で比較したのが表10-4である．これによれば，高齢者（70代以上）と非高齢者（60代以下）で生きがいを感じる時に違いがある．表10-4の○囲みの番号は選ばれた割合の多い順で順位をつけたものだが，それによれば，以下のような違いを指摘できる．

　まず高齢者では，生きがいを感じる時は，「家族①②」→「農業③」→「自分の楽しみ④⑤⑦」「仕事⑥」→「社会⑧⑨」の順番で4段階程度の5領域に整理できる．非高齢者では，「家族①②」→「社会③④」「仕事④」→「自分の楽しみ④⑦⑨」→「お金⑧」の順番で同じく4段階程度の5領域に整理できる（表10-4の○囲みの番号参照）．

　ここから，高齢者と非高齢者の生きがいを比較すると以下の点が指摘できる．
・「家族」が生きがいとしてもっとも多く選ばれるということは高齢者も非高齢者も同じである．したがって，生きがいの基底にあるのは「家族」である．ただし，高齢者では，「子どもや孫との団らん」が，非高齢者では「家族との団らん」がより生きがいになっている．
・高齢者では，「家族」についで多く選ばれる「生きがい」は「農業」である．これは，今回調査のような農山村高齢者の大きな特色であると思われる．

第 10 章　限界集落高齢者の生きがい意識　197

表 10-4　生きがいを感じる時（山村限界集落 A 地区調査）（複数回答）
―高齢者（70 代以上），非高齢者（60 代以下）比較―

	60 代以下	70 代以上
その他	3.7%	0.8%
わからない	4.6%	5.9%
若い世代と交流している時	7.4%	17.8%
勉強や教養などに打ち込んでいる時	10.2%	6.8%
よい作物ができた時（農業）	26.9%	③ 39.8%
収入があった時（お金）	⑧ 34.3%	16.1%
社会奉仕や地域活動をしている時	18.5%	19.5%
感謝された時（社会）	③ 43.5%	⑨ 28.0%
美味しいものを食べている時（自分の楽しみ）	④ 39.8%	④ 35.6%
仕事に打ち込んでいる時（仕事）	④ 39.8%	⑥ 33.9%
旅行に行っている時（自分の楽しみ）	⑨ 31.5%	⑤ 34.7%
テレビを見たりラジオを聞いている時（自分の楽しみ）	21.3%	⑦ 33.1%
友人や知人と食事，雑談している時（社会）	④ 39.8%	⑧ 32.2%
趣味やスポーツに熱中している時（自分の楽しみ）	⑦ 38.0%	25.4%
子どもや孫との団らんの時（家族）	② 45.4%	① 60.2%
家族との団らんの時（家族）	① 50.9%	② 50.0%

（注）〇囲みの数字は順位．ただし，比較的上位の割合にのみ付した．

・高齢者では，「社会」の後退が見られる．特に「感謝」の後退は大きい（非
　高齢者 43.5%→高齢者 28.0%）．

・あわせて高齢者では，「お金」の後退が見られる（非高齢者 34.3%→高齢者
　16.1%）．

・「仕事」と「自分の楽しみ」は大きな違いは見られない．ただし，高齢者に
　おける，「テレビ・ラジオ」の拡大（非高齢者 21.3%→高齢者 33.1%），「趣味・
　スポーツ」の縮小（非高齢者 38.0%→高齢者 25.4%）が見られる．高齢者の生

きがいにおける，若干の受動化が指摘できるのかもしれない．

これらから示唆されるのはつぎのようである．高齢者の生きがいにおいては，「社会」「お金」からの後退，さらに一部では「自分の楽しみ」の受動化が見られる．しかし，高齢者の生きがいは，「家族」と「農業」によって大きく支えられている．特に「農業」は高齢者になって大きく出てくる生きがいであり，「社会」「お金」からの後退を埋める重要な「生きがい」である．また，「農業」は山村限界集落を含めて農山村高齢者の生きがいの特色とも考えられる．

具体的には，高齢者の「生きがいを感じる時」は，下記のような対応である．

「家族」…「子どもや孫との団らん」60.2%，「家族との団らん」50.0%

↓

「農業」…「よい作物ができた」39.8%

↓

「自分の楽しみ」…「美味しいものを食べる」35.6%，「旅行」34.7%，「テレビ，ラジオ」33.1% 「仕事」…「仕事に打ち込む」33.9%

↓

「社会」…「友人，知人と食事，雑談」32.2%，「感謝された時」28.0%

また，非高齢者では，下記のような対応である．

「家族」…「家族との団らんの」50.9%，「子どもや孫との団らん」45.4%

↓

「社会」…「感謝された時」43.5%，「友人，知人と食事，雑談」39.8% 「仕事」…「仕事に打ち込む」39.8%

↓

「自分の楽しみ」…「美味しいものを食べる」39.8%，「趣味，スポーツ」38.0%，「旅行」31.5%

↓

「お金」…「収入があった時」34.3%

第 10 章　限界集落高齢者の生きがい意識　199

10. 生きがいの地域比較―山村限界集落, 山村過疎小市, 全国 (都市) ―

　さてそれでは, 高齢者で生きがいを感じる者の割合は地域によって違うのだろうか. この問題は, 限界集落論の妥当性を検討するにあたり, 非常に重要な課題である. 先にみたように, 限界集落の限界性は高齢者の生活構造や生活意識に出てくるからである (4. 参照).

　そこでここでは, 山村限界集落 (A 地区) と山村過疎小市 (広島県庄原市) と全国の生きがい意識の調査結果を比較したい. なお, 全国調査のデータが60 歳以上であるので, ここでは A 地区のデータも 60 歳以上の数字を用いる. また, 庄原市のデータは 65 歳以上が対象の調査であるので, 65 歳以上データ

表 10-5　生きがい感 (山村限界集落 A 地区調査, 60 歳以上：合計 166 人)

	十分感じている	まあ感じている	あまり感じていない	まったく感じていない	わからない	合計
2012 年調査	22.3%	50.6%	14.5%	3.0%	9.6%	100.0% 166 人

表 10-6　生きがい感 (全国 60 歳以上, 庄原市 65 歳以上)

	十分感じている	多少感じている	あまり感じていない	まったく感じていない	わからない	合計
2014 年全国調査	16.6%	52.6%	24.5%	3.9%	2.4%	100.0% 3,687 人
	とても感じている	やや感じている	あまり感じていない	ほとんど感じない		合計
2002 年庄原市調査	41.0%	43.8%	12.6%	2.7%		100.0% 1,131 人

(出典)・2014 年全国調査：内閣府政策統括官共生社会政策担当「平成 26 年度高齢者の日常生活に関する調査結果」, 調査対象は全国 60 歳以上の男女. 郵送配布, 郵送回収法による調査.
　　　・2002 年庄原市調査：調査対象は要介護認定を受けていない広島県庄原市 65 歳以上の男女. 郵送配布, 郵送回収法による調査. 本書付論 1 (付表 1-1) 参照.

で見ていく．庄原市は山村振興法の定める山村を含む中国山地の過疎小市であり，2002年調査当時の人口は21,370人（2000年国勢調査）である．

　なお，これらの調査では「あなたは，現在，どの程度生きがい（喜びや楽しみ）を感じていますか」と質問しており，質問のワーディングはほぼ同じである．ただし，「喜びや楽しみ」というカッコ内の挿入が全国調査にのみある．この挿入の効果は僅かであろうが，全国調査において，生きがい感を増す可能性はあるだろう．また，回答の選択肢は表10-5，表10-6のとおりであり，こちらもほぼ同じとみてよいだろう．庄原市調査のみ「わからない」の選択肢がないが（表10-6），これを勘案しても，ここでの結論は変わらない．この点は念のため付記しておく．ここで比較する3つの調査はいずれも自記式調査であり，郵送で回収されている．この点はデータの比較に重要な点なので後にふれる．

　そこで，調査結果を比較すると，生きがいを「十分」（とても）ないし「まあ」（多少）（やや）感じている者の割合は，全国69.2%→山村限界集落（A地区）72.9%→過疎小市（庄原市）84.8%，となる．ここから，生きがいを感じる者の割合は，「全国≒山村限界集落（A地区）＜過疎小市（庄原市）」となる．

　さらには，生きがいを「十分」（とても）感じている者のみでみれば，全国16.6%→山村限界集落（A地区）22.3%→過疎小市（庄原市）41.0%，となる．ここから，生きがいを「十分」（とても）感じる者の割合は，「全国＜山村限界集落（A地区）＜過疎小市（庄原市)」となる．

　以上から，総じていえば，高齢者の生きがい意識がもっとも高いのは過疎小市である．ついで生きがい意識の高いのはあえていえば山村限界集落であり，もっとも生きがい意識が低いのが全国となる．

　ただし，全国調査のサンプルは大部分（9割程度）が大都市，市部からのものである（表10-7）．したがって，全国調査の結果はほぼ都市（市部）の実態を示すものと理解してよい．ここから，高齢者の生きがい意識は，過疎小市でもっとも高く，山村限界集落が中間で，もっとも低いのが都市（市部）となる．

第 10 章　限界集落高齢者の生きがい意識　201

表 10-7　2014 年全国調査のサンプル構成（地域別）
(%)

大都市	人口 10 万以上の市（大都市を除く）	人口 10 万未満の市	郡部（町村）	合計
24.1	40.5	24.7	10.6	100.0

（出典）2014 年全国調査：内閣府政策統括官共生社会政策担当「平成 26 年度高齢者の日常生活に関する調査結果」
（注）大都市は東京都部と政令指定都市（2014 年調査時点）を含む.

11. むすび—限界集落論への疑問，過疎地域はむしろ住みよい所である可能性がある—

　本章の調査分析から示唆される重要な結論は，過疎地域や限界集落は高齢者にとってむしろ住みよい地域である可能性があるということである. 昨今，限界集落論のみならず，「撤退の農村計画」という議論まで出てきている. これらの議論で強調される重要な論点のひとつが，「過疎集落の高齢者の苦悩」である.

　限界集落論での高齢者の記述は先にみたので（本章 4.），「撤退の農村計画」の方をみておこう. ここに出てくる高齢者は，自動車が利用できない，病気がちの，いよいよ生活が成り立たなくなった高齢者である. このような高齢者像から「過疎集落の高齢者の苦悩」が語られる（林　2011）. 限界集落論にしろ，「撤退の農村計画」にしろ，高齢者の姿は非常に弱々しい. しかし，このような語られ方には，違和感を持たざるをえない[11].

　本章の A 地区調査の結果では，「生きがい」感を「まったく」あるいは「あまり」感じられない高齢者は合計で 2 割に満たない（図 10-2，表 10-5）. この人々は，総じていえば，限界集落論や「撤退の農村計画」の描く高齢者に近い. しかし，それは，決して，山村限界集落高齢者のマジョリティではない. しかも，「生きがい」を感じられない高齢者はむしろ，都市（市部）に多く，3 割程度（28.4%）におよぶ（表 10-6，2014 年全国調査，参照）.

資料 10-1　山村限界集落の集落機能（朝日新聞記事，2012 年 6 月 23 日）

逆にいえば，A 地区の調査によれば，
・山村限界集落高齢者の大部分（7 割程度）は生きがいをもった人々であり，
・その生きがいは，「家族」や「農業」や「自分の楽しみ」や「仕事」や「社会」に支えられている．

これらの知見から示唆されるのは，限界集落論や「撤退の農村計画」とは相当異なる山村高齢者の姿である．この状況を理解するには，資料 10-1 の新聞記事は大いに参考になる．この記事の地域は本章の調査地域の一部であるが，

集落の生活共同（防衛）の機能はまだ生きている．ここでは「二重三重の人間関係」で高齢者の暮らしを守っているのである．ここにあるのは，現代の諸問題にそれなりの反撃力，対応力をもつ，山村限界集落の姿である．

12. もうひとつのむすび，生きがい調査の留意点―自記式か，他記式か―

　ここから，本章の結論は先行研究の系譜でいえば，「限界集落論とは異なる山村（限界集落）高齢者像」（本章5．）で示した研究に連なるものである．ただし，本章のこのような知見は，限られた調査からのものであり，さらなる検討は不可欠である．しかし，ここでひとつ強調しておいてよいのは，農山村調査における量的質問紙調査の意義である．

　先行研究の2つの系譜（本章4．および5．参照）とも，質的（モノグラフ）調査が主な方法であり，それ故に（というべきであろうか）議論の相互交流が少ないように思われる．質的調査の記述はそれぞれに「迫力」があり，「説得力」があり，「リアリティ」がある．そこから，かえって生産的な対話がむずかしくなることがあるように思うのである．有り体にいえば，それぞれの質的モノグラフはそれぞれの相当異なるリアリティをそれぞれの調査に依拠して，それぞれ独自に語っている．ここに見られるのは，現状分析（社会記述，リアリティ）の並存ないし拡散である．つまり，「それもあるかもしれないが，これもある」という事態である[12]．

　量的質問紙調査はこの並存ないし拡散からはある程度，逃れることが可能である．量的質問紙調査の方法は研究成果の共有が比較的容易であるからである（本書　はじめに）．つまり，ラザースフェルド（1947：xv）の言を用いれば，以下のようである．やや長くなるが引用する．「現代の社会生活は，直接的な観察のみによって理解するには，あまりにも複雑なものになってしまっている．飛行機に乗ることが危険であるかどうか，あるタイプのパンが他のパンよりも

204

栄養があるかどうか，私たちの子供たちにとっての雇用の機会はどの程度のものであるか，ある国が戦争に勝てそうかどうか…．このような種類の問題について理解できるのは，自分で統計表を読み取ることができる人々，あるいは確かに統計表の解釈をさせることができる人々に限られるのである．社会現象の複雑性それ自体が，定量的な言語による表現と解明を必要としている」．

本章のような高齢者の生きがい意識の高低などについても，ラザースフェルドの言は適用できる．ただし，生きがい研究に関与してきた社会学者は本章の調査結果にやや意外の感をもつかもしれない．表10-6の2014年全国調査の「生きがい」を感じている者の割合が，従来の値よりやや少ないからである．これは，従来のよく参照される調査が（面接員による）他記式調査であり，本章で用いた調査が（郵送法による）自記式調査であるためである（と思われる）．他記式（2013年，2012年，2008年，2003年）調査と自記式（2014年）調査での結果の違いはつぎのようである（表10-8）．

・生きがいを「十分感じている」が，他記式4割程度から自記式2割弱（16.6

表10-8　生きがい感（全国60歳以上：「あなたは，現在，どの程度生きがい（喜びや楽しみ）を感じていますか」）

調査法	調査年	十分感じている	多少感じている	あまり感じていない	まったく感じていない	わからない	合計
自記式	2014年	16.6%	52.6%	24.5%	3.9%	2.4%	3687人
他記式	2013年	38.5%	40.7%	16.4%	3.9%	0.5%	1999人
他記式	2012年	40.9%	40.8%	15.0%	2.7%	1.6%	1631人
他記式	2008年	44.2%	38.3%	14.2%	2.7%	0.6%	3293人
他記式	2003年	39.5%	42.2%	14.0%	2.9%	1.5%	2860人

（出典）2014年調査…表10-6の全国調査を再掲．調査法は郵送法による自記式調査．
　　　　2013年，2008年，2003年調査…内閣府政策統括官共生社会政策担当「高齢者の地域社会への参加に関する意識調査」．調査法は調査員による面接聴取法．
　　　　2012年調査…内閣府政策統括官共生社会政策担当「高齢者の健康に関する意識調査」．調査法は調査員による面接聴取法．

%）へ減少．

・生きがいを「感じている」が，他記式 8 割程度から自記式 7 割（69.2％）へ
減少．

・生きがいを「感じていない」が，他記式 2 割弱程度から自記式 3 割弱（28.4
％）へ増大．

ここから，自記式調査において，生きがいを感じる者の割合が低くなってい
ることがわかる．

では，他記式と自記式，どちらの調査結果を採用するべきか．生きがい調査
の場合，自記式調査の方が正確な調査が可能と思われる．面接員の前では，「生
きがい」なしとは答えにくいと思われるからである．その理由は種々ありそう
である．たとえば，被調査者（回答者）の「見栄」，被調査者が調査者の「期
待」に沿おうとする「過同調」などがそれである．いずれにしても，調査では
面接員からの影響から解放された状態で，正直に答えてもらう必要がある．そ
の場合，自記式調査はすぐれた方法と思われる．

面接員による他記式調査は社会調査の「標準的な方法」（飽戸 1987：14）で
あり，「もっとも正確な方法」（安田 1969：9）といわれてきた．しかし，自記
式調査を見直す議論がある（海野 2008）．今回の調査結果はその見直しを支持
する意味ある事例である．すなわち，海野（2008：87）がいうのとは少し違う
理由だが，「調査員による面接調査が信頼性の高い測定装置とは言いにくい状
況」があるように思えるのである．[14]

注）
1）相乗的とは本章の問題意識（生きがい研究）の脈絡では，「一人の人間が，生
きがいをもって生きるということが，同時に他の人間にとって，生きがいをも
って生きるということの条件になる」（見田 1970：196-197）ということである．
他の欲求が相克的であるとは，「もともとは限られた資源しかない世界のなかで，
他の個人をおしのけてでもその生存条件を確保しておこうとする合理性として，
その起源を理解することができ」（見田 1970：194-195），「自分がそれをより
大きく充たせば充たすほど，他の人間はそれを充足する機会が減少するという

こと，反対に他の人間がそれを満喫すればするほど，自分はそれを我慢しなければならないという構造を持っている」（見田　1970：196）ということである．つまり，相乗的とは一人占めをめざさない（支えあいをめざす），相克的とは一人占めをめざす（支え合いをめざさない）志向性ということになろう．

2）これについてラザースフェルド（1984：20）は「民俗社会（folk society）が正確に何であるか，誰が言えるであろうか．世論の真の意味について数多くの議論を読まなかった人がいるだろうか」と例示する．

3）山村概念の曖昧性は古くは柳田（1938）にも指摘がある．最近では，秋津（2000）参照．

4）限界集落概念へのこのような批判は本書9章（169-183）が「限界集落概念が生活を見ないことへの批判」とよんだものである．

5）高野（2008）や吉岡（2010）の示す状況を理解するには，後掲（11.）の資料10-1は示唆的である．

6）この法律において「山村」とは，「林野面積の占める比率が高く，交通条件及び経済的，文化的諸条件に恵まれず，産業基盤及び生活環境の整備等が他の地域に比較して十分に行われていない山間地その他の地域」と定義される（農林水産省「山村振興法の一部を改正する法律のあらまし」平成27年6月）．

7）無医地区とは，「医療機関のない地域で，当該地区の中心的な場所を起点として，おおむね半径4㎞の区域内に50人以上が居住している地区であって，かつ容易に医療機関を利用することができない地区」（厚生労働省ウエッブサイト http://www.mhlw.go.jp/toukei/list/76-16.html：無医地区等調査「用語の解説」，参照）と定義される．

8）老人線とは，「一定の暦年齢以上の人々を"老人"と定義するための人為的，便宜的な境界線．老人というカテゴリーを暦年齢で具体的に確定したもの」である（浜口編　1996：477）．本書で用いた中津江村調査（本書：115）では，「あなたは何歳から高齢者だと思いますか」と質問した．老人線は老人の社会学的概念とセットで議論されるが，これについては，大道（1966：39-82）を参照．

9）本章では高齢者（70代以上）と非高齢者（60代以下）を比較するが，その回答者の内訳は，
　　高齢者…70代59％，80代以上41％
　　非高齢者…60代45％，50代27％，40代15％，30代8％，20代5％
である．したがって，以下本章における非高齢者とは60代から50代の層が中核であることを留意願いたい．

10）ほぼ同様の調査結果は，付表1-2（本書：付論1）の広島県過疎地域での調査（広島県庄原市，2002年調査実施）参照．ここでも加齢とともに生きがいを感じる者の割合は落ちている．

11）ただし，このような社会的弱者としての高齢者像（問題）をすべて否定する

意図はない．実際，筆者自身もそのような問題を過疎地域高齢者の自殺問題を
例にとって問題提起したこともある（山本　1996）．しかし，それはあくまで，
過疎問題の範疇であって，限界集落論や「撤退の農村計画」の範疇ではない．
また，表10-Aの農山村高齢者像を参照されたい．ここからも，限界集落論や「撤
退の農村計画」と相当異なる高齢者像があることがわかる．

表10-A　農山村高齢者像

徳野（1998：154）…「長年農山村を調査などで駆け回っていて感じることの
ひとつに，農山村の年寄りの顔がいい顔をしているということである．…
統計データで所得水準や病院などの施設配置，交通等の利便性などを都市
部と比べてみれば農山村の厳しさは益々増加している．…しかし，重要な
ことは，だからといって，農山村に住み暮らす高齢者が不幸だとは必ずし
もいえないことである．むしろ，彼らの方が都市部の高齢者より幸せとま
ではいえなくても恵まれていると考えられる理由・現象が少なからずある」

小川（1996：68）…「農村を歩いて，高齢者と話している限り，『高齢者イコー
ル弱者』という既存のイメージは全く的はずれな感じがする．都市の高
齢者のように，定年ショックで社会的な死を宣告され，テレビだけを友と
する生活のうちに心理的な死を宣告され，しかしなかなか生理的には死ね
ない体を病院に通わせたり，預けたりしている姿は，農村にもないとはい
えないが，現役としての心意気を持っている高齢者は，農村ではかなり多い」

曽根（2010：13）…「村が喘いでいる．ことのほか山里が喘いでいる．二人
に一人がお年寄りになった．…（中略）…村から音が消えていった．子ど
もの泣き声はもう長い年月，聞いたことがない．お盆とお彼岸と正月に子
や孫たちが帰ってくればと心待ちにしている．息子一家は同じ市だが街中
に住んでサラリーマンをして暮らしている．車で四十分はかかる．遠くに
嫁いで，もう子どもが大学に行く年齢になった娘がときどき電話で様子を
うかがってくる．『主人と話すんですよ．誰にもお世話にならずに暮らさん
とね．みんな必死ですよ．私たち年寄りはね．ははは』…」

12）その例として，4．の大野（2007）の高齢者像と，表10-Aの3つの農山村高
齢者像を比較されたい．徳野（1998），小川（1996）と，大野（2007），曽根
（2010）の記述は同じ過疎農山村高齢者についての記述であるにもかかわらず，
その内容は大きく異なる．限界集落論を提唱（支持）する，大野（2007），曽根
（2010）の高齢者は弱々しい．それに対して，限界集落論に依拠しない，徳野
（1998），小川（1996）の高齢者は決してそうではない．

13) 面接員による他記式調査を飽戸 (1987：14) は「訪問面接調査法」, 安田 (1969：9) は「個別面接調査法」と呼んでいる.

14) 海野 (2008：87) がいうのは「調査員の質を一定に保つのが困難」になってきたとい理由である. 勿論, これももっともな理由である. これに対して, 本章で主張するのは, 「面接員からの影響」による回答の歪みである. ほぼ同様の主張はハフ (1968：33-35) にもある. ハフが指摘するのは, 「相手をよろこばせるような答えをしたいという欲求」である.

参考文献

秋津元輝, 2000, 「二十世紀日本社会における『山村』の発明」日本村落研究学会編『年報村落社会研究』36：151-182.

飽戸弘, 1987, 『社会調査ハンドブック』日本経済新聞社.

大道安次郎, 1966, 『老人社会学の展開』ミネルヴァ書房.

浜口晴彦編集代表, 1996, 『現代エイジング辞典』早稲田大学出版部.

林直樹, 2011, 「過疎集落からはじまる国土利用の戦略的再構築」『週刊農林』2114：8-9.

ハフ, D., 高木秀玄訳, 1968, 『統計でウソをつく法—数式を使わない統計学入門—』講談社（Blue Backs）.

神谷美恵子, 1966, 『生きがいについて』みすず書房.

木下謙治, 2003, 「高齢者と家族—九州と山口の調査から—」『西日本社会学会年報』創刊号：3-13.

古谷野亘, 2009, 「生きがいの探求—高齢社会の高齢者に生きがいが必要なわけと生きがい対策—」『生きがい研究』15：22-36.

ラザースフェルド, P. F., 西田春彦・高坂健次・奥川櫻豊彦訳, 1984, 『質的分析法—社会学論集—』岩波書店.

ラザースフェルド, P. F., 佐藤郁哉訳, 1947, 「初版への緒言から」ザイゼル, H., 2005, 『数字で語る—社会統計学入門—』新曜社：xv-xviii.

Mathews, G, 1996, *What Makes Life Worth Living?: How Japanese and Americans Make Sense of Their Worlds*, University of California Press.

見田宗介, 1970, 『現代の生きがい—変わる日本人の人生観—』日経新書.

小川全夫, 1996, 『地域の高齢化と福祉—高齢者のコミュニティ状況—』恒星社厚生閣.

大野晃, 2007, 「限界集落論からみた集落の変動と山村の再生」日本村落研究学会編『むらの社会を研究する—フィールドからの発想—』農文協：131-138.

曽根英二, 2010, 『限界集落—吾の村なれば—』日本経済新聞出版社.

鈴木広, 1986, 『都市化の研究』恒星社厚生閣.

高野和良, 2008, 「地域の高齢化と福祉」堤マサエ・徳野貞雄・山本努編『地方か

らの社会学―農と古里の再生をもとめて―』学文社：118-139.

徳野貞雄，1998，「少子化時代の農山村社会―『人口増加型パラダイム』からの脱却をめざして―」山本努・徳野貞雄・加来和典・高野和良『現代農山村の社会分析』学文社：138-170.

海野道郎，2008，「調査票の設計とその技法」新睦人・盛山和夫編『社会調査ゼミナール』有斐閣：79-91.

山本努，1996，『現代過疎問題の研究』恒星社厚生閣.

柳田国男，1938，「山立と山臥」柳田国男編『山村生活の研究』国書刊行会：538-548.

安田三郎，1969，『社会調査ハンドブック（新版）』有斐閣.

吉岡雅光，2010，「限界集落の限界とは」『立正大学人文科学研究所年報』48：17-30.

（付記）本章は科学研究費補助金（研究課題番号：23530676　研究代表・山本努　2011～2015年度，研究課題番号：15K03853　研究代表・山本努　2015年～2019年度），および，高野和良九州大学教授研究代表の科学研究費（研究課題番号：25380740　2013～2016年度）による研究成果の一部である．なお，本章のA地区調査は県立広島大学山本研究室の仲正人（大学院生），肥後加苗（大学院生），岡畑舞（学部生），佃明里（学部生），塚本直巳（大学院OB）の各氏とともに行った（括弧内は調査時点）．皆さまに感謝致します．

第11章　都市・農村の機能的特性と過疎

農山村研究の2つの重要課題
—高出生率地域研究と人口還流研究の位置—

1. はじめに—都市と農村—

　地域社会には都市と農村という両極が設定できるが，それぞれに優っている
ところ，劣っているところがある．これについては，いろいろの論者が種々の
学説を提出してきた．またそもそも，都市とは何か，農村とは何かという概念
規定上の大問題もある．表11-1は有力な都市社会学者と都市概念を示すもの
だが，ここからも種々の都市概念があることがわかる．加えて，この表11-1
には含まれていない有力な都市社会学者や都市概念もあって，この問題は，単
純なようで実は単純ではない．その概念規定次第では，「日本にはそもそも『都

表11-1　都市社会学者と都市概念

研究者／都市概念	ジンメル	ウェーバー	パーク	ワース	マンフォード	柳田	奥井	磯村
人　　口		○	○	◎			○	
機　　関							◎	
施　　設		○		○		○		○
自 治 体		◎						
社会関係心理状況	◎		◎	○	○	○		◎
地域社会			○					○
文　　化			○		◎	◎		

著名な都市研究者が，都市の都市たる理由をどこに置いているのか．強くアクセントを置いている点
を◎で，これに次ぐ側面を○で表示した．
（出典）藤田（1999：12）

市』は存在しなかったのではないか」（ウエーバー　1979：616）と指摘する学者すらいる.

　そこでここでは，都市とは何か，農村とは何かという概念規定上の大問題はおいておきたい. 本章では具体的には，現代日本（や先進諸国）の都市や農村（つまりたとえば，東京や大阪や福岡市や広島市や大分県旧中津江村や島根県旧弥栄村など）を念頭において考えたい. これをあえてやや概念的に示すとすれば，さしあたり，ソローキン＆ツインマーマン（1940：3-98）の有名な都市・農村の9項目対比を想定しておけばいいだろう. すなわち，①職業（農業／非農業），②環境（自然優位／人為優位），③人口量（小／大），④人口密度（低い／高い），⑤人口の同質性・異質性（農村の同質性／都市の異質性），⑥社会移動（少ない／多い），⑦移住の方向（農村から都市へ移動が多い），⑧社会分化・階層分化（小／大），⑨社会的相互作用組織（一次的／二次的），の9項目比較がそれである. 本章では，このような都市・農村を念頭において，都市・農村の機能的特性（≒良いところ・悪いところ）について考えながら，現代の過疎農山村研究の2つの重要課題を示す.

2．都市の良い（悪い）ところ，農村の良い（悪い）ところ

2—1．祖田の見解

　さてそこで，現代（日本）の都市や農村の優れたところ，劣ったところについてのいくつかの見解をしめしておきたい.

　これについて，まず，周到な一覧は祖田（2000）にある. これは「農村の魅力」「都市の魅力」「農村の欠点」「都市の欠点」を経済，生態環境，生活の3側面で比較を試みたものである（表11-2）.

　ここから「農村の魅力（たとえば，水，空気のおいしさ）」の逆が「都市の欠点（たとえば，大気，河川の汚れ）」であり，「都市の魅力（たとえば，ビジネス・チャンスの多さ）」の逆が「農村の欠点（たとえば，就業機会が少ない）」

表 11-2　都市・農村の魅力と欠点

	A　農村の魅力	B　都市の魅力	C　農村の欠点	D　都市の欠点
経済的側面	家族経営や農業の持つ強みと面白さ／安い土地と広い家・屋敷・離れた庭／安い生活費／十分な居住の場所（使い捨て・仕舞い込み…）／山菜・きのこ、野菜など利用した多数の漬物（「味噌樽」など）／手作りの味噌／家庭菜園の野菜（家族の仕事・趣味）　など	ビジネス・チャンスの多さと成功の可能性／就業・業界・収入・民度・離れた歴史／高等専門教育の機会など収集に便利／多様な職場と人材の豊富さ／資金・所得の高さ／先端的な消費可能性／集中・集積に伴う経済的利益・交通・運輸の利便　など	就業機会が少ない／選択可能な職種の多様性が低い／一般商店やコンビニ・ストアが少ない又は無い／消費生活の華やかさがない／交通・運輸の利便性が低い　など	地価が高い／事務所の賃貸料・家賃が高く家が狭い／通勤時間が長い／交通コスト／ゴミ問題・エネルギー問題など無駄が多い　など
生態環境的側面	水・空気のおいしさ／冷涼な清水・井戸水の利用／あふれる自然と景観美／移り変わる四季と成長する生命の実感／十分な日照／庭園の日照／多数の植物・動物の存在と接触／無農薬で安全で新鮮な食品の自給／川辺の清水と、岸辺の草花／温泉／蛍の光、鳥々の鳴き声など／集落を還流する小さな河川と池、蛙々や亀の飼育／物のリサイクル利用の可能性／地域エネルギー利用の可能性　など	自然生態系を破壊した完全な都市空間（スーパーと高層建築、街路樹とフラワーポックス、都市公園）　など	近代的健康建築物の数が少ない／鳥獣の害がある（猪、猿、鳥、鹿など）　など	自然の欠如／大気・河川の汚れ／地下水の枯渇と汚れ／飲用水の不足／添加物入り合成食品の氾濫／日照の不足／都市内災害時の大量死の可能性／地下利用・高層化・暗室化の効果／限りのない都市農地や緑地の追い出しと宅地化・工場用地化　など
生活・社会的側面・文化的側面	社会の協同性・連帯性・義理人情／ゆとり・そざく温かい人間関係（内部の開放性）／のどかな暮らし（農村的生活リズム）／治安の良さ／子供を育てるのに良い環境（自然体験、遊び場の手づくり、手づくりの遊び）／感動の念／心と体のバランスを保てる／多機能・安定性・永続性／恋愛・結婚のチャンスが多い／年齢構成の充実／トータルな人間性の回復／自然の独立性・自由性／農村的労働の自由化／伝統行事や新しいグループ活動への参加／晴耕雨読の可能性／農村的諸職の芸術・農業・研究活動と素材の豊富さ（俳句、陶芸、木工、魚釣り、染色と織物、民画、各種伝統芸能、絵画、郷土史研究、方言研究、農民文学など）／庭園・盆栽・果実作りの楽しさ　など	各種生活施設の整備（上下水道、ガス、道路、情報）／買い物に便利／先端的で華やかな生活／流行に遅れない／医療サービスの充実／スポーツ・娯楽施設の充実（サッカー、野球、遊園地、飲食店、映画、社交の場）／多様な援助・社交のチャンスが多い／文化施設の充実（大学、専門学校、各種教育施設の充実、職業訓練施設、子供の学習塾、生涯学習施設、図書館、研究所、各種知識・芸術・文化などと情報収集（社会奉仕、社会事業、赤十字、NGO、各種市民運動）／社会参加の種類と機会が多い／しきたり・家柄・身分・慣習・因習・古い倫理などからの人間解放／匿名性の無責任性／ある種の自由性／柔軟性と緊張感／人生の生き方の多様性を容認する　など	かなりの農村に過疎地がある（図書館、集会ホール、生活・文化施設の少ない／スポーツ施設、劇場、美術館、博物館など）／生活環境整備の低さ（用排水施設、道路、鉄道、バス）／買い物の場がない／基礎的及び専門的な教育施設がない／医療施設が少ない／家の構造上女性の地位／人権意識が低い（特に女性の自立）／対外的で閉鎖的／伝統直的的である　など	画一化と個性化の過剰建設／生活空間の過密化／学校格差と校内暴力／学校格差や家庭内暴力／青少年犯罪や多様性・異質化／コミュニティーの欠如／情報の過多／過剰の競争性と過労死の可能性／孤独と心身の健康障害／振動・騒音・悪臭／核家族化と高齢者の棟外れ　など

（出典）祖田（2000：184-185）

（注）諸文献、アンケートなどに私見を加えて相対化し、整理したもの。

であることがわかる．つまり，都市と農村は相互補完的な関係にあり，「都市民は農村の魅力を，農村民は都市の魅力を欲し，両者の適切な結合」（祖田2000：183）が必要である．したがって，現代社会においては，「都市と農村の適切な結合」なくしては，持続的農村の形成にも，都市人の総合的価値の実現にも展望を与えるのは難しいだろう（祖田　2000：190）．したがって，この問題は非常に重要である．

　ただし，表11-2は網羅的な対比であるが故に，都市・農村の（魅力と欠点における）本質的差異が判然としないという憾みがある．いろいろな有益な違いは充分説得的であり重要である．しかし，都市と農村におけるどの違いが本質的で重要なのか，そこが判然としないのである．

2－2．徳野の見解

　これに対して，徳野（2007）の図11-1は対比の項目が少数に限定されており，「農村のよさ」を示すのに成功している．具体的には，都市と農村のイメージを鮮明にするために，「都会のサラリーマン」と「安定兼業農家」の生活比較という設定で，所得，生活財，家屋／部屋数，自然／環境（食料），教育（学校）／学歴（病院），70歳時点の仕事，自分の葬式の会葬者予測，家族／世帯員数の8点で比較を試みている（ただし，カッコ内は徳野（2014a：149-152）で改訂された項目）．

　ここから農村が都市よりも優れているのは，(1)生活財，家屋／部屋数，自然／環境（食料）からなる「地域が固有にもつ空間資源」，および，(2)70歳時点の仕事，自分の葬式の会葬者予測，家族／世帯員数からなる「地域の人間関係資源」，とされる．これに対して，都市が農村より優れているのは，獲得される所得と教育（学校）／学歴（病院）の2項目にすぎない．学校／病院は都市部に非常に有利な項目といっていいだろう．所得と教育／学歴は個人主義的，業績主義的に獲得される属性であり，個人の努力や達成によってはじめて入手可能なものである．これにくらべて，上記の農村の良さは，地域で普通に暮らしていれば，大概の場合，地域が与えてくれる地域固有の良さである．

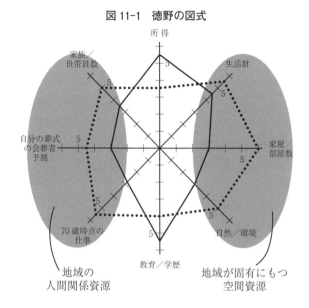

図 11-1 徳野の図式

(出典) 徳野 (2007：135)

　この図11-1から示されるのは，山本陽三（1981a：24）が熊本県矢部調査で紹介した，農民の名セリフ，「矢部は儲けるところでなく，暮らすところだ．農業は労働でなく仕事だ」と同型の認識であり，その具体的（経験的）提示といえるだろう．徳野も山本も農村の評価は（やや）高く，都市の評価は（やや）低い．「このように分析を進めていくと，現代の日本でもっとも豊かな社会階層は，大都市のサラリーマンでなく，田舎の安定兼業農家ではないかという結論になる」というのが徳野（2014a：152）の主張である．

　ただし，図11-1には含まれなかった「都市の良さ」もあるだろう．これを考える時，表11-2の「都市の魅力」にある「人生の生き方の多様性を許容する」という項目は重要である．「都市の空気は人間を自由にする（City Air Makes Men Free. Stadt Luft Macht Frei.）」というドイツの古い格言があるが，[1]

これは今日でもかなりの程度，真実である．都市おいてこそ可能な（逆に，農村（小コミュニティ）ではむずかしい），自由な個性の発揮，生き方の選択というのは，現代でも確かにあるだろう．とはいえ，図11-1は農村の良さを強調することに眼目がある．その限りで図11-1は非常に有益である．

2－3．ソローキン＆ツインマーマンの都市・農村認識，パークの「社会的実験室としての都市」

　都市のよさに「人生の生き方の多様性を許容する」という特性があることは前項でみた．この点を都市の特徴の一つに据えるのは，古くはソローキン＆ツインマーマン（1940：3-98）の見解がある．すなわち，前掲（1．）の9項目比較の5番目の項目で人口の同質性・異質性がそれである．ソローキン＆ツインマーマンによれば，農村は人口の同質性が高い．同質性とは言葉，信念，意見，風習，行動型などの社会心理的性質の類似性を意味する．都市は人口の異質性が高い．都市は国民性，宗教，教養，風習，習慣，行動，趣味の異なる個人が投げ込まれた溶解鍋のようなものである．都市では人間のもっとも対立的な型，天才と白痴，黒人と白人，健康者と最不健康者，百万長者と乞食，王様と奴隷，聖人と犯罪者，無神論者と熱烈な信者，保守家と革命家が共存する．

　またパークによれば，都市にはあらゆるタイプの人が暮らすことができる．これに対して，農村（小さなコミュニティ）ではそれが難しい．農村では「変人」は「普通でない者」と見られ，交際を切断され，孤独な生活を送ることになるという．「犯罪者でも，欠陥のある者（the defective）でも，天才でも，都市では常に彼の生まれつきの性質を伸ばす機会があるが，小さな町ではそうした機会はないのである」（パーク　1972：42）．これに対して，「都市の自由の中では，どんなに風変わりであろうとあらゆる個人が，各自の個性を伸ばしてそれを何らかの形で表現できる環境を，どこかで見つけ出す．もっと小さなコミュニティでも異常さが許容されることが時にはあろうが，都市の場合，それが報酬をもたらすことさえしばしばある」（パーク　1986：34-35）のである．

　「それが報酬をもたらすことさえある」というパークの指摘は都市の特徴を

端的に示す鋭い指摘である．このように都市はあらゆるタイプの人間を共存させる．ここから，パークは「社会的実験室としての都市」（The City as Social Laboratory）という都市の見方を提起した．つまり，都市は「小さなコミュニティでは普通は曖昧にされ，抑圧されている…人間性と社会過程を巧みに，また有効に研究できる実験室あるいは臨床講義室である」（パーク　1972：42）といえるのである．

2－4．フィッシャーの「都市の下位文化理論」

　パークの「社会的実験室としての都市」に非常に似た内容をもつのが，フィッシャーの「都市の下位文化理論（Subcultural Theory of Urbanism）」である．どちらの理論とも都市の異質性，言い換えれば，「人生の生き方の多様性を許容する」という都市の特性を強調する．

　フィッシャーによれば，「都市的なところに住むか都市的でないところに住むかによって，諸個人の社会生活はちがったかたちになる．しかもおもに，人口の集中によって人びとが特別の下位文化を形成できるようになるという理由からそうなるのである」（フィッシャー　1982＝2002：ⅰ）．都市は人口の集中する地域社会である．したがって，都市では移民の流入，経済，居住，制度などの分化，人口臨界量（下位文化を成立させる一定以上の人口量 "critical mass"）の達成などが可能になり，多様な下位文化が生み出される（図11-2）．こうして都市では多様な人びとの多様な生き方が可能になるのである．

　ここで下位文化とはつぎように定義される．「それは人々の大きな集合—何千人あるいはそれ以上—であって，①共通のはっきりした特性を分かちもっており，通常は，国籍，宗教，職業，あるいは特定のライフサイクル段階を共有しているが，ことによると趣味，身体的障がい，性的嗜好，イデオロギーその他の特徴を共有していることもある．②その特性を共有する他者と結合しがちである．③より大きな社会の価値・規範とは異なる一群の価値・規範を信奉している．④その独特の特性と一致する機関（クラブ，新聞，店舗など）の常連である（patronize）．⑤共通の生活様式をもっている」（フィッシャー　1982＝

第11章　都市・農村の機能的特性と過疎農山村研究の２つの重要課題　217

図11-2　フィッシャーの下位文化の形成

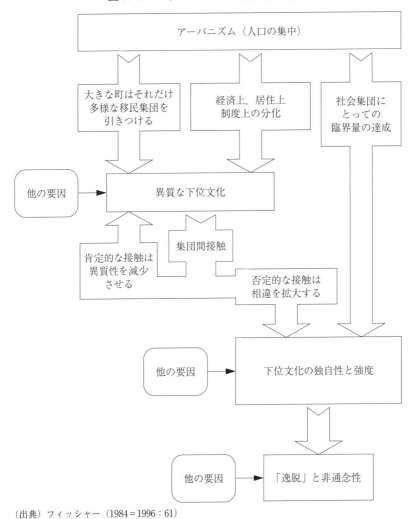

（出典）フィッシャー（1984＝1996：61）

2002：282）．具体的には，ミュージシャン，学生，中国系アメリカ人・アイルランド系アメリカ人・ドイツ系アメリカ人，東部都市の労働者階級のイタリア系アメリカ人，ヒッピー，企業エリート，黒人ゲットーの福祉受給家族，警察官・ダンス・スポーツ・鉄鋼労働・医者・港湾労働者などの職業的世界，ダンス愛好者，などがそれである．

人口の集中によって形成，強化された下位文化は，通常，以下の３つのタイプを含む．①非行少年やプロの犯罪者や同性愛者などの「逸脱（deviant）」的と見なされている者，②芸術家や新興宗教教団の宣教師や知識人などの「変わっている（odd）」と見なされている者，③ライフスタイルの実験者やラジカル（radicals）や科学者など「伝統やぶり（breakers of tradition）」と見なされている者，がそれである．①は逸脱，②③は非通念性（あるいは「自由さ」「型破り性」）（unconventionality）とよぶべき性格をもつ．

したがって，フィッシャーの「都市の下位文化理論」では，都市とは「人口集中→下位文化形成→逸脱と非通念性」という因果連鎖が成り立つ場所である（フィッシャー　1984＝1996：55-61）．ここから，「都市の自由の中では，どんなに風変わりであろうとあらゆる個人が，各自の個性を伸ばしてそれを何らかの形で表現できる環境を，どこかで見つけ出す」という先のパーク（1986：34-35）の主張する，都市的な多様な生き方が可能になる．

2―5．新しい文化を生む場としての都市

フィッシャーのいう都市の下位文化は「逸脱」や「非通念性」（つまり「変わっている」者や「伝統やぶり」と思われる者）を含んでいた．このような都市の革新性，自由さは古くはウエーバーの都市論にも指摘されていた．ウエーバー（1955：175-176）によれば，「文化の全領域にわたって，都市はたぐいない大きな貢献を残している」のである．具体的には，都市は政党（パルタイ），民衆指導者（デマゴーグ），都市芸術，科学（学問，数学，天文学など），宗教（ユダヤ教や初期キリスト教），神学的思索，束縛されない思索（プラトンなど）を生み出す基盤であった．

このように都市が新しい文化を生むことは都市論の古典的な見解である．フィッシャーが示した「逸脱」や「非通念性」もこれと同じ系統の指摘である．すなわち，フィッシャーのいう都市の下位文化は，「逸脱」や「非通念性」を通して，新たな社会的世界を形成する（契機になる）（フィッシャー　1996：59)．「ある時代において非通念的なものは，つぎの時代において完全に通念的なものになりうる」（フィッシャー　1996：363）からである．このような事実の一端を，表11-3にみよう．表11-3は米国カリフォルニアの地元新聞に掲載されたコミュニティ活動を，大都市（バークレイ），小都市（ワインカントリー

表11-3　地域別の下位文化

成長中の山岳町	ワインカントリーの小都市	バークレイ
2つの水泳活動	2つのブリッジクラブ	文化横断夫婦の会（Crosscultural couples meeting）
3つのバス旅行（動物園，砦，タホ湖）	鉄道模型愛好会	黒人女性の会（Black women）
ガールズクラブ	5つのアルコール依存症自主治療協会支部	黒人共学の会（Black co-eds）
ティーンエイジャー・ダンス	2つのスクエア・ダンス（Square dance）	中年グループの会
旅行のスライドを見る会	高齢者のグループ	レズビアンの親の会（Lesbian parents）
反射法（Reflexoology）のクラス	農民共済組合（The Grange）	異性装／性転換願望者交流会（Transvestites/transsexuals rap）
	メーソン（The Masons）	親子の気軽なグループ（Drop-in group for parents and children）
		円舞（Round dancing）
		その他多数

（出典）フィッシャー（1982＝2002：198）

の小さな都市），農村的地域（成長中の山岳町）で比較している．これによれば，大都市のバークレイにおいて，下位文化が最も多様であり，非通念性や逸脱的性質の強いコミュニティ活動が見られるのは明らかである[2)]．逆に小都市や農村地域では，きわめて「常識的」なコミュニティ活動のみが出てきている．

2—6．日本の都市の下位文化の事例

これらの都市の下位文化にみる非通念性は，徳野（2011：35；2007：90）の消費者類型論を理解するのにも有益である．徳野によれば都市の食の消費者は，1．期待される消費者，2．健康志向型消費者，3．分裂型消費者，4．どうしようもない消費者の4つの型に分けられる（表11-4）．「分裂型」と「どうしようもない」消費者が都市の食の消費者のドミナントなパターン（75.4%）である．しかし，都市には，少数だが，農業の価値をわかり，お金も払い，有機産直農家と直接取引したり，援農にも行くという，期待される消費者（5.4%）もいる．この人びとは新たな社会的世界を生み出そうとしており，都市の下位文化（における非通念性）の事例である．

表 11-4　都市の消費者類型

1．期待される消費者（5.4%）…「『食と農』は生命の源であるので，安全なものなら多少高くても買うし，虫がついても平気だ．また援農など農水産家を支援する活動にもなるべく参加している．」
2．健康志向型消費者（16.5%）…「家族の健康や食の安全性を守るために食生活に注意しているし，生協の購入活動や青空市場などもよく利用している．」
3．分裂型消費者（52.4%）…「食の安全性や家族の健康には日頃から注意しているが，特別なことはしていない．」
4．どうしようもない消費者（23.0%）…「日々忙しくて，食のことは大事だと思うが，おいしいものが食べられればそれで満足だ．」
5．その他（2.7%）

（出典）徳野（2011：35；2007：90）
（注）　1　消費者類型は表の中の選択肢からどれを選択するかによる．
　　　　2　調査は2003年2月実施．福岡市内15歳以上の居住者781人有効回収（回収率78.1%）．

第 11 章 都市・農村の機能的特性と過疎農山村研究の 2 つの重要課題　221

　都市はドミナント・カルチャー（dominant culture）として「化け物のような消費者」（徳野　2011：32-33）を生む．しかし，都市はそれに対抗する下位文化も生むのである[3]．ここにおいて，都市は農村の非常に重要なパートナーでもある．先に祖田は「都市と農村の適切な結合」という問題意識を示したが（2－1．祖田の見解，参照），この問題の重要な解決の糸口がここにもある．

2－7．都市を支える農業・農村—矢崎の都市の統合機関論—

　上記のように都市（の下位文化）は農村にも重要である．しかし，都市にとって農村の重要さはそれ以上のものである．「都市は，それを覆う全体社会がどのような段階にあっても，農村が生産力を上昇し，地域的に広い統合に進む社会変化の過程において，その一部として発生する」（矢崎　1963：47）ものだからである．つまり，都市が成り立つには，農業・農村的な基盤が前提である．

　都市の定義は先に見たように一義的に決めるのは困難である．しかし，矢崎の都市の定義は，都市が農村とのつながりを不可欠のものとすることを示す意味で重要である．矢崎によれば，都市とは，「一定の地域に，一定の密度をもって定着した一定の人口が，非農業的な生活活動を営むために，種々の形態の権力を基礎に，水平的，垂直的に構成された人口である」（矢崎　1963：24；1962：440）．

　矢崎の都市定義では，都市は「非農業的な生活活動」を営むところである．したがって，「都市は，特定の政治，軍事，経済，宗教，教育，娯楽その他の組織を通じて，広範な地域と結合し，農村の余剰を時代や社会により異なった種々の形態で都市に吸収することによって可能となる」（矢崎　1963：24；1962：440）のである．

　であるとすれば，都市の成立には「広範な地域と結合し」，「農村の余剰を都市に吸収する」ための種々の権力装置が大きく関与していると考えられる．言い換えれば，都市の成立，拡大には，政治，軍事，経済，教育，宗教等の統合機関（＝権力装置）が大きく関与する．たとえば日本の都市は，律令都市，封建城下町，明治以降の東京・県庁所在地，軍事都市，貿易都市，その他多くの

都市に見られるように，国家や藩や軍事権力に大きく依存してきた．また，パリ，ロンドン，ベルリン，ウィーン，ペテルブルグ，モスクワはいずれも政治都市であり，東洋の大都市のほとんどすべては政治的首都であった（矢崎1963：53）．

　社会の支配層は政治，軍事，経済，宗教等の何らかの権力・権威によって，余剰生産を収取する能力をもつ．律令制度の天皇の租税徴収権，封建領主の貢租の収受，特権商人の利潤，近代国家官僚の徴税権，資本家の利潤獲得などがそれである．これらの統合活動が拡大してくる時，大規模な統合機関が生み出される．律令の官僚機関，寺社，封建社会の幕府，藩の行政軍事機関，問屋商人，市場，近代社会の官僚機関，金融機関，会社，軍事機関，教育機関，宗教団体，問屋，市場，百貨店，専門化した大規模な商店，中央郵便局，中央駅，新聞・ラジオ・テレビ本社，大劇場，大ホテル，大学，研究所などがそれである．「これら統合機関の集中地点であり，支配層が統合機関を通じて，全体の統合活動を行なう中心的な核をなす」のが都市なのである（矢崎　1963：50）．これが矢崎の都市の統合機関論といわれる学説である．

２－８．都市の土台としての農村―都市の本源的生活力（人口（生命）生産力）の脆弱性―

　統合機関論の示すような都市の成り立ちは現代でもなお有効である．それを端的に示すのは，東京（や大阪，神奈川）の食料自給率である．東京（や大阪，神奈川）の食料自給率は１％（や２％）と極端に低い（本書７章：150-151）．都市（東京や大阪や神奈川）はまさに「広範な地域と結合し」，「農村の余剰を都市に吸収する」ことで成り立っているのである．このように考えると，持続的な農村は都市の存続に不可欠である．

　さらには，大都市は食料自給率に加えて，出生率（合計特殊出生率）も非常に低い（本書７章：150-151；Wirth　1938＝1978：142）．つまり，都市は本源的な生活力（人口（生命）生産力）は脆弱なのである．したがって，食料や人口は農村から補給されなければならない．実際，膨大な人口が地方圏から３大都

市圏（東京圏，関西圏，名古屋圏）に流れ込んで都市を支えてきた（後掲，図11-5）．また，このような人口の動きは古くはソローキン＆ツインマーマン（1940：74-76）の都市・農村対比（⑦移住の方向（農村から都市へ移動が多い）：本章１．参照）でも指摘された都市の基盤でもあった．

３．農業・農村の現代的機能

３―１．農業・農村の現代的機能―大内の「農業の基本的価値」―

　前項（２―8.），前々項（２―7.）でみた矢崎の統合機関論は農村の意義を考える時に示唆的ではある．しかし，それはあくまで都市論であって，農村の価値を論じようと意図したものではない．これに対して，農業・農村の意味（機能）を正面から問うのが，大内の論稿である．大内（1990：14-16）は農業・農村のレーゾン・デートル（存在価値）をつぎの(1)から(4)の４つの点から考えるべきであるという．

　(1)　まず，食料安保（食料の安全保障）論である．ここにはさらに４つの重要な論点がある．ひとつは戦争，凶作，輸出国の政情，外交政策の変更など不測の事態に備えるという論点である．２つは食料輸入にかかる外貨負担を軽くすべきという（国際収支の問題を強調する）論点である．３つは輸入食料品の残留農薬や添加物などの食の安全性にかかわる論点である．４つは世界の人口増加や地球規模の気象・自然条件の変化による食料生産（供給）体制の悪化にかかわる論点である[4]．

　(2)　ついで雇用の問題である．農業の縮小は失業者を生むだろうし，高齢者の仕事の機会には特に大きな影響を及ぼすと考えられる．地場産業への影響も出るだろう．

　(3)　さらに環境保全の問題である．ここには自然・物理的環境に重点を置く問題（表11-2「農村の魅力」の「生態環境的側面」がおおよそ対応）から，精神・社会・文化的な環境保全に重点をおく問題（表11-2「農村の魅力」の「生活―社

会的・文化的側面」がおおよそ対応）まで種々の問題領域が含まれる．

（4）　最後は歴史的展望の問題である．大国の興亡は歴史の必然である．一国の工業的覇権は決して未来永劫に続くものとは考えられないのである．

これらの点を想定した時，国内農業・農村が重要なのは論を俟たない．それを考える時，つぎの４つの「農業の基本的価値」を確認しておくのは，重要である．すなわち，

・その１　食料の安定的供給
・その２　安全な食料の生産
・その３　自然的環境の保全
・その４　社会的環境の保全

がそれである（大内　1990：24-73）．

3―2．農業・農村の現代的機能―祖田の「農業・農村の役割論」―

大内の４つの「農業の基本的価値」と非常に似た主張が祖田の「農業・農村の役割論」である．祖田によれば，農業・農村の役割は大きく分けると３つである．すなわち，

・その１　経済的役割（① 効率的食料生産　② 良質の食品供給　③ 国民経済的役割　④ 地域経済振興）
・その２　生態環境的役割（① 国土保全　② 生活環境保全　③ 持続的農業の可能性）
・その３　社会的・文化的（生活）役割（① 一般的役割　② 社会的交流　③ 福祉の機能　④ 教育的機能　⑤ 人間性回復機能　⑥ 生き方としての農業）

がそれである（表11-5）．

この内，祖田の経済的役割のかなりの部分（＝効率的食料生産，良質の食品供給，食料安全保障，備蓄による安定）は，大内の「食料の安定的供給」「安全な食料の生産」と重なる．また，祖田の生態環境的役割，社会的・文化的（生活）役割はそれぞれ，大内の「自然的環境の保全」「社会的環境の保全」と

第11章　都市・農村の機能的特性と過疎農山村研究の2つの重要課題　225

表11-5　各種文献に現れた農業・農村の役割論（林業を含む）

I 経済的役割	II 生態環境的役割	III 社会的・文化的（生活）役割	
1 効率的食料生産 　安価な食料供給 　安定的食料供給 　生活・住宅資材供給 2 良質の食品供給 　新鮮なもの 　おいしいもの 　多様なもの 　周年供給 3 国民経済的役割 　労働力・土地・資本の成長への寄与 　食料安全保障 　備蓄による安定 　安定経済成長 　危機におけるクッション 4 地域経済振興 　地域経済の多様性・安定性 　高齢者雇用効果 　エネルギー生産性向上の可能性	1 国土保全 　生態系維持 　水資源涵養 　土壌の保全 　自然のダム機能 　地表面貯水 　地下貯水 　洪水防止 　エロージョン防止 　自然動植物保全 2 生活環境保全 　水の保全・浄化 　大気の保全・浄化 　騒音防止 　臭気防止 　自然景観 　緑地空間 　田園風景 　災害避難地 3 持続的農業の可能性 　安全な食品 　添加物回避 　生物制御（改良，育種，天敵） 　農薬・化学肥料減 　資源再利用 　地域エネルギー利用 　有機農法 　生物多様性保全	1 一般的役割 　社会の多様性・安定性・永続性 　地域社会維持 　分業化・単純化克服 　画一化・全体化克服 　社会的安定層 　社会の連帯性 2 社会的交流 　都市農村交流 　産直運動 　有機農業運動 　協同組合間提携 　姉妹町村 　Uターン・新規参入 3 福祉的役割 　高齢化社会での高齢者の生きがい 　雇用・仕事の場 　年齢にあった仕事 　障害者の生活 4 教育的機能 　自然の理解 　調和と協調 　忍耐力・情操 　創造力 　学校農園 　山村留学	5 人間性回復機能 (1)場の提供 　自然休養林 　ホビーファーム 　観光農園 　ふるさとの森 　セカンド・ハウス 　市民農園（クラインガルテン） 　体験農園 (2)人間性回復 　安らぎ・休息 　人間関係改善 　家族関係改善 　物離れ社会での新しい豊かさ 　農業の自由性と孤立性 　生活の変化・多様性 　（一人同時多職／一人一生多職） 　芸術と農業 (3)医療的効果 　自然と健康 　緊張緩和 　森林浴 　現代病改善 6 生き方としての農業

（出典）祖田（2000：45）

（注）第二次大戦後に現れた役割論を各種文献から拾い集め，かつ私見を付加して，これを経済的役割，生態環境的役割，社会的・文化的（生活）役割の3つの側面より分類・整理した．やや重複するもの，対立的内容を持つもの，現に果たしている役割と要請されている役割など，すべてかかげた．また農業は広く専業，兼業，家庭菜園を含む．

ほぼ同じ内容をもつ．

　つまり，農業・農村は食料の生産，供給の機能がまず第一に重要だが，それ以外にも様々な重要な機能をもつ．この後者の機能は今日，農業・農村の多面的機能（あるいは，公益的機能）とよばれている．農業・農村の多面的機能とは，「国土の保全，水源の涵養，自然環境の保全，良好な景観の形成，文化の伝承等，農村で農業生産活動が行われることにより生ずる，食料その他の農産物の供給の機能以外の多面にわたる機能」のことである（農林水産省「農業・

農村の多面的機能」http://www.maff.go.j：/j/nousin/noukan/nougyo_kinou/ より）．
具体的には，「洪水を防ぐ機能」「土砂崩れを防ぐ機能」「土の流出を防ぐ機能」
「川の流れを安定させる機能」「地下水をつくる機能」「暑さをやわらげる機能」
「生き物のすみかになる機能」「農村の景観を保全する機能」「伝統の文化を伝
承する機能」「癒しや安らぎをもたらす機能」「農作業の体験学習の機能」「医療，
介護，福祉などその他の機能」などがそれである（より詳しい説明含めて，前掲，
農林水産省サイト，参照）．

　このように今日の農業・農村の機能論（役割論）では，非常に多くのことが
農業・農村に期待されている．しかし，このような事態は比較的最近のことで
ある．すなわち，日本の社会・経済の変遷にともなって（したがって，皮肉に
も農業・農村の衰退過程と歩調をあわせて），順次論点（期待）を付け加える
形で議論されてきた．

　この農業・農村の役割論の推移を示したのが表11-6である．表11-6によれ
ば，昭和20年代「（生存水準上の）経済的役割」，昭和30年代「（生活水準上
の）経済的役割」，昭和40年代「生態環境的役割」，昭和50年代「社会的・文

表11-6　日本社会の展開と農業・農村の役割論の重点

時期区分	昭和20年代	30年代	40年代	50年代	60年代以降
主要な動向	復興期	高度成長前期 工業拡大 都市膨張	高度成長後期 環境・公害問題多発	低成長期 都市・地域問題多発 生活の質重視	成熟化・情報化 貿易・国際問題多発 国際交流
農業・農村の役割の変化と多元化・重層化	生存水準上の経済的役割	生活水準上の経済的役割 生存水準上の経済的役割	生態環境的役割 生活水準上の経済的役割 生存水準上の経済的役割	社会的・文化的役割 生態環境的役割 生活水準上の経済的役割 生存水準上の経済的役割	総合的役割 社会的・文化的役割 生態環境的役割 生活水準上の経済的役割 生存水準上の経済的役割
農学の動向（追求価値）	生産の農学 （経済価値）		生の農学 生命の農学 環境農学 （生態環境価値）	生活の農学 社会農学 （生活価値）	場の農学 （総合的価値）

（出典）祖田（2000：39）

化的役割」，昭和60年以降「総合的役割」と農業・農村へ役割（期待）が付加されて議論されてきた．

　前掲の農業・農村の多面的機能や大内，祖田らの主張は1985（昭和60）年ころ以降「総合的役割」が議論された中で展開されたものとみてよいだろう．この総合的役割とは，経済的役割（生存水準，生活水準），生態環境的役割，社会的・文化的（生活）役割の調和的実現を意味する．しかし，現実にはこの3つの役割はしばしば，トレードオフ（「あちらを立てれば，こちらが立たず」）の関係にあり，相互に矛盾することが多いのである．ここに現代社会の大きな課題がある（祖田　2000：31-53）．

4．「食」と「農」の分離の問題

4—1．「食」と「農」の分離の問題―徳野の現代的消費者論―

　祖田，大内らの議論と同じく，徳野（2011：16-43）も農業・農村に3つの機能を認めている．すなわち，

・その1　食料生産機能

・その2　経済機能

・その3　自然環境保全機能

がそれである．加えて，徳野は「くらしの基盤・原型形成」機能とでもいうべき農業の第4の機能も指摘している．農耕（agriculture）が文化（culture）を生み出すことを考えれば，こちらも非常に重要な指摘である．実際，我々の伝統的行動パターンは農耕によって色濃く刻印されてきた．たとえば，本多勝一の『しゃがむ姿勢はカッコ悪いか？』という書物をみれば，農耕による刻印が我々の身体動作にまで及んでいることが示唆されている．本多（1993：11-17）によれば，しゃがむ姿勢は農業・農村文化の中では「自然であり，立派でさえある」．同じしゃがむ姿勢が都市文化（欧米・背広文化）のなかでは「恥ずべきこと」として避けられている．「絶対に，米兵はしゃがまない」というので

ある.

　このように農業・農村は「くらしの基盤・原型形成」機能をもってきたが，今日，その機能は大きく後退している．徳野はそこに現代の食と農の根源的な問題を指摘する.

　それは徳野によればこうである．「人間は，有史以来農耕をし，その生産物を食べるという意味で，［本源的生産者］であると同時に［本源的消費者］であった．［本源的生産者］＝［本源的消費者］という形態が崩れ，少数の生産者が農産物を作り，多数の消費者が農産物を商品として買うという形態が，高度経済成長以降一般化した」．その結果，「食」と「農」が大きく分離して，「農作物は自分で作らず，買うものだと考えている」現代的消費者が出てきたというのである（徳野　2011：31-32）．そして，その主要なタイプ（75.4％）は，「分裂型」と「どうしようもない」消費者であった（表11-4）．これらの2つのタイプの消費者が「総合的役割」（前節3－2．表11-6）の方向に向かうとは思えない．ここには現代の大きな問題がある.

4－2．「食」と「農」の分離の問題―食料自給率の示すもの―

　「食」と「農」の分離をミクロ（個人生活）レベルで現すのが「現代的消費者」の問題である．これに対して，「食」と「農」の分離をマクロ（国家）レベルで現すのが食料自給率の問題である.

　日本の食料自給率（カロリーベース）に関しては，つぎの2つの基本的事実は重要である.

　　　・その1　日本の食料自給率は1960年の79％がもっとも高かったが，2010年に39％に低落した（農林水産省　2013）．その後もこの数値（39％）がつづいている.

　　　・その2　日本の食料自給率は先進諸国の中では非常に低い（図11-3）.

　日本の食料自給率の低下には，食生活の変化が関与する．図11-4でご飯を食べる量の減少を確認してほしい．また，「分裂型」と「どうしようもない」消費者を中核とする「現代的消費者」が自給率の低下をより強く促しているの

第 11 章　都市・農村の機能的特性と過疎農山村研究の 2 つの重要課題　229

図 11-3　国別食料自給率

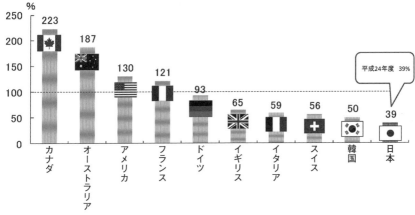

(出典) 農林水産省「食料需給表」，FAO"Food Balance Sheets"等を基に農林水産省で試算した．（アルコール類は含まない．）
ただし，スイスについてはスイス農業庁「農業年次報告書」，韓国については韓国農村経済研究院「食品需給表」による．
(注) 1. 数値は，平成 21 年（ただし，日本は平成 24 年度）．
　　 2. カロリーベースの食料自給率は，総供給熱量に占める国産供給熱量の割合である．畜産物については，輸入飼料を考慮している．

図 11-4　日本の食料自給率と食生活の変化

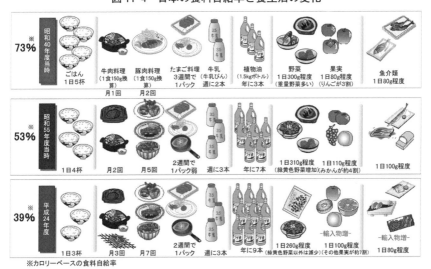

※カロリーベースの食料自給率

(出典) 農林水産省「食料自給率とは」http://www.maff.go.j：/j/zyukyu/zikyu_ritu/011.html

は容易に推察できる.

　食料自給率の低下は国内の「農」の後退を示すわけで，それは農業・農村の種々の有益な機能の後退（3．参照）も意味する．したがって，食料自給率の低下の問題は重要である．ちなみに，最新の自給率は，つぎのように計算される．カロリーベース総合食料自給率（2015年度）＝1人1日当たり国産供給熱量（954kcal）／1人1日当たり供給熱量（2,417kcal）＝39％（詳細は，農林水産省「食料自給率とは」http://www.maff.go.j：/j/zyukyu/zikyu_ritu/011.html，参照）.

4－3．「食」と「農」の分離の問題—中田のフード・マイレージ—

4－3－1．フード・マイレージという指数

　このように食料自給率は現代の「食」と「農」の分離を考える上で重要な指数である．しかし，日本の食料供給の構造を考える時，欠点もある．食料輸送の距離が含まれていないからである．日本の食料輸入は遠くの国からのものが多いのである[5]．これに対して，欧米は近くの（地続きの）国々からのものが多い．しかし，食料自給率はこの違いを何ら反映していない．

　そこで考えだされたのがフード・マイレージという概念（指数）である．フード・マイレージとは，Sustain : The alliance for better food and farming というイギリスの民間団体が提唱する「フードマイルズ」運動にヒントを得て，中田（2003）が提唱したインデックスである．Food Miles とは，消費する食料の量に食卓から農場（生産地）までの距離を掛けた値である．これに対して，フード・マイレージは，輸入量と輸送距離を掛け合わせたもので，単位は t・km（トン・キロメートル）である．数式で示せば以下のようである．

　　フード・マイレージ ＝ $\Sigma\,\Sigma$（Qj．k×Dj）
　　　　ただし，Qj．k＝輸入相手国（輸出国）jからの食料kの輸入量
　　　　　　　　Dj＝輸入相手国（輸出国）jから当該国（輸入国）までの輸送距離

第 11 章　都市・農村の機能的特性と過疎農山村研究の 2 つの重要課題　231

　輸送距離を含めることは，つぎの 3 つの点から重要である．一つは輸送距離
の長短は食料の安定供給にかかわる重要な要素である．2 つは，食の安全や品
質への関心や懸念にかかわる重要な要素である．3 つは，輸送に伴う環境負荷
の問題である．

4—3—2．フード・マイレージによる現状分析

　Food Miles は英国内での過去との比較のために作られたインデックスであり，
フード・マイレージは国家間の比較のために作られたインデックスである．表
11-7 より各国のフード・マイレージの概要を見てみよう．以下の点が指摘で
きる．

・その 1　日本のフード・マイレージ（実数）は非常に高い．韓国，米国の
　　　　　3 倍，英仏独の 5 〜 6 倍程度になる．
・その 2　日本の食料輸入量は多い．ただし，つぎにみる輸送距離ほどの格
　　　　　差はない．
・その 3　食料の平均輸送距離は日本の値は非常に高い．韓国も高いがそれ
　　　　　を上まわる．日本の平均輸送距離は米国の 2 倍強，英独仏の 3 倍
　　　　　から 4 倍程度である．

表 11-7　各国のフード・マイレージの概要

	単　位	日　本	韓　国	アメリカ	イギリス	フランス	ドイツ
食料輸入量 ［日本＝1］	千 t	58,469 [1.00]	24,847 [0.42]	45,979 [0.79]	42,734 [0.73]	29,004 [0.50]	45,289 [0.77]
同上（人口 1 人当たり） ［日本＝1］	kg／人	461 [1.00]	520 [1.13]	163 [0.35]	726 [1.58]	483 [1.05]	551 [1.20]
平均輸送距離 ［日本＝1］	km	15,396 [1.00]	12,765 [0.83]	6,434 [0.42]	4,399 [0.29]	3,600 [0.23]	3,792 [0.25]
フード・マイレージ（実数） ［日本＝1］	百万 t・km	900,208 [1.00]	317,169 [0.35]	295,821 [0.33]	187,986 [0.21]	104,407 [0.12]	171,751 [0.19]
同上（人口 1 人当たり） ［日本＝1］	t・km／人	7,093 [1.00]	6,637 [0.94]	1,051 [0.15]	3,195 [0.45]	1,738 [0.25]	2,090 [0.29]

（出典）中田（2003）

フード・マイレージは，食料輸入量と輸送距離の積である．日本のフード・マイレージが高いのは，食料輸入量が多いという要因もあるが，平均輸送距離が極端に長いという要因が大きく関与している．つまり，「食」と「農」の分離の問題は日本においてより極端に現れている．なお，人口1人当たりでみると，以下の点が指摘できる．

・その4　人口1人当たりのフード・マイレージも，日本の値は非常に高い．韓国も高いがそれを上まわる．英国が日本の半分程度，独仏米国が3割以下から1割5分程度の値である．

・その5　ただし，人口1人当たりの食料輸入量は日本は多くない．米国よりは多いが，英仏独韓よりもやや少ない．

したがって，日本の人口1人当たりのフード・マイレージが高いのは輸送距離の長さに起因するということである．このように輸送距離は日本の食料供給の大きな問題である．コンビニの「和風幕の内」弁当の食材がいかに遠くの国々から輸入されたか（なんと輸送距離，約16万キロ＝地球4周である！）を示した千葉（2005：82）は，ここでの議論を理解する身近な実例になる．これは，徳野（2011：3-34）のいう「外材和食」の好例でもある．

5．過疎農山村研究の現代的課題―2つの重要問題―

5―1．人口のブラックホール現象―増田ほかの予測―

5―1―1．「極点社会」と「地方消滅」

さて，「食」と「農」の分離の問題は重要である．この問題を国内の地域に投影すれば，都市と農村，3大都市圏と地方圏の問題と言い換えられる．「食」（消費者）は都市（3大都市圏），「農」（生産者）は農村（地方圏）という住み分けが，大枠としては成り立つからである．

そこで，ここでは，3大都市圏（と地方圏）の転入・転出超過の動きを見て

おきたい．図11-5によれば戦後日本の地域人口移動はつぎのように整理できる．

(1) 1960～73年（オイルショック）までの「第1人口移動期」
(2) 1973～80年までの「第1人口移動均衡期」
(3) 1980～1990年代（バブル崩壊）までの「第2人口移動期」
(4) 1993～95年までの「第2人口移動均衡期」
(5) 2000年（ないし1990年代後半）以降の「第3人口移動期」

　この結果，「若年層」を中心に，膨大な人口が地方圏から大都市圏へ移動した[6]．しかも，その動きは今後もとどまる見込みはない（その理由は5―1―3．で触れる）．ここから引き起こされるのは，ひとつは，都市圏（特に東京圏）への人口集中であり，2つは，地方圏の人口減少である．こうして現れる社会を増田ほか（2013：27）は「極点社会」と名づけている．すなわち，「東京圏を

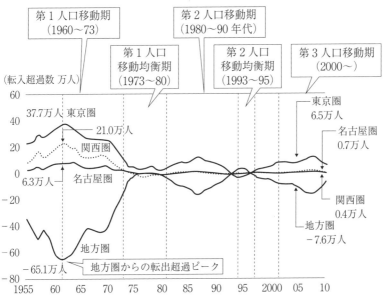

図11-5　人口の地域移動の推移

(出典) 増田ほか（2013），総務省「住民基本台帳人口移動報告」
(注) 東京圏…埼玉，千葉，東京，神奈川，名古屋圏…岐阜，愛知，三重，関西圏…京都，大阪，兵庫，奈良，地方圏…東京圏・名古屋圏・関西圏以外の地域．

はじめとする大都市圏に日本全体の人口が吸い寄せられた結果，現れるのは，大都市圏という限られた地域に人々が凝集し，高密度の中で生活している社会」がそれである．

5−1−2．東京は「ブラックホール」という主張

この「極点社会」では，大都市圏（特に東京圏）のみが大量の人口を吸収するが，大都市圏の出生率は非常に低いので，都市は消滅の方向に向かう．増田ほか（2013：28）はこのような現象を（都市の）「人口のブラックホール現象」と名づけた．あわせて，地方圏は「若年層」の流出から，出生力が低下して，こちらも「地方消滅」の方向に向かう．すなわち，「極点社会」は都市（特に東京）と地方（特に過疎農山村地域）の両極から消滅に向かう社会である．

ところで，都市の「人口のブラックホール現象」は死亡率の高さではなく，出生率の低さに起因する人口再生産の困難のことである．このような事態は「出生率の低下は西欧の都市化のもっとも重要なサインのひとつである」というワース（1938＝1978：142）の古い認識にもあるように，社会学的都市論の古典的見解の一つでもあった．

ひるがえって，現代の日本において，このワースの認識に近いのは，都市社会学者の鈴木広の都市認識である．すなわち，「先進国，つまり産業化，都市化の進んだ社会では，ほぼ例外なく少子化が進行している．…またそれぞれの国の中では，最も都市化の進んでいる大都市地域における出生率が特に低い．…これを極端にいえば，都市社会は死滅しつつある消費社会である」（鈴木2001：10）．

増田ほか（2013）の「人口のブラックホール現象」はこのような従来の社会学から出ていた都市認識と（おそらく）期せずしてかなり一致している．ただし，この用語のユニークさは，都市（東京）への人口移動（集中）と都市での超低出生率（人口消滅）を連動した社会過程として捉えたところにある．すなわち，人口が都市に吸い込まれて，消耗され，消えてゆくという連動した事態を巧みに表現している．

5－1－3．都市圏への人口移動を生み出す要因

　その社会過程の前半である，地方から大都市（東京）への人口移動はおさまりそうにない．大都市への人口移動は大都市の雇用や所得などの経済的な優位性に起因するが，その優位性の構造はそう簡単に反転しそうにないからである（増田ほか　2013：25，および，同頁の図7も参照されたい）．人口の地域移動は「経済学的に吟味すると，それは経済活動の低いところから，より高いところに向かっての移動である」（伊藤　1974：19）と指摘されるように，経済学的要因が大きく関与している．

　とはいえ，大都市への人口移動が経済学的要因によってすべて説明されるわけではない．以下の社会学的要因も非常に重要である．

　まず，都市ではどんな人間も個性を自由に表現できる．都市のこのような性質については，本章2－3．4．5．の都市論（特にフィッシャーの「都市の下位文化理論」やパークの「社会的実験室としての都市」）で示した．「窮屈」な田舎から，「自由」な都市へ移動した人々が少なからずいることは容易に推察がつくことである．

　また，都市は人々の能力や活動に是認（sanction）を与える．これについては，ソローキン＆ツインマーマン（1940：66-67）のつぎの指摘が説得的である．すなわち，「社会における個人の垂直的循環（社会的昇進および下降）の通路としての役目をなすあらゆる機関，大学，教会，財政的及び経済的力の中心，軍隊の本部，政治的権力の中心，科学，美術，文学の中心部，国会，有力新聞，および他の"社会的昇降機（social elevators）"は都市にあって，田舎にない」．かくて「富める農夫はなお単に農夫にすぎないのであり，驚嘆すべき田園詩人も，都市の印刷物や都市の是認なしには，なお単に"彼の隣人達の詩人"に過ぎず，且つ世界に広く知られる事はない」．このように人の活動に是認を与え，人の地位を引き上げる働き（機能）も，都市の大きな魅力であり，都市への移動を生み出す要因である．

　以上から，地方圏からの都市圏への人口移動の要因は雇用，お金などの経済

学的要因も重要であるが，「自由」の追求や「夢」の実現（＝「自由」と「是認」）などの社会学的要因も重要である[7]．都市の魅力，つまり，都市への人口移動の構造は，このように非常に強固にできており，そう簡単には崩れそうにない．

5－2．今日の農山村研究の意味と2つの重要課題

5－2－1．2つの重要課題—出生と人口移動の研究—

都市の魅力（＝大都市に向かう人口移動の構造）はそう簡単に崩れそうにないので，現状では「極点社会」（「人口のブラックホール現象」＋「地方消滅」）の構造を反転させるのは難しい．しかし，反転のない場合，「消滅」に向かうのが「極点社会」である．したがって，反転の可能性をさぐる研究が必要である．

反転の可能性をさぐるには，少なくとも，2つの研究が重要である．一つは高出生率（地域）の研究であり，いま一つは地方（過疎農山村など）への人口移動の研究である．前者は「人口のブラックホール現象」の，後者は「地方消滅」の反転を意図した研究である．

さらには，「極点社会」のトータルな反転を見込むには，「極点社会」を導く都市の魅力に対して，「極点社会」を解体に向かわせる地方（農山村）の魅力を示す必要がある．その研究の裾野は非常に広い[8]．高出生率（地域）研究と人口還流研究は重要だが，その研究の一環と考えるべきだろう．

5－2－2．高出生率（地域）の研究—南西諸島の高出生率調査—

そこで，高出生率（地域）の研究に関しては，所得が低い九州・沖縄の離島地域で何故，出生率が高いのかを分析した徳野（2014b：173-224）の研究がある．徳野によれば，東京（つまり「人口のブラックホール現象」）の対極にある離島では，「住民が生活しやすいから，出産・育児などの総体の子育てという社会的行為が容易にでき，それゆえに出生率が高い」（徳野　2014b：174）という仮説（現状分析）が示される．この仮説は出生の「生活要件充足」仮説とでも名づけることができる．「生活要件充足」仮説は出生の原因を景気の低迷など

に求める「経済構造決定仮説」への対抗仮説を意図している.

これら2つの仮説に対して,「子ども債務(資産)仮説」とでもよぶべき,パークやバーガーらの見解を置いておけば,仮説は少なくとも3つ成り立つ.パーク(1916＝1972：45)によれば,「子どもは田舎では資産(asset)であるが,都市では負債(liability)である」.資産は増やしたいが,負債は減らしたいであろう.このようなわけで農村の出生率は高く,都市の出生力は低いのかもしれない.これに関連して,バーガー＆バーガー(1972＝1979：102)のつぎの仮説も有益である.「出生率の減少には,明らかに経済的な意味がある.家族が生産の単位から消費の単位に変貌するにつれて,子どもは,経済的資産でなく,経済的債務となった.たとえば農家では,子どもは経済的にみて役に立つ者でありうるが,都会のアパートに住む公認会計士の家族では,〈経済的にみて〉子どもにできることといえば費用を作り出すことだけである」.

これら3つの仮説の優劣に目配りしながら,「大都市よりも『社会的辺境』と言われている離島社会の方が,暮らしやすい社会ではいか」という徳野(2014b：177)の仮説(現状分析)を検討するのはここでの研究の重要な課題となる.[9]

5―2―3. 地方(過疎農山村など)への人口移動の研究―過疎農山村地域への人口還流研究―

ついで,地方(過疎農山村など)への人口移動の研究については,本書の示す人口還流(Uターン)研究を検討しておきたい.人口還流研究は「第1人口移動均衡期(1973～80年)」頃の都市圏への流入人口の鈍化を反映して,一時かなり活発に研究が行われた.しかし,その後,都市圏への人口集中が再び進み(図11-5),研究は明確な結論を示すことなく,立ち消えになった(本書：111-112；谷 1989：16).

とはいえ,還流人口(Uターン)を含めて,種々の流入人口(婚入,仕事転入,Iターン,Jターン,その他)や定住人口(土着人口)が過疎農山村地域を支えているのは事実である.したがって,これら人口層の定住経歴,生活選

表 11-8　定住経歴別生活構造の特徴

（北広島町調査：2006 年 8 月実施，20〜59 歳層）

	人口割合(%)	地域移動	田園回帰	明確な定住意思	主な定住理由	家　族	その他の特色	正常・異常
土　着	21.0	小	中間的	持つ者多い	地域愛着	大・直系家族多い	−	正　常
U ターン	33.6	大・都市的	中間的	持つ者多い	後継者・地域愛着	大・直系家族多い	−	正　常
仕事転入	9.2	中間的・ローカル	極　小	持つ者少ない	仕事や商売上の都合	小・独居多い	やや若い	正　常
婚　入	27.6	中間的・ローカル	中間的	持つ者多い	土地・自宅・家族	大・直系家族多い	女性が多い	正　常
I ターン	4.2	大・都市的	大	持つ者多い	自然環境・周辺環境	小・夫婦家族多い	転入やや遅い	正　常
その他	3.9	大・都市的	極　小	持つ者少ない	家族・社会関係，その他	中・独居やや多い	無職が多い，40 代 50 代の転入が多い	やや異常

（出典）本書所収，表 6-4，表 6-17 より．

（注）1　正常・異常は鈴木栄太郎（1969）の意味で用いる．もちろん，価値判断を含む用語ではない．
　　　2　J ターンは非常に少数（0.5％）なので表に記載していない．

択，生活構造などの研究は非常に重要である．たとえば，中国山地の過疎山村地域である北広島町での調査（2006 年 8 月実施）によれば，地域の中核（20〜59 歳）層の定住経歴は，土着 21.0％，U ターン 33.6％，仕事転入 9.2％，婚入 27.6％，I ターン 4.2％，J ターン 0.5％，その他 3.9％となった（表 11-8，定住経歴別生活構造の特徴も参照されたい）．過疎地域は人口減少がとまらず，非常に厳しい新たな局面があるのは事実だが（本書　2 章；山本・高野　2013），地域を支えるこのような人口の動きや生活構造もあわせて研究される必要があるだろう．

　都市から農村への人口移動は実は地域社会学の古くからの課題である．ソローキン＆ツインマーマン（1940）においてすでに反対流による移住流補償の法則（the law of compensation of migratory current by countercurrent）という問題が取り上げられている．すなわち，「都市の中心に移住者の流入するごとに，ある程度，他の場所に都市生まれのものの流出が行われるということは疑いのないこと」であり，たとえば「合衆国の都市への農村移住民の流入は，一部都市生活者（the urbanites）の田園への移動を伴っている」という現象がそれである（ソローキン＆ツインマーマン　1940：302）．このような問題は今日の人口還流研究にきわめて近い．

　ソローキン＆ツインマーマンによれば，この反対流（≒人口還流）は社会の

存続にとって非常に重要な問題である．「非常に都市化して充分な農村的後背地をもたぬ社会（a highly urbanized society with an insufficient rural hinterland）は長くかつ首尾よく存続し得るかどうか非常に疑わしい」（ソローキン＆ツインマーマン　1940：367）からである．反対流が「農村的後背地」を支える一つの重要な基盤であることはいうまでもない．ただし，ソローキン＆ツインマーマンの問題提起はあるものの，その後の研究が蓄積されているとはいえないのである．

6．むすび―ソローキン＆ツインマーマンにみる高度に都市化した社会の将来，および，出生力研究と人口還流研究の重要性―

　ソローキン＆ツインマーマン（1940：362-364）は高度に都市化した社会の将来を予測して，以下のようにいう．「超都市化せる社会の将来はいかになりゆくのであるか，….この質問に対する答えは，その高度に都市化した社会が…農村的後背地を有するか又は或いは如何なる農村的後背地をも有しないかによる事が大きい」．そして，その「農村的後背地」が充分にある場合には社会の存続に問題はないが，「もしも農村的後背地が少な過ぎるならば，…而も農村地域が既にかなり半農半都市化（rurbanized）されて居るならば，このような社会の安定性は著しく危険なものである」という．

　その理由は，「都市化した地域は，その社会の増大を来す事ができない程，出生率が非常に低くなりがちである．また，僅かな農村的後背地は既にかなり半農半都市化して居るのでまた出生率が非常に低くなりがちである」からである．このような状態においては，「その社会は純粋に人口が停滞するようになるか又はそれよりも事実に近いのであるが規則だって人口が減少するようになる．その結果徐々に或いは急激にその社会は死滅する」（ソローキン＆ツインマーマン　1940：365）．

　ここにあるのは，まさに現代の日本社会に非常に近い姿と思われる．本章で

は，都市・農村の良いところ・悪いところ（≒機能的特性）について考えながら，過疎農山村研究の課題について検討してきた．ここでもソローキン＆ツインマーマンの予測（問題提起）は非常に適切であったといえる．現代の過疎農山村地域はまさに大きく都市化が進み，日本社会でもソローキン＆ツインマーマンが半農半都市化とよぶ事態がある（山本　1998：23-25）[10]．そしてそこに見られるのは，「都市社会は死滅しつつある消費社会である」と指摘された都市の超低出生率（鈴木　2001），および，過疎地域での少子型過疎（本書　1章，2章；山本　1996：199-215）の同時進行である．加えて，増田ほか（2013）の「極点社会」（「人口のブラックホール現象」＋「地方消滅」）もまさに，ソローキン＆ツインマーマンの予測した事態である．「極点社会」とまったく（といってよいくらい）同じ事態をソローキン＆ツインマーマンは「非常に都市化して充分な農村的後背地をもたない社会（a highly urbanized society with an insufficient rural hinterland)」と呼んだのである．

　その現実に対応して，過疎農山村研究の2つの重要課題として高出生率（地域）研究と人口還流研究を示した．ただし，これら2つは本来，別個にすすめられる研究ではない．人口還流によって出生は促進されるし，出生は還流人口の基盤であるからである．したがって，出生と人口還流（流入人口）の研究は総合して同時並行的にすすめられるべき課題である．

　また出生と還流（流入）は，地域人口の自然動態，社会動態の一部であり，地域の人口学的土台である．現代の過疎農山村研究ではまさにこの地域の土台が問われている．これは現代の過疎が，「高齢者減少」型過疎という，全年齢階層での総体的人口減少（「消える村」）の段階（本書　2章；山本・高野2013）に入ったことに対応する問題である．

　このように高出生率（地域）と人口還流の2課題は非常に重要である．ただし，都市のブラックホール化（「人口のブラックホール現象」）はともかく，「地方消滅」は相当慎重に考えるべき問題である．本章では，増田ほか（2013）が触れていない（しかし，ソローキン＆ツインマーマン（1940）は触れている），

地方（過疎地など）への人口還流・流入の存在を示し（表11-8），「極点社会（地方消滅）」の「反転」（＝過疎地など地方地域社会の存続）可能性にかかわる2つの研究課題を設定した．

　さらには地域の人口学的土台（特に出生，子どもの存在）は，地域の精神的土台にも連動する．「無子化した集落は，土地保全行為の意味を喪失せざるをえず，ここに想定できるのは精神レベルの集落解体であり，それに連動する土地保全・土地利用機能の喪失である」（山本　1996：17）からである[11]．この点で出生と還流（流入）という人口学的問題は人口学的問題にとどまらない地域社会学的な重要性をもつ．このように高出生率（地域）と人口還流の2課題は非常に重要である．

注

1）これはドイツの自由都市に荘園から農奴が逃れてきて，1年と1日都市の空気を吸ったら，その農奴を自由民に認めていたことをいう（パーク　1972：12；佐藤次高，木村靖二，岸本美緒　2006：147）．ただし，ウェーバー（1979：637）によれば，1年と1日ではなく，「期間はまちまちであるが，ともかく比較的短い一定の期間」とある．

2）ここでは詳論できないが，逸脱や非通念性（つまり，表11-3のバークレイのコミュニティ活動のような動き）を都市の社会解体現象とみる有力な立場もある．これは，フィッシャー以前のワースのシカゴ派都市社会学の古典的考え方であった．フィッシャーの「都市の下位文化理論」はこのシカゴ派都市社会学の「解体」説を批判する学説なのである（フィッシャー　1996：59）．すなわち，ワースにおいては，「都市→社会解体→逸脱」と考えられていた現象が，フィッシャーにおいては，「都市→下位文化→逸脱・非通念性」と仮説化されている．ただし，ワースを単純に「都市→社会解体→逸脱」説のみを採る学者と考えるべきか否かは，慎重な検討が必要であって問題は単純でない（鈴木　1986：92-122）．

3）ドミナント・カルチャー（dominant culture）とはやや聞き慣れないタームかもしれない．優勢で支配的な文化と訳せるが，「社会の主要な信念体系を構成し，主要な制度から支持を受けている文化であり，その社会の中での文化的標準を構成する文化である（山本　2016：16-17）」．詳細にはAnderson and Taylor（2001：41-47）を参照．

4）農水省の『食料・農業・農村の動向（平成21年度）』によれば，「中長期的に

みると，世界の食料需給をめぐっては，需要面では開発途上国を中心とした人口の増加，中国・インド等の経済発展，バイオ燃料の増加等による食料・農産物需要の増大，供給面では収穫面積・単収の伸び悩み，地球規模の気候変動の生産への影響といった様々な不安要因があります」との指摘があり，食料安保論の4つ目の論点も重要である．

5）日本の食料輸入国は輸入重量（トン）でみると，米国38%，カナダ12%，中国12%，オーストラリア7%，タイ5%，フィリピン4%，ブラジル4%，メキシコ2%，その他の国16%，となる（平成21年度輸入食品監視統計より．詳しくは，htt：//www.mhlw.go.j:/to:ics/yunyu/dl/07toukei.:df）．

6）移動人口は1954〜2009年で1147万人に達している（増田ほか 2013：.23）．この数は九州7県の人口（1311万，総務庁統計局平成25年10月1日人口推計値））より少し少ないが中国5県の人口（747万，同上）を明確に上まわる膨大な人口である．

7）都市への人口移動に社会学的要因が重要であるのは，たとえば，劇作家，評論家の倉田百三（2002：235-244）の自伝が例証になる．倉田は「草深い田舎」（広島県庄原市）の裕福な呉服商の子で，「家業を継ぐなら父の大喜びなのは解りきっている」が，「大きな精神と，自由の気魄とのある東京の学校に行きたい」と願っている．「僕は哲学者になりたいのです」と懇願する倉田に，「父は私をあわれむのあまり，私の遊学を許した．但し一高はいけない．早稲田の専門部に3年間だけ遊学してくるがいいというわけだ．私はもう決心していた．断じて一高を受ける．…私はもうどんな事があっても商業は継がない」と書いている．倉田は結局，旧制広島県立三次中学から，第一高等学校に進んでいる．また，「一高はいけない，早稲田の専門部に」といった「父」の発言も学歴の社会的機能を考える上で興味深い．

8）なお，この研究課題は非常に多岐にわたるが，増田ほか（2014）に示された政策項目は議論のスタートに参考になる．

9）ちなみに本書執筆の時点で，合計特殊出生率日本一は鹿児島県徳之島の伊仙町で2.81（2008〜2012年）である．伊仙町ウェッブサイトより．

10）ここで半農半都市化（rurbanization）とはつぎのような事態である．ソローキン＆ツインマーマン（1940：332-333）によれば，都市・農村の分化ないし相違の程度は歴史的にみると，①微少→②拡大→③拡大の頂点→④縮小といった形の放物線的趨勢をなす．そして，現代はこの放物線的趨勢の最終局面（④）にあり，都市と農村の相違が希薄化した（しつつある）時代にある．ここにみられるのが，半農半都市化という事態に他ならない．

　　　ただし，この半農半都市化は，「農村地方において都市社会及び文化の基礎的な特徴がより協力に浸透し…，都市部分に田舎の特徴の二，三がより弱い程度においてであるが浸透して行くという方法において行われる」（同上書：.335）．

すなわち，半農半都市化のプロセスは「都市の農村化」と「農村の都市化」の二つのプロセスを含むが，「都市の農村化」より「農村の都市化」において強力に進行する．

11）この点は山本陽三（1981b：.128）の熊本県矢部調査の知見は非常に重要である．また，山本（1996：25の注12）の文献紹介も参照されたい．

参考文献

Anderson, M. L. and H. F. Taylor, 2001, *Sociology: The Essentials*, Wadsworth.

Berger, P. L. and B. Berger, 1972, *Sociology: A Biographical Approach*, Basic Books.（安江孝司・鎌田彰仁・樋口祐子訳，1979，『バーガー社会学』学習研究社）.

千葉保，2005，『コンビニ弁当16万キロの旅』太郎次郎社エディタス.

Fischer, C. S., 1892, *To Dwell among Friends: Personal Network in Town and City*, The University of Chicago Press.（松本康・前田尚子訳，2002，『友人のあいだで暮らす―北カリフォルニアのパーソナルネットワーク―』未来社）.

Fischer, C. S., 1894, *The Urban Experience*, Harcourt Brace Jovanovich.（松本康・前田尚子訳，1996，『都市的体験』未来社）.

藤田弘夫，1999，「都市社会学の方法と対象―いくつも都市，いくつもの都市像―」藤田弘夫・吉原直樹編『都市社会学』有斐閣：1-18.

本多勝一，1993，『しゃがむ姿勢はカッコ悪いか？』朝日文庫.

伊藤善市，1974，「総論―地峨開発政策の展開」同編『過疎・過密への挑戦』学陽書房：3-42.

倉田百三，2002，『光り合ういのち―わが生いたちの記―』倉田百三文学館友の会.

増田寛也＋人口問題研究会，2013，「2040年，地方消滅.『極点社会』が到来する」『中央公論』12月号：18-31.

増田寛也＋人口問題研究会，2014，「提言　ストップ「人口急減社会―国民の「希望出生率」の実現，地方中核拠点都市圏の創成―」『中央公論』6月号：18-31.

中田哲也，2003，「食料の総輸入量・距離（フード・マイレージ）とその環境に及ぼす負荷に関する考察」『農林水産政策研究』5：45-59.

農林水産省，2013，「よくわかる食料自給率（平成25年11月）」.

農林水産省「食料自給率とは」http://www.maff.go.j:/j/zyukyu/zikyu_ritu/zikyu_10.html

農林水産省「農業・農村の多面的機能」http://www.maff.go.j:/j/nousin/noukan/nougyo_kinou/

大内力，1990，『農業の基本的価値』家の光協会.

Park, R. E., 1916, "The City: Suggestions for the Investigation of Human Behavior in The Urban Environment", *American Journal of Sociology*, 20, 577-612.（大道

安次郎・倉田和四生訳，1972,「都市：都市環境における人間行動研究のための若干の提案」『都市―人間生態学とコミュニティ論―』鹿島出版会：1-48).

Park, R. E., 1929, "The City as Social Laboratory", Smith, T. V. and L. D. White eds., *Chicago: An Experiment in Social Science Research*, The University of Chicago Press, 1-19.（町村敬志訳，1986,「社会的実験室としての都市」R. E. パーク『実験室としての都市―パーク社会学論文選―』御茶の水書房：11-35).

佐藤次高，木村靖二，岸本美緒，2006,『詳説　世界史 B』山川出版.

祖田修，2000,『農学原論』岩波書店.

Sorokin, P. A. and C. C. Zimmerman, 1929, *Principles of Rural-Urban Sociology*, Henry Holt and Com: any.（京野正樹訳，1940,『都市と農村―その人口交流―』巌南堂書店).

鈴木栄太郎，1969,『都市社会学原理（著作集第 VI 巻)』未来社.

鈴木広，1986,『都市化の研究―社会移動とコミュニティ―』恒星社厚生閣.

鈴木広，2001,「アーバニズム論の現代的位相」金子勇・森岡清志編『都市化とコミュニティの社会学』ミネルヴァ書房：1-15.

谷富夫，1989,『過剰都市化社会の移動世代―沖縄生活史研究―』渓水社.

徳野貞雄，2007,『農村の幸せ，都会の幸せ―家族・食・暮らし―』NHK 出版.

徳野貞雄，2011,『生活農業論―現代日本のヒトと「食と農」―』学文社.

徳野貞雄，2014a,「現代農山村分析のパラダイム転換―「T 型集落点検」の考え方と実際―」徳野貞雄・柏尾珠紀『家族・集落・女性の底力―限界集落論を超えて―』農文協：114-172.

徳野貞雄，2014b,「南西諸島の高出生率にみる生活の充足のあり方―沖永良部島和泊町の生活構造分析から―」徳野貞雄・柏尾珠紀『家族・集落・女性の底力―限界集落論を超えて―』農文協：173-224.

山本努，1996,『現代過疎問題の研究』恒星社厚生閣.

山本努，1998,「過疎農山村研究の新しい課題と生活構造分析」山本努・徳野貞雄・加来和典・高野和良『現代農山村の社会分析』学文社：2-28.

山本努，2016,「人間・文化・社会―社会学による社会の見方，考え方入門―」山本努編『新版 現代の社会学的解読―イントロダクション社会学―』学文社：11-31.

山本努・高野和良，2013,「過疎の新しい段階と地域生活構造の変容―市町村合併前後の大分県中津村調査から―」『年報村落社会研究』49：81-114.

山本陽三（山本陽三先生遺稿集刊行会編)，1981a,『農の哲学』御茶の水書房.

山本陽三（山本陽三先生遺稿集刊行会編)，1981b,『農村集落の構造分析』御茶の水書房.

矢崎武夫，1962,『日本都市の展開過程』弘文堂.

矢崎武夫，1963,『日本都市の社会理論』学陽書房.

ウエーバー，M.，倉沢進訳，1979，「都市」尾高邦雄責任編集『ウエーバー（世界の名著61）』中央公論社：600-704.

ウエーバー，M.，黒正巌・青山秀生訳，1955，『一般社会経済史要論』岩波書店.

Wirth, L., 1938 "Urbanism as a Way of life". *American Journal of Sociology*. 44: 1-24.（高橋勇悦訳，1978，「生活様式としてのアーバニズム」鈴木広編『都市化の社会学（増補）』誠信書房.

（付記）本稿は，科学研究費補助金（研究課題番号23530676　研究代表・山本努2011〜2014年度，研究課題番号15K03856　研究代表・山本努　2015年〜2018年度，研究課題番号16H03695　研究代表・高野和良九州大学教授　2016〜2019年度）により支えられた.

付　論
過疎農山村研究ノート

付論1　高齢社会研究ノート

　高齢者・高齢社会研究は大きな成長を遂げた分野である．かつてはたとえば，大道安次郎『老人社会学の構想』(1966) や那須宗一『老人世代論』(1962) などの今日でも重要な先駆的業績があったにしても，社会学の片隅のかなりマイナーな研究領域であったと思われる．大道は同著「あとがき」のなかで，社会学者は「老人社会学について全くといってよいほど無関心であった」と述べているが，これが当時の研究状況だったのであろう．

　このような無関心は，老人＝老衰期＝異常人口，つまり高齢者は社会構造の主要カテゴリーではないと判断する，鈴木栄太郎の「正常」社会学の構想にも表現されている．この構想が示された鈴木の『都市社会学原理』は 1957 年の刊行だが，当時の 65 歳以上人口比率は 5.3％（1955 年国勢調査）にすぎない．この 5.3％という数字は第 1 回国勢調査（1920 年）の 65 歳以上人口比率と同じであり，戦前水準にほぼ等しい．

　しかし，近年，状況は大きく異なってきた．1970 年に 65 歳以上人口比率は 7.0％を超え，1975 年に合計特殊出生率が 2.0 をきる．この頃から，我が国は少子・高齢化社会に入ったといっていいだろう．1972 年に出たのが，有吉佐和子の名作『恍惚の人』である．その後，高齢化は大きく進み，65 歳以上人口比率は 1980 年 9.1％，1990 年 12.0％，2000 年 17.3％，2010 年 23.0％になるに至った．

　このような急激な高齢化に対応して，西日本でも有力な高齢者・高齢社会研

究が刊行されてきた．単著書籍のみに限定しても，金子勇『都市高齢社会と地域福祉』(1993)，小川全夫『地域の高齢化と福祉』(1996)，辻正二『高齢者ラベリングの社会学』(2000)，叶堂隆三『五島列島の高齢者と地域社会の戦略』(2004) などがあげられる．

　これらの著作の出る数年前，木下 (1991：75) は「おそらく，高齢者問題にかかわる研究者や実務家の究極的な目標は，高齢者が『生きがい』をもって『幸せ』に生活していくことができる諸条件の実務に資することにある…．とはいえ，高齢者の『生きがい』や『幸せ』が，彼らの全体的な生活とどのようにかかわっているかを体系的に明らかにした研究はほとんどない」と述べている．この木下の見解にしたがえば，1991 年頃（つまり，上掲の木下論文刊行の頃）までは高齢者・高齢社会研究はまだあまり進んでいる（成果が出ている）とはいえず，この数年後以降に急速に進行した（成果が出てきた）と判断できる．

　ところで，われわれの実施した過疎地域高齢者調査（広島県庄原市，2002 年 2 月調査実施）では，生きがいを感じない高齢者（「あまり感じない」「ほとんど感じない」）は 15％程度にすぎなかった（付表 1-1）．つまり，高齢者の大部分（8 割強）は生きがいを感じて暮らしていた[1]．ただし，生きがいを感じない高齢者の割合は，65〜69 歳・10.8％，70〜74 歳・11.9％，75〜79 歳・13.6％，80〜84 歳・26.9％，85 歳以上・27.0％と，加齢とともに大きく増える（付表 2-2）．特に，80 歳未満（12.0％）と 80 歳以上（26.9％）の差は顕著である．社

付表 1-1　生きがい感・性別

	とても感じる	やや感じる	あまり感じない	ほとんど感じない	合計
男	44.6％	40.0％	13.8％	1.6％	100.0％ 487 人
女	38.4％	46.6％	11.6％	3.4％	100.0％ 644 人

（注）要介護認定を受けていない高齢者（65 歳以上）1,500 人が対象．有効回収数 1,197（回収率 79.8％），郵送法．

付表 1-2 　生きがい感・年齢別

	とても 感じる	やや感じる	あまり 感じない	ほとんど 感じない	合計
65〜69 歳	47.9%	41.3%	9.2%	1.6%	315 人
70〜74 歳	44.6%	43.5%	9.8%	2.1%	336 人
75〜79 歳	40.2%	46.2%	12.4%	1.2%	249 人
80〜84 歳	26.2%	47.0%	21.5%	5.4%	149 人
85 歳以上	32.9%	40.0%	18.8%	8.2%	85 人

会学による高齢者・高齢社会研究の中核が「生きがい」研究,「幸せ」研究にあるとすれば,これらの知見はいずれも,解明が待たれる重要問題の一角である.

注)
1) 同様の結果は,木下(1991：80)の大都市(福岡市)高齢者調査でも得られており,生きがいが「あまりない」「ない」「わからない」の合計は16%にとどまる.つまり,過疎地でも大都市でも,8割以上の高齢者は生きがいを感じて暮らしている.

参考文献(本文中に記載した文献は除く)
木下謙治,1991,『家族・農村・コミュニティ』恒星社厚生閣.

付論2 「平成の市町村合併」の
社会学によせて

　近年のもっとも大きな地域変化の一つに市町村合併がある.「地方分権が実行の段階に入り,住民に身近な市町村は,住民のニーズに応じた行政サービスを提供する上で,中心的役割の担い手になるよう期待されています.こうした市町村が,広域化,複雑・多様化する行政ニーズ,特に市町村単独では解決できない環境問題等に的確に対応していくためには,広域行政に向けた一層の取組みにより,その体制整備を図ることが急務になっています.そのための最も有効な手段が『合併』です(http://www.pref.hiroshima.lg.jp/広島県庁ホームページより)」と,行政からは大きく期待されている.合併によって市町村の数は,1999年3月の3,232(市670,町1,994,村568)から2010年3月の1,727(市786,町757,村184)に減少した(総務省ウェブの「『平成の合併』による市町村数の変化」(PDF)のデータより).

　平成の合併は懸念も多いが,明治以来の中央集権体制が地方分権体制に大きく移行するという大変革の期待もある.市町村合併→道州制などの分権国家への変貌というシナリオがそれである.しかし,仮にそのシナリオを描くにしても(あるいは批判するにしても),地域社会の内実をめぐる現状分析は不可欠である.合併後の地域社会の内実の理解を抜きにしては,分権も,道州制も,合併そのものも,その評価・構想は不可能だからである.このように考えると,「市町村合併の社会学」の課題は重い.

　しかし,それに対応する,社会学的研究が十分に出ているかといえば,疑問

付表 2-1　合併によって生活や地域がどうなったと思うか？（中津江村調査）

良くなった	変わらない	厳しくなった	どちらとも言えない	合計
1.0%	10.1%	79.9%	9.0%	100.0% （398 人）

（注）大分県日田市中津江村（2005 年 3 月合併）にて郵送調査（2007 年 10 月 30 日から 11 月末，選挙人名簿から 20 歳以上 609 人を無作為抽出，回収率 67.3%）．

である．かつて，昭和の合併では，福武グループや新明グループの合併研究が社会学による合併論の存在意義を示したと思う．さらには鈴木栄太郎の『都市社会学原理』には合併にともなう「新市」についての論考を含んだ．これらに対して，平成の合併をめぐっては，まだ社会学サイドからの情報発信は弱い[1]．

　いくつかの農村調査によれば，平成の市町村合併についての住民からの評価は低い（山本，2008）．われわれの実施した大分県中津江村の調査でも，「合併で地域や生活が良くなった」と答えた者はなんと 1 ％であり，「厳しくなった」と答える者が約 8 割である（付表 2-1）．

注）

1）日本村落研究学会『年報　村落社会研究　検証・平成の大合併と農山村』49 号（2013 年）が刊行された．このことを明確に意識してのことと思われる．

参考文献

山本努，2008，「コラム　合併の評価」堤マサエ・徳野貞雄・山本努編『地方からの社会学―農と古里の再生を求めて―』学文社：159-160．

付論3 人口Uターンの動機にみる
性・世代的変容
―「親・イエ・家族」的Uターンから「仕事」的
Uターンへ―

　本書ではUターンの動機について分析したが，本付論では，この問題をもう少し追加して考えてみたい．「Uターンの『最大の』動機は，重要性の順に，『親・イエ』的動機，『仕事』的動機，『結婚・子育て』的動機であった」と本書5章5節7項で指摘した．これは付表3-1でも確認できるが，性別にみるといくらかの相違点がある．

　まず，男性では「先祖代々の土地や家を守るため」（27.6％）がもっとも多く（女性では9.5％），「仕事を始める」（11.4％）もかなり多い（女性では2.7％）．

　女性では「地元の人との結婚」（21.6％）がもっとも多く（男性では2.9％），「子育てや結婚後の暮らしを考えて」（5.4％）もかなり多い（合計で「結婚・子育て」的動機が27.0％）．

　また，「親のことが気にかかる」「地元から通える職場がある」は，男女とも10数％の人が選んでおり，男女共通の動機となっている．

　つまり，男性Uターンでは「イエ」的動機（「先祖代々の土地や家」）が最大であり，女性Uターンでは「結婚・子育て」的動機が最大である．「仕事」的動機（「地元から通える職場がある」「仕事を始める」）は，女性にも重要（16.2％）だが，男性にやや大きい動機（23.8％）となっている．なお，女性の場合，「その他」（20.3％）が多い．ここには様々な動機が含まれるのだろうが，この部分の探求は今後の興味深い課題となる．

　つぎに付表3-2から，年齢別の動機をみておこう[1]．これをみると，50歳代，

付表 3-1　北広島町への人口 U・J ターンの最大の動機（性別）

		男%	女%	合計%（人）
1	親のことが気にかかるから	19.0	17.6	18.4（33）
2	先祖代々の土地や家を守るため	27.6	9.5	20.1（36）
3	故郷の方が生きがいを感じられるため	2.9	1.4	2.2（4）
4	農山村の方が生きがいを感じられるため	1.9	—	1.1（2）
5	都会の生活が合わないため	1.9	1.4	1.7（3）
6	自然に親しんだ暮らしをしたかったため	3.8	4.1	3.9（7）
7	昔からの友人，知人がいるため	—	1.4	0.6（1）
8	親戚が多くて生活が安定するため	1.0	—	0.6（1）
9	子育てや結婚後の暮らしを考えると地元の方が暮らしやすい	2.9	5.4	3.9（7）
10	地元の人と結婚した（したい）ため	2.9	21.6	10.6（19）
11	地元から通える職場があるため	12.4	13.5	12.5（23）
12	新たに仕事を始めるため，自営するため	11.4	2.7	7.8（14）
13	仕事の不調のため	1.9	—	1.1（2）
14	病気などの健康上の理由から	2.9	1.4	2.2（4）
15	定年を迎えるため	1.9	—	1.1（2）
16	その他	5.7	20.3	11.7（21）
合計		105 人	74 人	100.0%（179 人）

（出典）本書第 5 章の北広島町（2006 年 8 月）の調査データによる.
（注）　1　本書第 5 章図 5-6 に示すように，北広島町では J ターンは非常少ない（0.7％）ので，付表
　　　　　3-1 のデータのほとんどすべては U ターンの動機を示すものと考えてよい.
　　　　2　合計には「不明（DK，NA）」を含まず．■ は比較的大きなパーセント.

60 歳代で「親のことが気にかかる」「先祖代々の土地や家を守るため」「地元の人との結婚」が多い．ここにみられるのは，「親・イエ・家族」的動機である．

　これに対して，20 歳代，30 歳代，40 歳代で「地元から通える職場がある」「仕事を始める」「その他」が多くなっている．ここにみられるのは，「仕事」的動機であり，「その他」の多様な動機による U ターンである．

　つまり，U ターンは，年配層（50〜60 歳代）の「親・イエ・家族」的動機による U ターンから，比較的若い層（20〜40 歳代）の「仕事」的動機による U ターンに変化している．さらには，30 歳代に「子育てや結婚後の暮らしを考えて」

付論3　人口Uターンの動機にみる性・世代的変容　255

付表 3-2　北広島町への人口U・Jターンの最大の動機（年齢別：%）

	動機	20 歳代	30 歳代	40 歳代	50 歳代	60 歳代
1	親のことが気にかかるから	6.7	13.6	8.8	28.3	27.8
2	先祖代々の土地や家を守るため	6.7	13.6	17.6	19.6	25.0
3	故郷の方が生きがいを感じられるため	—	—	2.9	2.2	5.6
4	農山村の方が生きがいを感じられるため	6.7	—	—	2.2	—
5	都会の生活が合わないため	—	—	2.9	4.3	—
6	自然に親しんだ暮らしをしたかったため	—	—	2.9	4.3	5.6
7	昔からの友人，知人がいるため	—	—	—	—	—
8	親戚が多くて生活が安定するため	6.7	—	—	—	—
9	子育てや結婚後の暮らしを考えると地元の方が暮らしやすい	6.7	9.1	2.9	—	5.6
10	地元の人と結婚した（したい）ため	—	4.5	5.9	15.2	13.9
11	地元から通える職場があるため	26.7	18.2	26.5	4.3	5.6
12	新たに仕事を始めるため，自営するため	13.3	13.6	5.9	6.5	2.8
13	仕事の不調のため	6.7	—	—	2.2	—
14	病気などの健康上の理由から	6.7	4.5	2.9	2.2	—
15	定年を迎えるため	—	—	—	—	2.8
16	その他	13.3	22.7	20.6	8.7	5.6
	合計	100.0	100.0	100.0	100.0	100.0

（出典）（注）付表 3-1 と同じ．年齢は調査実施時点（2006 年 8 月）のもの．

がやや多いが，これは，この年齢層のライフサイクル段階を反映したものだろう．

　以上のUターンの世代的変化を考えるにあたり，内山（1993：19）のつぎの指摘は参考になる．「山村に生まれ，村に戻ってきた 40 歳以下の世代の人びとと話しをしていると，彼らは自分たちが選択世代であるあることを強調する．…自分たちは跡を継ぐことを強く要求されなかったにもかかわらず，村の生活を選択した」．

　年配層（50〜60 歳代）の「親・イエ・家族」的Uターンから，比較的若い層

（20〜40歳代）の「仕事」的Uターンへの変容は，Uターンの動機における選択性の強まり（逆にいえば，規範性の弱まり）を示すものといえよう．つまり，若い層ほど，自らの意思で農村に帰ってきている．「選択」は今後の人口Uターンを考える上で重要である．

注）
1）付表3-2には70歳以上のデータは載せていない．人口UJターンの割合は70歳以上では激減するからである（本書5章図5-6）．

参考文献
内山節，1993，「山村でいま何がおきているか」『日本農業年報』40：14-31.

索　引

あ　行
Ⅰターン　　103, 132
生きがい　　186, 188
生きがい感　　15
生きがいの地域比較　　199
生きがいを感じない高齢者　　188
生きがいを感じる時　　195
生きがい調査の基本的な知見　　194
逸脱　　218

か　行
下位文化　　216
過疎　　22
過疎概念の必要性　　180
家族ネットワーク　　176
過疎研究の中範囲論的な課題　　110
過疎小市　　200
過疎（人口減少）の趨勢　　24
過疎地域　　61
　　——の家族形態　　13
　　——の人口減少の推移　　24
　　——の人口増減率　　4
　　——の人口ピラミッド　　72, 85
　　——の定住人口　　127
　　——への転入人口　　7
過疎地域高齢者調査　　188
過疎地域生活構造類型　　130
過疎地の人口Uターン調査　　105
過疎農山村研究　　8
　　——における生活構造分析　　60
過疎農山村住民の地域評価の問題　　81
過疎農山村における生活困難の問題
　　82
過疎農山村の生活構造分析　　84
過疎問題の位置づけ　　90
合併直後の人口減少　　27
環境社会学　　93
還流人口（Uターン）　　237
消える村　　34
帰郷（Uターン）の年齢　　55

季節と自殺変動の関係　　156
季節別自殺数　　157
　　——の基本パターン　　161
　　——の変動パターン　　161
季節別自殺統計　　155
帰村時の年齢　　71
▽（逆ピラミッド型）の社会　　42
極点社会　　233
限界集落　　33, 169, 189
限界集落概念の量的規定と質的規定
　　177
限界集落高齢者　　189
限界集落（集落区分）の概念構成
　　179
限界集落論への批判　　182
後継者　　129
合計特殊出生率　　89, 150
耕作放棄地　　142
高出生率（地域）研究　　236
公的統計　　171
高度成長期　　25
高齢化　　187
高齢者　　187
高齢者研究　　111
「高齢者減少」型過疎　　31
高齢者人口の供給構造　　35
高齢者人口の減少　　34
高齢者の生きがい　　198
コミュニティ活動　　220
婚入　　49, 101, 131

さ　行
山村　　192
山村過疎小市　　199
山村限界集落　　199
山村（限界集落）高齢者の生きがい調査
　　189
山村高齢者調査　　176
Jターン　　103
自記式調査　　204

時刻別の自殺数　164
仕事転入　132
自殺　154
　　──の社会活動説　154
市町村合併の社会学　190
質的調査　191
児童数　44
地元学　174
社会活動量　159
社会の自然からの離脱　166
社会変動論　154
集落区分　178
　　──と人口増減率との相関関係
　　　179
集落消滅　172
　　──の理由　173
集落の生活共同（防衛）の機能　201
「集落分化」型過疎　45
出生率（合計特殊出生率）　222
少子化　45
「少子」型過疎　2, 30, 186
「将来展望可能な，子ども人口中心」の
　　社会　43
「将来展望の困難な，少子・高齢人口中
　　心」の社会　43
食生活　228
「色」と「農」の分離　230
食料自給率　89, 150, 222, 228
女性のもっとも主な定住経歴　49
女性Uターン　192
人口回復　72
人口還流（Uターン）　62
人口還流（Uターン）研究　11, 61,
　　111, 237
人口供給構造　40
　　──の土着的性格　54
人口供給ルート　101
人口自然減型過疎　6
人口社会減型過疎　6
人口のブラックホール現象　234
人口流入　61
人口Uターン　103
　　──の動機　77
　　──の「主な」動機（理由）　79, 104

　　──の「最大の」動機　77, 105
人口Uターン層の家族　76
人口Uターン層の職業構成　74
人口Uターン層の正常生活　76
人口Uターン層の年齢構成　70
人口のブラックホール現象　234
人口流出　61
住み続ける「主な」理由　99
住み続ける「最大の」理由　100, 129
生活人口論的過疎研究　9
生活選択論　60
生活問題論　60
正常生活論　60
性別定住経歴　116
是認　235
戦後生まれ世代　48, 115
戦前生まれ　116
戦前生まれ世代　48

た　行
大都市観　82
他記式調査　204
他出者（機能）論　175
「棚田オーナー」制度　138
「棚田オーナー」制度全国調査　139
棚田オーナーの属性　144
ダム機能　186
男性の婚入　51
男性のもっとも主な定住経歴　50
男性Uターン　192
地域意識　66
地域・季節別自殺数　159
地域人口活動　233
地域人口の全年齢層での総体的後退
　　34
地域の将来展望　149
地方消滅　234
地方都市　186
着土　90, 152
中若年層の定住人口論的研究　110
定住意向　97, 127
定住意識　10, 66
定住経歴　11, 47, 66, 101, 116, 238
定住経歴別の家族規模　123

索　引　259

定住経歴別の従業地　121
定住経歴別の職業構成　119
定住人口　237
定住人口論的過疎研究　9, 110
定住理由　128
デュルケーム『自殺論』　154, 171
転出意向　97
転出年齢　54
転出の理由　101
都市（市部）　200, 210
都市的生活様式　46
都市の下位文化理論　216
都市の統合機関論　222
都市のよさ　215
都市農山村交流　147
土着　101, 130
土着型社会　69
土着型定住経歴　11, 68
土着的定住経歴（土着層）　48

な　行
日本農業の三大基本統計　90
年齢別定住経歴　118
農業の基本的価値　224
農業・農村の多面的機能　225
農業・農村の役割　222
農山村高齢者の生きがいの特色　198
農山村の高齢者　14, 190
農村　210
農村の社会的排除　149
農村のよさ　213

は　行
半農半都市化　239
非通念性　218

△（ピラミッド型）の社会　42
平成の市町村合併　24, 149
　　——についての住民からの評価
　　191
フード・マイレージ　230

ま　行
無子化　41

や　行
やまぐちの棚田20選　152
Uターン　101, 131, 186
　　——の世代的変化　194
　　——の動機　192
Uターン人口　11
「Uターンしてきた」人々の定住経歴
　70
曜日別自殺数の基本パターン　163
曜日別の自殺数　163

ら　行
流出人口論的過疎研究　8
流動型社会　69
流動型定住経歴　11, 68
流動的定住経歴（流動層）　47
流入人口　61, 125, 237
流入人口論的過疎研究　9
流入人口論的研究　111
量的質問紙調査の意義　201
量的調査　191
離陸（takeoff）　90, 152
老人線　114, 194

わ　行
若者流出型過疎　2

著者略歴

山本　努（やまもと　つとむ）
熊本大学文学部教授，博士（文学）
専攻　地域社会学，農村社会学
1956年　山口県生まれ
1979年　関西学院大学社会学部卒業
1984年　九州大学大学院文学研究科博士後期課程社会学専攻中途退学

著書・論文
『現代過疎問題の研究』恒星社厚生閣，1996年
『日本の家族と地域性（下）―西日本の家族を中心として（家族社
　会学研究シリーズ）』ミネルヴァ書房（共著），1997年
『現代農山村の社会分析』学文社（共著），1998年
『欲望社会（社会病理学講座第2巻）』学文社（共編著），2003年
『地方からの社会学―農と古里の再生をもとめて―』学文社（共編
　著），2008年
『よくわかる質的社会調査―プロセス編―』ミネルヴァ書房（共編
　著），2010年
『年報村落社会研究（第49集）』農文協（共著），2013年
『人口還流（Uターン）と過疎農山村の社会学』学文社，2013年
　（日本社会病理学会出版奨励賞）
『暮らしの視点からの地方再生―地域と生活の社会学―』九州大学
　出版会（共著），2015年
『新版　現代の社会学的解読―イントロダクション社会学―』学文
　社（編著），2016年

人口還流（Uターン）と過疎農山村の社会学〔増補版〕

2017年1月30日　第1版第1刷発行

著者　山本　努

発行者　田中千津子

〒153-0064　東京都目黒区下目黒3-6-1
電話　03（3715）1501㈹
FAX　03（3715）2012
http://www.gakubunsha.com

発行所　株式
　　　　会社　学文社

© 2017 YAMAMOTO Tsutomu　Printed in Japan
乱丁・落丁の場合は本社でお取替えします。
定価は売上カード，カバーに表示。

印刷／新灯印刷㈱

ISBN 978-4-7620-2695-9